园林绿化工程与养护研究

张　淼　刘世兰　肖庆涛　著

吉林科学技术出版社

图书在版编目（CIP）数据

园林绿化工程与养护研究 / 张淼，刘世兰，肖庆涛著. -- 长春 : 吉林科学技术出版社，2022.11

ISBN 978-7-5578-9946-2

Ⅰ. ①园… Ⅱ. ①张… ②刘… ③肖… Ⅲ. ①园林－绿化－工程施工－研究②园林植物－园艺管理－研究 Ⅳ. ① TU986.3 ② S688.05

中国版本图书馆 CIP 数据核字（2022）第 206763 号

园林绿化工程与养护研究

著　　张　淼　刘世兰　肖庆涛
出 版 人　宛　霞
责任编辑　赵海娇
封面设计　树人教育
制　　版　树人教育
幅面尺寸　185mm×260mm
字　　数　350 千字
印　　张　15.75
印　　数　1-1500 册
版　　次　2022年11月第1版
印　　次　2023年3月第1次印刷

出　　版　吉林科学技术出版社
发　　行　吉林科学技术出版社
地　　址　长春市福祉大路5788号
邮　　编　130118
发行部电话/传真　0431-81629529 81629530 81629531
81629532 81629533 81629534
储运部电话　0431-86059116
编辑部电话　0431-81629518
印　　刷　三河市嵩川印刷有限公司

书　　号　ISBN 978-7-5578-9946-2
定　　价　80.00元

前言

随着城市生态环境的日益恶化、人们对城市绿地生态功能以及对改善环境作用认识的提高，园林绿化建设也随之蓬勃兴起。增加城市园林绿化建设投入，充分发挥绿地的生态效益，改善城市面貌和城市环境，进一步提高城市品位和投资环境，创建人与自然和谐共生的人居环境，已成为人们的共识和时代要求。

本书主要有以下几方面的优点。

首先，本书内容全面。综合运用责任管理、技术管理、艺术管理和生态管理的理念，对安全生产、植物养护、卫生与环境管理、园林绿化维护等方面进行了详细的叙述，基本上涵盖了园林绿化养护管理的大部分工作。

其次，本书有创新之处。一是内容新颖，观点独到；二是把安全生产作为园林绿化养护管理的重要工作来抓，实行台账式管理，确保安全隐患及时被发现，务必落实整改、消除隐患，直至资料归档为止，从而在管理制度上防止安全事故的发生；三是针对绿地中普遍存在的植物种植密度过大、影响正常生长的突出问题，提出要根据植物生长状况不断进行密度调控，防止植株个体之间恶性竞争。

最后，本书非常实用。书中针对园林绿化养护管理中常见的问题，提出了一系列切实可行的解决办法，操作性非常强，而且配套大量的图片，图文并茂，通俗易懂。

本书通过园林建筑工程、园林测量与放线、园林工程概预算、园林工程施工、绿地植物养护管理等方面论述园林绿化工程和园林施工养护。园林绿化工程养护管理工作在园林绿化工程工作中起着举足轻重的作用，它是一种持续性、长效性的工作，有较高的技术要求，本书内容包括整体面貌维护、植物保护、绑扎修剪、浇水施肥、花坛花境的花卉种植、环境保洁、日常管理等内容。园林绿化是为人们提供一个良好的休息、文化娱乐、亲近大自然、满足人们回归自然愿望的场所，是保护生态环境、改善城市生活环境的重要措施。

总之，本书对园林绿化管养具有很好的指导意义，既可以作为园林绿化行政主管部门、园林绿化单位、养护工程施工企业及园林与林业工作者的专业工具书，也可以作为园林、林业、园艺等相关专业教师与学生的教学专业参考书。

目　录

第一章　园林绿化栽植

第一节　园林绿化施工

一、植树施工的原则

（一）必须符合规划设计要求

园林绿化栽植施工前，施工人员应当熟悉设计图纸，理解设计要求，并与设计人员进行交流，充分了解设计意图，然后严格按照图纸要求进行施工，禁止擅自更改设计。对于设计图纸与施工现场实际不符的地方，应及时向设计人员提出，在征求到设计部门的同意后，再变更设计。同时不可忽视施工建造过程中的再创造作用，可以在遵从设计原则的基础上，合理利用，不断提高，以取得最佳效果。

（二）施工技术必须符合树木的生活习性

不同树种对环境条件的要求和适应能力表现出很大的差异性，施工人员必须具备丰富的园林知识，掌握其生活习性，并在栽植时采取相应的技术措施，提高栽植成活率。

（三）合理安排适宜的植树时期

我国幅员辽阔，气候各异，不同地区树木的适宜种植期也不相同；同一地区树种生长习性也有所不同，受施工当年的气候变化和物候期差别的影响。依据树木栽植成活的基本原理，苗木成活的关键是如何使地上与地下部分尽快恢复水分代谢平衡，因此必须合理安排施工的时间并做到以下两点：

做到“三随”。所谓“三随”，就是指在栽植施工过程中，做到起，运，栽一条龙，做好一切苗木栽植的准备工作，创造好一切必要的条件，在最适宜的时期内，充分利用时间，随掘苗，随运苗，随栽苗，环环扣紧，栽植工程完成后，应展开及时的后期养护工作，如苗木的修剪及养护管理，这样才可以提高栽植成活率。

合理安排种植顺序。在植树适宜时期内，不同树种的种植顺序非常重要，应当合理安排。原则上讲，发芽早的树种应早栽植，发芽晚的可以推迟栽植；落叶树栽植宜早，常绿树栽植时间可晚些。

（四）加强经济核算，提高经济效益

调动全体施工人员的积极性，提高劳动效率，节约增产，认真进行成本核算，加强统计工作，不断总结经验，尤其是与土建工程有冲突的栽植工程，更应合理安排顺序，避免在施工过程中出现一些不必要的重复劳动。

（五）严格执行栽植工程的技术规范和操作规程

栽植工程的技术规范和操作规程是植树经验的总结，是指导植树施工技术的法规，必须严格执行。

二、栽植成活原理

园林树木栽植包括起苗、搬运，种植及栽后管理 4 个基本环节。每一位园林工作者都应该掌握这些环节与树木栽植成活率之间的关系，掌握树木栽植成活的理论基础。

（一）园林树木的栽植成活原理

正常条件生长的未移植园林树木在稳定的自然环境下，其地下与地上部分存在一定比例的平衡关系。特别是根系与土壤的密切结合，使树体的养分和水分代谢的平衡得以维持。掘苗时会破坏大量的吸收根系，而且部分根系（带土球苗）或全部根系（裸根苗）脱离了原有协调的土壤环境，易受风吹日晒和搬运损伤等影响。吸收根系被破坏，导致植株对水分和营养物质的吸收能力下降，使树体内水分向下移动，由茎叶移向根部。当茎叶水分损失超过生理补偿点时，苗木会出现干枯，脱落、芽叶干缩等生理反应，然而这一反应进行时地上部分仍能不断地进行蒸腾等现象，生理平衡因此遭到破坏，严重时会因失水而死亡。

由此可见，栽植过程中及时维持和恢复树体以水分代谢为主的平衡是栽植成活的关键。这种平衡受起苗，搬运，种植及栽后管理技术的直接影响，同时也与栽植季节，苗木的质量、年龄、根系的再生能力等主观因素密切相关。移植时根系与地上部分以水分代谢为主的平衡关系，或多或少地遭到了破坏，植株本身虽有关闭气孔以减少蒸腾的自动调控能力，但此作用有限。受损根系，在适宜的条件下，都具有一定的再生能力，但再生大量的新根需要一段时间，恢复这种代谢平衡更需要大量时间。可见，如何减少苗木在移植过程中的根系损伤和少受风干失水，促使其迅速发生新根，与新环境建立起新的平衡关系对提高栽植成活率是尤为重要的。一切利于迅速恢复根系再生能力，尽早使根系与土壤重新建立紧密联系，抑制地上茎叶部分蒸腾的技术措施，都能促进树木建立新的代谢平衡，并有利于提高其栽植成活率。研究表明，在移植过程中，减少树冠的枝叶量，并供应充足的水分或保持较高的空气湿度条件，可以暂时

维持较低水平的代谢平衡。

园林树木栽植的原理，就是要遵循客观规律，符合树体生长发育的实际，提供相应的栽植条件和管理养护措施，协调树体地上部分和地下部分的生长发育关系，以此来维持树体水分代谢的平衡，促进根系的再生和生理代谢功能的恢复。

（二）影响树木移栽成活率的因素

为确保树木栽植成活，应当采取多种技术措施，在各个环节都严格把关。栽植经验证明，影响苗木栽植成活的因素主要有以下几点，如果一个环节失误，就可能造成苗木的死亡。

第二节　园林树木的栽培技术

一、一般立地条件下的园林树木栽植技术

（一）栽植前的准备工作

1. 明确设计意图，了解栽植任务

园林树木栽植是园林绿化工程的重要组成部分，绿化工程的设计思想决定着树木种类的选择、树木规格的确定以及树木定植的位置。因此，在栽植前必须对工程设计意图有深刻的了解，才能完美表达设计要求。

第一，加强对树种配置方案的审查，避免因树种混植不当而造成的病虫害发生。如槐树与泡桐混植，会造成椿象、水木坚蚧大发生；桧柏应远离海棠、苹果等蔷薇科树种，以避免苹桧锈病的发生；银杏树作行道树栽植应选择雄株，要求树体规格大小相对一致，不宜采用嫁接苗；作景观树应用，则雌、雄株均可。

第二，必须根据施工进度编制翔实的栽植计划及早进行人员、材料的组织和调配，并制定相关的技术措施和质量标准。

第三，了解施工现场地形、地貌及地下电缆分布与走向，了解施工现场标高的水准点及定点放线的地上固定物。

2. 现场调查

在明确设计意图，了解栽植任务之后，工程的负责人员要对施工现场进行与设计图纸和说明书仔细核对与踏勘，以便掌握以后在施工过程中可能碰到的问题。

①核对施工栽植面积、定点放线的根据，调查施工现场的各种地物，如有无拆迁的房屋、须移走或需变更设计保留的古树名木。②调查土质情况、地下水位、地下管道分布情况，确定栽植地是否客土或换土及用量。③调查施工现场的水、电、交通情况，

做好施工期间生活设施的安排。

3. 制定施工方案及施工原则

施工方在了设计意图及对现场调查之后，应组织相关技术人员制定出施工方案及施工原则。内容包括：施工组织领导和机构，施工程序与进度表，制定施工预算，制定劳动定额，制定机械运输车辆使用计划和进度表，制定工程所需的材料、工具及提供材料的进度表，制定栽植工程的施工阶段的技术措施和安全、质量要求。绘制出平面图，并在图上标出苗木假植、运输路线和灌溉设备等的位置。

4. 现场清理

在工程施工前，进驻施工现场，则需对施工现场进行全面清理，包括拆迁或清除有碍施工的障碍物、按设计图要求进行地形整理。

5. 地形准备

根据设计图纸进行种植现场的地形处理，是提高栽植成活率的重要措施。必须使栽植地与周边道路、设施等的标高合理衔接，排水降渍良好，并清理有碍树木栽植和植后树体生长的建筑垃圾和其他杂物。

6. 土壤准备

在栽植前对土壤进行测试分析，明确栽植地点的土壤特性是否符合栽植树种的要求，特别是土壤的排水性能，尤应格外关注，是否需要采用适当的改良措施。

7. 定点放线

根据施工图进行定点测量放线，是关系到设计景观效果表达的基础。

（1）绿地的定点放线

①尺徒手定点放线

放线时应选取图纸上已标明的固定物体（建筑或原有植物）作参照物，并在图纸和实地上量出它们与将要栽植植物之间的距离，然后用白灰或标桩在场地上加以标明，依此方法逐步确定植物栽植的具体位置，此法误差较大，只能在要求不高的绿地施工采用。

②网放线法

先在图纸上以一定比例画出放格网，把放格网按比例测设到施工现场去（多用经纬仪），再在每个方格内按照图纸上的相应位置进行绳尺法定点。此法适用范围大而地势平坦的绿地。

③标杆放线法

标杆放线法是利用三点成一直线的原理进行，多在测定地形较规则的栽植点时应用。

论何种放线法都应力求准确，从植苗木的树丛范围线应按图示比例放出；从植范围内的植物应将较大的放于中间或后面，较小的放在前面或四周；自然式栽植的苗木，放线要保持自然，不得等距离或排列成直线。

（2）行道树的定点放线

以路牙石为标准，无路牙石的以道路中心线为标准，无路牙石的以道路树穴中心线为标准。用尺定出行位，作为行位控制标记，然后用白灰标出单株位置。对设计图纸上无精确定植点的树木栽植，特别是树丛、树群，可先划出栽植范围，具体定植位置可根据设计思想、树体规格和场地现状等综合考虑确定。一般情况下，以树冠长大后株间发育互不干扰、能完美表达设计景观效果为原则。行道树栽植时要注意树体与邻近建（构）筑物、地下工程管路及人行道边沿等的适宜水平距离。

8. 栽植穴的起挖

起挖严格按定点放线标定的位置、规格挖掘树穴。乔木类栽植树穴的开挖，在可能的情况下，以预先进行为好。特别是春植计划，若能提前至秋冬季安排挖穴，有利于基肥的分解和栽植土的风化，可有效提高栽植成活率。

挖穴时应将表土和心土分边堆放，如有妨碍根系生长的建筑垃圾，特别是大块的混凝土或石灰下脚等，应予清除。情况严重的需更换种植土，如下层为白干土的土层，就必须换土改良，否则树体根系发育受抑。地下水位较高的南方水网地区和多雨季节，应有排除坑内积水或降低地下水位的有效措施，如采用导流沟引水或深沟降渍等。

树穴挖好后，有条件时最好施足基肥，基肥施入穴底后，须覆盖深约 20 cm 的泥土，以与新植树木根系隔离，不致因肥料发酵而产生烧根现象。

9. 苗木准备

（1）号苗

按设计要求到苗木场选择所需苗木的规格，并做出记号，称号苗。按设计要求和质量标准到苗木产地逐一进行“号苗”，并做好选苗资料的记载包括时间、苗圃（场）、地块、树种、数量、规格等内容。选苗时要考虑起苗场地土质情况及运输装卸条件，以便妥善组织运输。选苗时要用醒目的材料做上标记，标记的高度、方向要一致，便于挖苗。选苗数量要准确，每百株可加选 1—2 株以备用。

（2）拢树冠或修剪

为方便挖掘操作，保护树冠，对枝条分枝低的树木，用草绳将树冠适当包扎和捆拢，注意松紧度，不能折伤侧枝。对于分枝较高的常绿树种，可根据树木种类、大小、种植时间采取不同程度的修剪。如胸径为 6—15 cm 的桂花树一般只修剪交叉枝、病虫枝等，而对于同规格的小叶榕、小叶榄仁等夏季栽植的树种则应进行重剪。

（二）栽植程序与技术

1. 起苗

（1）裸根起挖

绝大部分落叶树种可行裸根起苗。根系的完整和受损程度是决定挖掘质量的关键，树木的良好有效根系，是指在地表附近形成的由主根、侧根和须根所构成的根系集体。一般情况下，经移植养根的树木挖掘过程中所能携带的有效根系，水平分布幅度通常为主干直径的6—8倍；垂直分布深度，为主干直径的4—6倍，一般多在60—80 cm，浅根系树种多在30—40 cm。绿篱用扦插苗木的挖掘，有效根系的携带量，通常为水平幅度20—30 cm，垂直深度15—20 cm。

对规格较大的树木，当挖掘到较粗的骨干根时，应用手锯锯断，并保持切口平整，坚决禁止用铁锹去硬铲。对有主根的树木，在最后切断时要做到操作干净利落，防止发生主根劈裂。

起苗前如天气干燥，应提前2—3天对起苗地灌水，使土质变软、便于操作，多带根系；根系充分吸水后，也便于贮运，利于成活。而野生和直播实生树的有效根系分布范围，距主干较远，故在计划挖掘前，应提前1—2年挖沟盘根，以培养可挖掘携带的有效根系，提高移栽成活率。树木起出后要注意保持根部湿润，避免因日晒风吹而失水干枯，并做到及时装运、及时种植。距离较远时，根系应打浆保护。

（2）带土球起挖

一般常绿树、名贵树和花灌木的起挖要带土球。

①起挖前准备

准备主要工具，如铲子和锋利的铲刀、锄头或镐、草绳，拉绳，吊绳，树干护板、软木支垫、锋利的手锯、吊车、运输车等。为防止挖掘时土球松散，如遇干燥天气，可提前一两天浇透水，以增加土壤的黏结力，便于操作。

②土球大小的确定

乔木树种挖掘的根幅或土球规格一般以树干胸径以下的正常直径大小而定。乔木树种根系或全球挖掘直径一般是树木胸径的6—12倍，其中树木规格越小，比例越大；反之，越小。若以土球直径为依据，也可按下列公式推算：

③起挖大树

土球直径不小于树干胸径的6—8倍，土球纵径通常为横径的2/3；灌木的土球直径为冠幅的1/3—1/2。起挖时以树干为中心，比计算出的土球大3—5 cm划圆。顺着所划圆向外开沟挖土，沟宽60—80 cm。土球高度-一般为土球直径的60%—80%。对于细根可用利铲或铲刀直接铲断。粗大根必须用手锯锯断，切忌用其他工具硬性弄断撕裂。土球基本成形后将土球修整光滑，以利包扎。土球修整到1/2时逐渐向里收底，收到1/3时，在底部修一平底，整个土球呈倒圆台形。

④捆扎土球

首先在树基部扎草绳钉护板以保护树干。然后“打腰箍”，一般扎8—10圈草绳。草绳捆扎要求松紧适度，均匀。

2. 苗木的装运

苗木吊装时应尽量避免损伤树皮和碰伤土球。装车时应用软绳，保护树皮。土球装车时要小心轻放，且在土球的下方垫软的原生土或草绳，以防弄散土球。树干与后车板接触处必须由软木支撑。车厢中土球两侧用软木或沙袋支垫。运输途中树冠应高于地面，防止枝冠损伤，并注意运输中树枝伤人损物。路况不好，应缓慢小心行驶。

3. 苗木的假植

已挖掘的苗木因故不能及时栽植下去，应将苗木进行临时假植，以保持根部不脱水，但假植时间不应过长。假植场地应选择靠近种植地点、排水良好、湿度适宜、避风、向阳、无霜害、近水源、搬运方便的地方。

（1）裸根苗木假植

裸根苗木假植采取掘沟埋根法。干旱多风地区应在栽植地附近挖浅沟，将苗木呈稍斜放置，挖土埋根，依次一排排假植好。若需较长时间假植，应选不影响施工的附近地点挖一宽 1.5—2 m，深 0.3—0.4 m，长度视需要而定的假植沟，将苗木分类排码，码一层苗木，根部埋压一层土，全部假植完毕以后仔细检查，一定要将根部埋严，不得裸露。若土质干燥还应适量灌水，保证根部潮湿。对临时放置的裸根苗，可用苫布或草帘盖好。

（2）带土球假植

带土球假植可将苗木集中直立放在一起。若假植时间较长，应在四周培土至土球高度的 1/3 左右夯实，苗木周围用绳子系牢或立支柱。假植期间要加强养护管理，防止人为破坏；应适量浇水保持土壤湿润，但水量不宜过大，以免土球松软，晴天还应对常绿树冠枝叶喷水，注意防治病虫害。苗木休眠期移植，若遇气温低、湿度大、无风的天气，或苗木土球较大在 1—2 天内进行栽植时可不必假植，应用草帘覆盖。

4. 苗木的栽植

（1）修冠、修根

在定植前，对树木树冠必须进行不同程度的修剪，以减少树体水分的散发，维持树势平衡，以利树木成活。修剪量依不同树种及景观要求有所不同。

（2）树木定植

①定植深度

栽植深度是否合理是影响苗木成活的关键因素之一。一般要求苗木的原土痕与栽植穴地面齐平或略高。栽植过深容易造成根系缺氧，树木生长不良，逐渐衰亡；栽植过浅，树木容易干枯失水，抗旱性差。苗木栽植深度受树木种类、土壤质地、地下水位和地形地势影响。一般根系再生力强的树种（如杨、柳、杉木等）和根系穿透力强的树种（如悬铃木、樟树等）可适当深栽，土壤排水不良或地下水位过高应浅栽；土壤干旱、地下水位低应深栽；坡地可深栽，平地和低洼地应浅栽。如雪松、广玉兰等忌水湿树种，常露球种植，露球高度为土球竖径的1/4—1/3。

②包扎材料的处理

草绳或稻草之类易腐烂的土球包扎材料，如果用量较稀少，入穴后不一定要解除；如果用量较多，可在树木定位后剪除一部分，以免其腐烂发热，影响树木根系生长。

③定植方向

主干较高的大树木定植时，栽植时应保持原来的生长方向。如果原来树干朝南的一面栽植朝北，冬季树皮易冻裂，夏季易日灼。另外应把观赏价值高的一面朝向主要观赏方向，即将树冠丰满完好的一面，朝向主要的观赏方向，如入口处或主行道。若树冠高低不匀，应将低冠面朝向主面，高冠面置于后向，使之有层次感。在行道树等规则式种植时，如树木高矮参差不齐、冠径大小不一，应预先排列种植顺序，形成一定的韵律或节奏，以提高观赏效果。如树木主干弯曲，应将弯曲面与行列方向一致，以作掩饰。对人员集散较多的广场、人行道，树木种植后，种植池应铺设透气护栅。

④种植

定植时首先将混好肥料的表土，取其一半填入坑中，培成丘状。裸根树木放入坑内时，务必使根系均匀分布在坑底的土丘上，校正位置，使根颈部高于地面5—10 cm。珍贵树种或根系欠完整树木、干旱地区或干旱季节，种植裸根树木等应采取根部喷布生根激素、增加浇水次数及施用保水剂等措施。针叶树可在树冠喷洒聚乙烯树脂等抗蒸腾剂。对排水不良的种植穴，可在穴底铺10—15 cm沙砾或铺设渗水管、盲沟，以利排水。竹类定植，填土分层压实时，靠近鞭芽处应轻压；栽种时不能摇动竹竿，以免竹蒂受伤脱落；栽植穴应用土填满，以防根部积水引起竹鞭腐烂；最后覆一层细土或铺草以减少水分蒸发；母竹断梢口用薄膜包裹，防止积水腐烂。

其后将另一半掺肥表土分层填入坑内，每填20—30 cm土踏实一次，并同时将树体稍稍上下提动，保证根系与土壤紧密接触。最后将土填入植穴，直至填土略高于地表面。带土球树木必须踏实穴底土层，而后置入种植穴，填土踏实。在假山或岩缝间种植，应在种植土中掺入苔藓、泥炭等保湿透气材料。绿篱成块状模纹群植时，应由中心向外顺序退植。坡式种植时应由上向下种植。大型块植或不同彩色丛植时，宜分区分块种植。

5. 栽后养护管理

（1）浇水

“树木成活在于水，生长快慢在于肥。”灌水是提高树木栽植成活率的主要措施，特别在春旱少雨、蒸腾量大的北方地区尤需注重。树木定植后应在略大于种植穴直径的周围，筑成高10—15 cm的灌水土堰，堰应筑实不得漏水。新植树木应在当日浇透第一遍水，以后应根据土壤墒情及时补水。黏性土壤，宜适量浇水，根系不发达树种，浇水量宜较多；肉质根系树种，浇水量宜少。秋季种植的树木，浇足水后可封穴越冬。

干旱地区或遇干旱天气时，应增加浇水次数，北方地区种植后浇水不少于三遍。干热风季节，宜在上午 10 时前和下午 15 时后，对新萌芽放叶的树冠喷雾补湿，浇水时应防止因水流过急而冲裸露根系或冲毁围堰。浇水后如出现土壤沉陷、致使树木倾斜时，应及时扶正、培土。

（2）裹干

常绿乔木和干径较大的落叶乔木，定植后需进行裹干，即用草绳、蒲包、苔藓等具有一定的保湿性和保温性的材料，严密包裹主干和比较粗壮的一、二级分枝。经裹干处理后，一可避免强光直射和干风吹袭，减少干、枝的水分蒸腾；二可保存一定量的水分，使枝干经常保持湿润；三可调节枝干温度，减少夏季高温和冬季低温对枝干的伤害。目前，亦有附加塑料薄膜裹干，此法在树体休眠阶段使用效果较好，但在树体萌芽前应及时撤除。因为塑料薄膜透气性能差，不利于被包裹枝干的呼吸作用，尤其是高温季节，内部热量难以及时散发而引起的高温，会灼伤枝干、嫩芽或隐芽，对树体造成伤害。树干皮孔较大而蒸腾量显著的树种如樱花、鸡爪槭等，以及香樟、广玉兰等大多数常绿阔叶树种，定植后枝干包裹强度要大些，以提高栽植成活率。

（3）扶正树体

定植灌水后，因土壤松软沉降，树体极易发生倾斜倒伏现象，一经发现，需立即扶正。扶树时，可先将树体根部背斜一，侧的填土挖开，将树体扶正后还土踏实。特别对带土球树体，切不可强推猛拉、来回晃动，以致土球松裂，影响树体成活。

（4）立支柱

栽植胸径 5 cm 以上树木时，植后应立支架固定，以防冠动根摇，影响根系恢复生长，特别是在栽植季节有大风的地区。裸根树木栽植常采用标杆式支架，即在树干旁打一杆桩，用绳索将树干缚扎在杆桩上，缚扎位置宜在树高 1/3 或 2/3 处，支架与树干间应衬垫软物。带土球树木常采用扁担式支架，即在树木两侧各打人一杆桩，杆桩上端用一横担缚连，将树干缚扎在横担上完成固定。三角桩或井字桩的固定作用最好，且有良好的装饰效果，在人流量较大的市区绿地中多用，但注意支架不能打在土球或骨干根系上。

（5）搭架遮阴

大规格树木移植初期或高温干燥季节栽植，要搭建阴棚遮阴，以降低树冠温度，减少树体的水分蒸腾。树木成活后，视生长情况和季节变化，逐步去除遮阴物。如体量较大的乔、灌木树种，要求全冠遮阴，阴棚上方及四周与树冠保持 30—50 cm 间距，以保证棚内有一定的空气流动空间，防止树冠日灼危害；为了让树体接受一定的散射光，保证树体光合作用的进行，遮阴度应为 70% 左右。又如成片栽植的低矮灌木，可打地桩拉网遮阴，网高距树木顶部 20 cm 左右。

二、特殊立地条件下的树木栽植技术

特殊的立地环境是指具有大面积铺装表面的立地，如屋顶、盐碱地、干旱地、无土岩石地、环境污染地及容器栽植等。在城市绿地建设中经常需要在这些特殊、极端的立地条件下栽植树木。影响树木生长的主要环境因素有水分、养分、土壤、温度、光照等，特殊的立地环境条件常表现为其中一个或多个环境因子处于极端状态下，如干旱立地条件下水分极端缺少，无土岩石立地条件下基本无土或土壤极少，在这样特殊的立地环境条件必须采取一些特殊的措施才能达到成功栽植树木的效果。

（一）容器栽植技术

1. 容器栽植的特点

目前在城市的商业区步行街、商场门前、停车场等城市中心区域，为了增加树量，营造绿色，通常使用各类容器来栽植树木，这些容器栽植有以下一些特点：

（1）可移动性与临时性

在自然环境不适合树木栽植或空间狭小等情况下需要临时性栽植树木，可采用容器栽植进行环境绿化布置。如在城市道路全部为铺装的条件下，采用摆放各式容器栽植树木的方法，进行生态环境补缺，特别是为了满足节假日等喜庆活动的需要，可大量使用容器栽植的观赏树木来美化街头、绿地，营造与烘托节日的氛围。

（2）树种选择丰富性

容器栽植的树木种类选择较自然立地条件下栽植的要多，因为容器栽植可采用保护地设施培育，受气候或地理环境的限制较小，尤其在北方，在春、夏、秋三季将原本不能露地栽植的热带、亚热带树种可利用容器栽植技术呈现室外，丰富了观赏树木的应用范畴。

（3）容器种类多样性

树木栽植的容器材质各异、种类多样，常用的有陶盆、瓷盆、木盆、塑料盆、玻璃纤维强化灰泥盆等。另外，在铺装地面上砌制的各种栽植槽，有砖砌、混凝土浇筑、钢制等，也可理解为容器栽植的一种特殊类型，不过它固定于地面，不能移动。

2. 容器栽植树种选择

容器栽植特别适合于生长缓慢、浅根性、耐旱性强的树种。乔木类常用的有桧柏、五针松、银杏、柳杉等；灌木的选择范围较大，常用的有罗汉松、花柏、刺柏、杜鹃、山茶、桂花、月季、八仙花、红瑞木、珍珠梅、紫薇、榆叶梅、栀子等；地被树种在土层浅薄的容器中也可以生长，如铺地柏、八角金盘、菲白竹等。

（二）铺装地面树木栽培技术

1. 铺装地面的环境特点

（1）树盘土壤表面积小

在有铺装的地面进行树木栽植，大多情况下种植穴的表面积都比较小，一般仅有1—2 m^2，有的覆盖材料甚至一直铺到树干基部，树盘范围内的土壤表面积极少，土壤与外界的交流受较大制约。

（2）生长环境条件恶劣

栽植在铺装地面上的树木，其生境比一般立地条件下要恶劣得多，由于根际土壤被压实、透气性差，导致土壤水分、营养物质与外界的交换受阻，同时受到强烈的地面热量辐射和水分蒸发的影响。研究表明，夏季中午的铺装地表温度可高达50℃以上，不但土壤微生物被致死，树干基部也可能受到高温的伤害。近年来我国许多城市还采用大理石进行大面积铺装，更加重了地表高温对树木生长带来的危害。

（3）易受人为伤害

由于铺装地面大多为人群活动密集的区域，树木生长容易受到人为的干扰和难以避免的损伤，如刻伤树皮、钉挂杂物，在树干基部堆放有害、有碍物质，以及市政施工时对树体造成的各类机械性伤害。

2. 铺装地面植树种选择

由于铺装立地的环境条件恶劣，树种选择应根系发达，具有耐干旱、耐贫瘠的特性；树体能耐高温与阳光暴晒，不易发生灼伤。

3. 铺装地面树种栽培技术

（1）更换栽植穴的土壤

适当更换栽植穴的土壤，改善土壤的通透性和土壤肥力，更换土壤的深度为50—100 cm。

（2）树盘处理

保证栽植在铺装地面的树木有一定的根系土壤体积。据调查资料显示，在有铺装地面栽植的树木，根系至少应有3 m3的土壤，且增加树木基部的土壤表面积要比增加栽植深度更为有利。铺装地面切忌一直伸展到树干基部，否则随着树木的加粗生长，不仅地面铺装材料会嵌入树干体内，树木根系的生长也会抬升地面，造成地面破裂不平。

为了景观效果，起到保墒、减少扬尘的作用，树盘地面可栽植花草，覆盖树皮、木片、碎石等；也可采用两半的铁盖、水泥板覆盖，但其表面必须有通气孔，盖板最好不直接接触土表；如是水泥、沥青等表面没有缝隙的整体铺装地面，应在树盘内设置通气管道以改善土壤的通气性。通气管道安置在种植穴的四角，一般采用PVC管，直径10—12 cm，管长60—100 cm，管壁钻孔。

（三）干旱地树木栽培技术

1. 干旱地的环境特点

干旱的立地环境因水分缺少构成对树木生长的胁迫，同时干旱可使土壤环境发生变化。

（1）土壤发生次生盐渍化

当表层土壤干燥时，地下水通过毛细管的上升运动到达土表，补充因蒸发而损失的水分，同时，盐碱伴随着毛管水上升，并在地表积聚，盐分含量在地表或土层某一特定部位的增高，导致土壤次生盐渍化发生。

（2）土壤生物种类少

干旱条件导致土壤生物种类如细菌、线虫、蚁类、蚯蚓等数量减少，生物酶的分泌也随之减少，阻碍了土壤有机质的分解，从而影响树体养分的吸收。

（3）土壤温度较高

干旱造成土壤热容量减小，温差变幅加大。同时，因土壤的潜热交换减少，土壤温度升高，这些都不利于树木根系的生长。

2. 干旱地种植树种选择

在干旱地土质贫瘠，尤其在公路两侧及迎面山区绿化难度大，可选择抗旱性强树种。如落叶阔叶乔木树种可选择新疆杨、新疆白榆、黄柳、垂柳、小叶杨、国槐、龙爪槐、龙爪柳等，花灌木树种应优先选择华北紫丁香、黄刺玫、紫穗槐、沙枣、柽柳、枸杞、华北珍珠梅等，常绿针叶树种为圆柏、云杉、樟子松、杜松、油松、侧柏等。

3. 干旱地树种栽培技术

（1）栽植时间

干旱地的树木栽植应以春季为主，一般在 3 月中旬至 4 月下旬，此期土壤比较湿润，土壤的水分蒸发和树体的蒸腾作用也比较低，树木根系再生能力旺盛，愈合发根快，种植后有利于树木的成活生长。但在春旱严重的地区，宜在雨季栽植。

（2）栽植技术

①泥浆堆土

泥浆能增强水和土的亲和力，减少重力水的损失，可较长时间保持根系的土壤水分。堆土可减少树穴土壤水分的蒸发，减小树干在空气中的暴露面积，降低树干的水分蒸腾。具体做法是：将表土回填树穴后，浇水搅拌成泥浆，再挖坑种植，并使根系舒展；然后用泥浆培稳树木，以树干为中心培出半径为 50 cm、高 50 cm 的土堆。

②埋设保水剂

常用的保水剂聚合物是颗粒状的聚丙烯酰胺和聚丙烯醇物质，能吸收自重 100 倍以上的水分，具极好的保水作用。高吸收性树脂聚合物为淡黄色粉末，不溶于水，吸水膨胀后成无色透明凝胶，可将其与土壤按一定比例混合拌和使用；也可将其与水配成凝胶后，灌入土壤使用，有助于提高土壤保水能力。具体做法：在干旱地栽植时，将其埋于树木根部，能较持久地释放所吸收的水分供树木生长。

③开集水沟

旱地栽植树木，可在地面挖集水沟蓄积雨水，有助于缓解旱情。

④容器隔离

采用容器如塑料袋（10—300 L）将树体与干旱的立地环境隔离，创造适合树木生长的小环境。袋中填入腐殖土、肥料、珍珠岩，再加上能大量吸收和保存水分的聚合物，与水搅拌后成冻胶状，可供根系吸收 3—5 个月。若能使用可降解塑料制品，则对树木生长更为有利。

第三节　大树移植技术

一、大树移植成活基本知识

（一）大树移植的概念

大树移植是园林绿地养护过程中的一项基本作业，即移植大型树木的工程。大型树木一般指树体胸径在 15—20 cm 以上，或树高在 4—6 m 以上，或树龄在 20 年左右或以上的树木。大树移植主要应用于对现有树木保护性的移植，对密度过高的绿地进行结构调整中发生的作业行为。大树移植条件比较复杂，要求较高，一般造林、绿化很少采用，但它是城市园林布置和城市绿化经常采用的重要手段和技术措施。有些重点建筑工程或市政工程，要求用特定的优美树姿相配合，大树移植是实现这种目标的最佳和最快途径之一。

（二）大树移植成活原理

1. 近似生境原理

树木的生境是一个比较综合的整体，主要指光、气、热等气候条件和土壤条件。大树移植后的生境要近似或优于原生的生境，这样移植成活率会较高。定植地生境最好类似或优于原植地生境。

2. 树势平衡原理

树势平衡是指树木的地上部分和地下部分须保持平衡。移植大树时，势必对根系造成伤害，就必须根据具体情况，对地上部分进行修剪，使地上部分和地下部分的生长情况基本保持平衡。但修剪时要注意适度，如果对枝叶修剪过多会影响树木的景观，也会影响根系的生长发育，因为供给根发育的营养物质来自地上部分。而且地上部分所留比例超过地下部分所留比例，可通过人T养护弥补不平衡性。如遮阴减少水分蒸发、叶面施肥、吊瓶促活、对树木进行包扎阻止水分散发等措施。

（三）大树移植的特点

1. 绿化效果快速显著

大树移植能在较短的时间内迅速形成景观效果，能较快发挥城市绿地的景观功能，绿化效果显著。

2. 成活率低

大树移植成活率低。树木愈大，树龄愈老，细胞再生能力愈弱，损伤的根系恢复慢，新根发生能力较弱，成活较困难。树木在生长过程中，根系扩展范围很大，使有效地吸收根处于深层和树冠投影附近，而移植所带土球内吸收根很少且高度木栓化，极易造成树木移栽后失水死亡。大树的树体高大，枝叶蒸腾面积大，为使其尽早发挥绿化效果和保持原有优美姿态，一般不进行过重修剪，因此地上部蒸腾面积远远超过根系的吸收面积，树木常因脱水而死亡。另外，在移植过程中会受到的各种机械伤害，影响成活率。

3. 移植周期长

为保证大树移植的成活率，在大树移植前的准备工作到移植后栽后养护需要较长时间。

4. 费用高、工程量大

大树移植树体规格大、技术要求高，需要动用多种机械以及后期养护需要特殊管理和措施等，因此在人力、物力、财力上都需要很大的支出。

二、大树移植前的准备工作

（一）移植大树选择

对移栽的大树进行实地调查。调查的内容包括树种、年龄时期、干高、胸径、树高、冠幅、树形等并进行测量、记录，注明最佳观赏面的方位并摄影。调查记录土壤条件，周围情况，判断是否适合挖掘、包装、吊运，分析存在的问题和解决措施。此外还要了解树木的所有权等。对于选中的树木应立卡编号，为设计提供资料。

1. 树体选择

选择树体时应该注意以下三点：

（1）选择树体规格要适中

树体规格要适中，不是越大越好、树龄越老越好，适中即可。因为移植及养护的成本会随树体规格增大而迅速增长。特别是不能轻易移植古树名木，这些古树名木由于生长年代久远，已依赖于某一特定生境，环境一旦改变，就可能导致树体死亡。

（2）应该选择青壮年龄树体

从形态、生态效益以及移植成活率上看，青壮年期的树木都是最佳时期。树木当胸径在 10—15 cm 时，正处于树体生长发育的旺盛时期，因其环境适应性和树体再生能力都强，移植过程中树体恢复生长时间短，移植成活率高。一般慢生树种应选 20—30 年生，速生树种应选 10—20 年生，中生树种应选 15 年生。一般乔木树种，以树高 4 m 以上、胸径 15—25 cm 的树木最为合适。

（3）应该尽量选择就近树体

在进行大树移植时，应根据栽植地的气候条件、土壤类型，以选择乡土树种为主、外来树种为辅，坚持就近选择为先，尽量避免远距离调运大树。

2. 树种选择

（1）树种应选择移植成容易的树种

大树移植的成功与否首先取决于树种选择是否得当。最易成活树种有杨树柳树、梧桐、悬铃木，榆树、朴树、银杏、臭椿、槐树、木兰等，较易成活树种有香樟、女贞、桂花、厚朴、厚皮香、广玉兰、七叶树、槭树、榉树等，较难成活树种有马尾松，白皮松、雪松，圆柏、侧柏、龙柏、柏树、柳杉、榧树、楠木，山茶等，最难成活树种有云杉、冷杉、金钱松、胡桃、桦木等。

（2）尽量选择生命周期较长树种

大树移植的成本较高，如果选择寿命较短的树种进行大树移植，从生态效应还是景观效果上，树体不久就进入“老龄化阶段”，移植时耗费的人力、物力，财力就会得不偿失。而对那些生命周期长的树种，即使选用较大规格的树木，仍可经历较长年代的生长并充分发挥其绿化功能和艺术效果。

（二）移植大树时间确定

1. 春季移植

早春是大树移植的最佳时期，春季树液开始流动，枝叶开始萌芽生长，挖掘时损伤的根系容易愈合、再生，树体开始萌芽而枝叶尚未全部长成之前，树体蒸腾量较小、根系容易及时恢复水分代谢平衡。移植后，也容易在早春到晚秋的正常生长期中树体受伤的根冠得到恢复，给树体安全越冬创造有利条件，获得较高的移植成活率。

2. 夏季移植

夏季由于树体蒸腾量较大，一般来说不利于大树移植。在必要时，可采取加大土球、加强修剪、树体遮阴、栽后特殊养护等减少枝叶蒸腾的移植措施，也能进行移植。但由于所需技术复杂、成本较高，故一般尽可能避免。夏季应尽量把握北方的雨季和南方的梅雨期，由于雨季，光照强度较弱，空气湿度较高，也不失为移植适期。

3. 秋冬移植

秋冬季节，从树木开始落叶到气温不低于一 15℃这一时期，树体虽处于休眠状态，但地下部分尚未完全停止生理活动，移植时受伤的根系较容易愈合恢复，给来年春季萌芽生长创造良好的条件，秋、冬也可以进行移植。但在严寒的北方，移植是必须加强对移植大树的根际保护，防止冻伤。

三、大树移植技术

（一）起树

1. 起掘前的准备

首先，在起掘前 1—2 天，根据土壤干湿情况，适当浇水，以防挖掘时土壤过干而导致土球松散;其次，清理大树周围的环境，将树干周围 2—3 m 范围内的碎石、瓦砾、灌木地被等障碍物清除干净，将地面大致整平，为顺利起掘提供条件，并合理安排运输路线；最后，拢冠以缩小树冠伸展面积，便于挖掘和防止枝条折损。另外，需准备好挖掘工具、包扎材料、吊装机械以及运输车辆等。

2. 确定土球的大小

一般可按树木胸径的 8—10 倍来确定。

3. 挖掘土球规格

确定之后，以树干为中心，按比土球直径大 3—5 cm 的尺寸划一个圆圈，然后沿着圆圈向外挖一宽 60—80 cm 的操作沟，其深度与确定的土球高度相等。当掘到应挖深度的 1/2 时，应随挖随修整土球，将土球修成倒苹果形，使之表面平滑，底部宽度约为最宽处的 1/3 在土球底部向内刨挖一圈底沟，宽度在 5—6 cm，这样有利于草绳绕过底面时不松脱。修整土球时如遇粗根，要用剪枝剪或小手锯锯断，切不可盲目用锹断根，以免弄散土球。

（二）包扎

起树时土坨（球或块）的大小应比断根坨向外放宽 10—20 cm，以便土坨内包含大部分近 2—3 年长出的新根。为减轻土坨重量，应把表层土铲去。根据树径大小和土壤松散度采用两种挖掘包装方式。

（三）吊装

吊运前先要备好符合要求的吊车、卡车，捆吊土球的长粗绳，用于隔垫的木板、蒲包，用于拢冠的草绳、草袋等。吊运时，先撤去支撑，捆拢树冠；再用事先对折打好结的长粗绳，将两股分开，捆在土球腰下部约由上向下的 3/5 处，与土球接触的地方要垫以木板，以防勒散土球；然后将粗绳两端扣在钓钩上，用粗绳在树干基部拴系一绳套，扣在钓钩或吊绳上，防树身过于歪斜，以免摔散土球。一切准备就绪之后即可起吊装车起吊时，如发现有未断的底根，应立即停止起吊，切断底根后方可继续起吊。装车时必须土球向前，树梢向后，轻轻放在车厢内。树干可用“X”形支架进行支撑，支架交叉处捆绑松软物体，避免运输过程中支架擦伤树皮，用粗绳将支架与车身牢牢捆紧，用砖头或木块将土球支稳，防止土球摇晃。

（四）运输

土球的运输途中要有专人负责押运，苗木运到施工现场后要立即卸车，押运苗木的人员，必须了解所运苗木的树种、规格和卸苗地点；对于要求对号人位的苗木，必须知道具体卸苗地址。车上备有竹竿，以备中途遇到低的电线时，能挑起通过。

（五）定植

大树移植要掌握“随挖、随包、随运、随栽”的原则，移植前应根据设计要求定点、定树、定位。定植大树的坑穴，应比土球（台）直径大 40—50 cm，比木箱尺寸大 50—60 cm，比土球或木箱高度深 20—30 cm，并更换适于树木根系生长的腐殖土或培养土。吊装入穴时，与一般树木的栽植要求相同，应将树冠最丰满面朝向主观赏方向，并考虑树木在原生长地的朝向。栽植深度以土球（台）或木箱表层高于地表 20—30 cm 为标准；特别是不耐水湿的树种（如雪松）和规格过大的树木，宜采用浅穴堆土栽植，即土球高度的 3/5—4/5 入穴，然后围球堆土呈丘状，根际土壤透气性好，有利于根系伤口的愈合和新根的萌发。树木栽植入穴后，尽量拆除草绳、蒲包等包扎材料，填土时每填 20—30 cm 即夯实一次，但应注意不得损伤土球。栽植完毕后，在树穴外缘筑一个高 30 cm 的围堰，浇透定植水。

第二章 园林绿化的施工

第一节 行道树与庭荫树的栽植

一、行道树的栽植

（一）行道树的选择

行道树是城市绿化的重要组成部分，是城市绿化的骨干树种，起到组织交通、美化街景、遮阴送凉的作用，提高绿化视线，使得整个城市笼罩在绿荫之下，显得生机盎然，色调柔和。城市行道树既能减轻噪声，减少烟尘，吸滞尘埃，增加空气湿度，又能降低气温。但是行道树生长的环境——街道两旁条件较差，土层瘠薄。由于建筑物林立，日照时间短，人为破坏严重，土层坚硬，建筑垃圾多，架空线与地下管线纵横，汽车排放的有害气体多，灰尘大。所以，树种选择时应谨慎，考虑因素要全面。

一般行道树应该具备以下 6 个条件：①主干通直，有一定的枝下高，冠幅大，枝叶浓密，树形优美，花果色彩丰富，抗污染能力强。②能适应城市土壤，对钙化、碱化土壤具有较高的适应性，耐干旱、瘠薄、酸碱环境不适宜、管道密布的浅土层。③萌芽力强，耐修剪，修剪之后恢复能力强，枝条在修剪之后自我更新复壮的能力强。④树木生长快，寿命长，发芽早，落叶迟的落叶树种或常绿树种，能体现地方风格，具有乡土适应性的乡土树种。⑤抗污染能力强（在污染区域应作为首要条件），抗逆性和抗病虫害能力要强。⑥无毒、无臭，对人无刺激，尤其是果实成熟后，落果时不会对行人造成影响。

（二）园林树木的栽植原理

园林树木栽植实际上就是移栽，它是将树木从一个地点移植到另一个地点，并使其继续生长的操作过程。然而树木移栽是否成功，不仅要看栽植后树木能否成活，而且要看以后树木生长发育的能力及长势情况。栽植的概念不能简单地理解为植物的种植，实际上应包括起苗（树）、运苗和种植三个基本环节。起苗是将苗木（树木）从生长地连根掘起；运苗是将挖（掘）出的苗木运到计划栽植的地点；种植是按要求将植株放入事先挖好的坑（或穴）中，使树木的根系与土壤密接。种植又分定植、假植。定植是按照造景要求，将树木种植在预定位置，以后再不移走的方法；假植是起（挖）的苗（树）木，不能及时运走，或运到新的地方后不能及时栽植而将植株的根系埋入湿润土壤的操作过程。

乔灌木树种的移栽，不论是裸根栽植，还是带土球栽植，为了保证树木成活必须掌握树木生长规律及其生理变化，了解树木栽植的成活原理。树木栽植中，植株受到的干扰首先表现在树体内部的生理与生化变化，总的代谢水平和对不利环境抗性下降。这种变化开始不易觉察，直至植株发生萎蔫甚至死亡则已发展到极其严重的程度。

树木栽植过程中，植株挖出以后，根系（特别是吸收根）遭到严重破坏，根幅与根量缩小，树木根系全部（裸根苗）或部分（带土苗）脱离了原有协调的土壤环境，根系主动吸水的能力大大降低。在运输中的裸根植株甚至根本吸收不到水分，而地上部却因气孔调节十分有限，还会蒸腾和蒸发失水。在树木栽植以后，即使土壤能够供应充足的水分，但因在新的环境下，根系与土壤的密切关系遭到破坏，减少了根系对水分的吸收。此外根系损伤后，虽然在适宜的条件下具有一定的再生能力，但要发出较多的新根还需经历一定的时间，若不采取措施，迅速建立根系与土壤的密切关系，以及枝叶与根系的新平衡，树木极易发生水分亏损，甚至导致死亡。因此，树木栽植成活的原理是保持和恢复树体以水分为主的代谢平衡。

这种新的平衡关系建立的快慢与树种习性、年龄时期、物候状况以及影响生根和蒸腾为主的外界因子都有密切的关系，同时也不可忽视栽植人员的技术和责任心。一般来说，发根能力和再生能力强的树种容易成活；幼年期、青年期的树木及处于休眠期的树木容易栽活；有充足的土壤水分和适宜的气候条件的成活率高。严格的、科学的栽植技术和高度的责任心可以避免许多不利因素的影响而大大提高栽植的成活率。此外，根据当地气候和土壤条件的季节变化，以及栽植树种的特性与状况，进行综合考虑，确定适宜的栽植季节。

（三）栽植季节

园林树木栽植原则上应在其最适宜的时期进行，它是根据各种树木的不同生长特性和栽植地区的特定气候条件而定。一般来说，落叶树种多在秋季落叶后或在春季萌芽前进行，因为此期树体处于休眠状态，生理代谢活动滞缓，水分蒸腾较少且体内贮藏营养丰富，受伤根系易于恢复，移植成活率高。常绿树种栽植，在南方冬暖地区多秋植，或于新梢停止生长期进行；冬季严寒地区，易因秋季干旱造成“抽条”而不能顺利越冬，故以新梢萌发前春植为宜；春旱严重地区可行雨季栽植。

1. 春季栽植

在冬季严寒及春雨连绵的地方，春季栽植最为理想。这时气温回升，雨水较多，空气湿度大，土壤水分条件好，地温转暖，有利于根系的主动吸水，从而保持水分的平衡。

春天栽植应立足一个“早”字。只要没有冻害，便于施工，应及早开始。其中最好的时期是在新芽开始萌动之前两周或数周。此时幼根开始活动，地上部分仍然处于休眠状态，先生根后发芽，树木容易恢复生长。尤其是落叶树种，必须在新芽开始膨大或新叶开放之前栽植，若延至新叶开放之后，常易枯萎或死亡，即使能够成活也是由休眠芽再生新芽，当年生长多数不良。如果常绿树种植偏晚，萌芽后栽植的成活率反而要比同样情况下栽植的落叶树种高。虽然常绿树在新梢生长开始以后还可以栽植，但远不如萌动之前栽植好。

2. 夏季栽植

夏季栽植最不保险。因为这时候，树木生长最旺，枝叶蒸腾量很大，根系需吸收大量的水分；而土壤的蒸发作用很强，容易缺水，易使新栽树木在数周内遭受旱害，但如果冬春雨水很少，夏季又恰逢雨季的地方，如华北、西北及西南等春季干旱的地区，应掌握有利时机进行栽植（实为雨季栽植），可获得较高的成活率。

3. 秋季栽植

秋季气温逐渐下降，土壤水分状况稳定，许多地区都可以进行栽植。特别是春季严重干旱和风沙大或春季较短的地区，秋季栽植比较适宜，但若在易发生冻害和兽害的地区不宜采用秋植。从树木生理来说，由落叶转入休眠，地上部的水分蒸散以达很低的程度而根系在土壤中的活动仍在进行，甚至还有一次生长的小高峰，栽植以后根系的伤口容易愈合，甚至当年可发出少量新根，翌年春天发芽早，在干旱到来之前可完全恢复生长，增强对不利环境的抗性。

以前，许多人认为落叶树种秋植比常绿树种好。近年来的实践证明，部分常绿树在精心护理下一年四季都可以栽植，甚至秋天和晚春栽植的成功率比同期栽植的落叶树还高。在夏季干旱的地区，常绿树根系的生长基本停止或生长量很小，随着夏末秋初降雨的到来，根系开始再次生长，有利于成活，更适于采用秋植，但在秋季多风、干燥或冬季寒冷的情况下，春植比秋植好。

4. 冬季栽植

在比较温暖，冬天土壤不结冻或结冻时间短，天气不太干燥的地区，可以进行冬季栽植。在北方或高海拔地区，土壤封冻，天气寒冷，一般不宜冬天栽植。但是，在冬季严寒的华北北部、东北大部，土壤冻结较深，也可采用带冻土球的方法栽植。在国外，如日本北部及加拿大等国家，也常用冻土球法移栽树木。

一般说来，冬季栽植主要适合于落叶树种，它们的根系冬季休眠时期很短，栽后仍能愈合生根，有利于第二年的萌芽和生长。

（四）苗木的准备

1. 苗木的选择

关于栽植的树种及其年龄与规格，应根据设计要求选定。栽植施工之前，对苗木的来源、繁殖方式与质量状况进行认真的调查。

（1）苗木质量

苗木质量的好坏直接影响栽植的质量、成活率、养护成本及绿化效果。因此要选择植株健壮、根系发达无病虫害的苗木。

（2）苗龄与规格

树木的年龄对栽植成活率的高低有很大影响，并与成活后植株的适应性和抗逆性有关。

幼龄苗木，植株较小，根系分布范围小，起挖时根系损伤率低，栽植过程（起掘、运输和栽植）也较简便，并可节约施工费用。由于幼龄苗木容易保留较多的须根，起挖过程对树体地上与地下部分的平衡破坏较小。因此，幼龄植株栽后受伤根系再生力强，恢复期短，成活率高，地上枝干经修剪留下的枝芽也容易恢复生长。幼龄苗木整体上营养生长旺盛，对栽植地环境的适应能力较强，但由于植株小，易遭受人畜的损伤，尤其在城市环境中，更易受到人为活动的损伤，甚至造成死亡而缺株，影响日后的景观，绿化效果发挥也较差。

壮老龄树木，根系分布深广，吸收根远离树干，起挖时伤根率较高，若措施不当，栽植成活率低。为提高栽植成活率，对起、运、栽及养护技术要求较高，必须带土球移植，施工养护费用也贵。但壮老龄树木，树体高大，姿形优美，栽植成活后能很快发挥绿化效益，在重点工程特殊需要时，可以适当选用，但必须采取大树移栽的特殊措施。

根据城市绿化的需要和环境条件的特点，一般绿化工程多需用较大规格的幼青年苗木，移栽较易成活，绿化效果发挥也较快，为提高成活率，尤其应该选用苗圃多次移植的大苗。园林植树工程选用的苗木规格，落叶乔木最小胸径为 3 cm，行道树和人流活动频繁的地方还应更大些，常绿乔木最小也应选树高 1.5 m 以上的苗木。

（3）苗木来源

栽植的苗木一般有三种来源，即当地培育、外地购进及从园林绿地和野外搜集。当地苗圃培育的苗木，种源及历史清楚，不论什么树种，一般对栽植地气候与土壤条件都有较强的适应能力，可随起苗随栽植。这不仅可以避免长途运输对苗木的损害和降低运输费用，而且可以避免病虫害的传播。当本地培育的苗木供不应求不得不从外地购进时，必须在栽植前数月从相似气候区内订购。在提货之前应该对欲购树木的种源、起源、年龄、移植次数、生长及健康状况等进行详细的调查。要把好起苗、包装的质量关，按照规定进行苗木检疫，防止将严重病虫害带入当地；在运输装卸过程中，要注意洒水保湿，防止机械损伤和尽可能地缩短运输时间。

2. 裸根苗的起挖

起挖是园林树木栽植过程中的重要技术环节，也是影响栽植成活率的首要因素，必须加以认真对待。苗木的挖掘与处理应尽可能多地保护根系，特别是较小的侧根与较细的支根。这类根吸收水分与营养的能力最强，其数量的明显减少，会造成栽植后树木生长的严重障碍，降低树木恢复的速度。

（1）挖掘前的准备

挖掘前的准备工作包括挖掘对象的确定，包装材料及工具器械的准备等。首先要按计划选择并标记中选的苗木，其数量应留有余地，以弥补可能出现的损耗；其次是拢冠，即对于分枝较低，枝条长而比较柔软的苗木或丛径较大的灌木，应先用粗草绳将较粗的枝条向树干绑缚，再用草绳打几道横箍，分层捆住树冠的枝叶，然后用草绳自下而上将各横箍联结起来，使枝叶收拢，以便操作与运输，以减少树枝的损伤与折裂。对于分枝较高，树干裸露，皮薄而光滑的树木，因其对光照与温度的反应敏感，若栽植后方向改变易发生日灼和冻害，故在挖掘时应在主干较高处的北面用油漆标出“N”字样，以便按原来的方向栽植。

（2）裸根起挖

绝大部分落叶树种可裸根起挖。挖掘开始时，先以树干中心为圆心，以胸径的 8 ~ 12 倍为直径划圆，于圆外绕树起苗，垂直挖至一定深度，切断侧根，然后于一侧向内深挖，适当摇动树干查找深层粗根的方位，并将其切断，如遇难以切断的粗根，应把四周土壤掏空后，用手锯锯断，切忌强按树干和硬切粗根，造成根系劈裂。根系全部切断后，放倒苗木，轻轻拍打外围土块，对已劈裂的根应进行修剪。如不能及时运走，应在原穴用湿土将根覆盖好，进行短期假植。如较长时间不能运走，应集中假植；干旱季节还应设法保持覆土的湿度。

根系的完整和受损程度是决定挖掘质量的关键，树木的良好有效根系，是指在地表附近形成的由主根、侧根和须根所构成的根系集体。一般情况下，经移植养根的树木挖掘过程中所能携带的有效根系，水平分布幅度通常为主干直径的 6 ~ 12 倍；垂直分布深度，约为主干直径的 4 ~ 6 倍，一般多在 60 ~ 80 cm，浅根系树种多在 30 ~ 40 cm。起苗前如天气干燥，应提前 2 ~ 3 天对起苗地灌水，使土质变软、便于操作，多带根系；根系充分吸水后，也便于贮运，利于成活。而野生和直播实生树的有效根系分布范围，距主干较远，故在计划挖掘前，应提前 1 ~ 2 年挖沟盘根，以培养可挖掘携带的有效根系，提高移栽成活率。树木起出后要注意保持根部湿润，避免因日晒风吹而失水干枯，并做到及时装运、及时种植。运距较远时，根系应打浆保护。

3. 苗木的装运

树木挖好后，应执行“随挖、随运、随栽”的原则，即尽量在最短的时间内将其运至目的地栽植。在运输的过程中防止树体，特别是根系过度失水，保护根、干免受机械损伤，尤其在长途运输中更应注意保护。如果有大量的苗木同时出圃，在装运之前，应对苗木的种类、数量与规格进行核对，仔细检查苗木质量，淘汰不合要求的苗木，补齐所需的数量，并要附上标签。标签上注明树种、年龄、产地等。车厢内应先垫上草袋等物，以防车板磨损苗木，较大的苗木装车时应根系向前，树梢向后，顺序码放，不要压得太紧，做到上不超高（地面车轮到苗高处不许超过 4 m），梢端不拖地（必要时垫蒲包用绳吊起），根部应用苫布盖严，并用绳捆好。

树苗应有专人跟车押运，经常注意苫布是否被风吹开，短途运苗，中途最好不停留；长途运苗，裸露根系易被吹干，应注意洒水，休息时车应停在阴凉处。苗木运到后应及时卸车，并要轻拿轻放。卸裸根苗时不应抽取，更不许整车推下。经长途运输的裸根苗木，根系较干时应浸水 1 ～ 2 天。

4. 苗木的假植

假植是在定植之前，按要求将苗木的根系埋入湿润的土壤中，以防风吹日晒失水，保持根系生活力，促进根系恢复与生长的方法。树木运到栽种地点后，因受场地、人工、时间等主客观因素而不能及时定植者，则须先行假植。假植地点，应选择靠近栽植地点、排水良好、阴凉背风处。假植的方法是：开一条横沟，其深度和宽度可根据树木的高度来决定，一般为 40 ～ 60 cm。将树木逐株单行挨紧斜排在沟内，倾斜角度可掌握在 30° ～ 45°，使树梢向南倾斜，然后逐层覆土，将根部埋实；掩土完毕后，浇水保湿。假植期间须经常注意检查，及时给树体补湿，发现积水要及时排除。假植的裸根树木在挖取种植前，如发现根部过干，应浸泡一次泥浆水后再植，以提高成活。

（五）栽植地的准备

1. 地形地势的整理

地形整理指从土地的平面上，将绿化地区与其他用地划分开，根据绿化设计图纸的要求整理出一定的地形，此项工作可与清除地上障碍物相结合。混凝土地面一定要刨除，否则影响树木的成活和生长。地形整理应做好土方调度，先挖后垫，以节省投资。

地势的整理指绿地的排水问题。具体的绿化地块里，一般都不需要埋设排水管道，绿地的排水是依靠地面坡度，从地面自行径流排到道路旁的下水道或排水明沟。所以将绿地界限划清后，要根据本地区排水的大趋向，将绿化地块适当填高，再整理成一定坡度，使其与本地区排水趋向一致。一般城市街道绿化的地形整理要比公园简单些，主要是与四周道路和广场的标高合理衔接，使其排水畅通。洼地填土或是去掉大量渣土堆积物后回填土壤时，需要注意对新填土壤分层夯实，并适当增加填土量，否则一经下雨或经自行下沉，会形成低洼坑地，而不能自行径流排水。如地面下沉后再回填土壤，则树木被深埋，易造成死亡。

2. 地面土壤的整理

地形地势整理完毕之后，为了给植物创造良好的生长基地，必须在种植植物的范围内，对土壤进行整理。整地分为全面整地和局部整地，栽植灌木特别是用灌木栽植成一定模纹的地面，或播种及铺设草坪的地段，应实施全面整地。全面整地应清除土壤中的建筑垃圾、石块等，进行全面翻耕。播种、铺设草坪和栽植灌木地段翻耕深度15 ~ 30 cm，并将土块敲碎，而后平整。

3. 地面土壤改良

土壤改良是采用物理的、化学的和生物的措施，改善土壤物理性质，提高土壤肥力的方法。

施工进场后首项作业就是清除垃圾，包括建筑垃圾和生活垃圾。对不适合园林植物生长的灰土、渣土、没有结构和肥力的生土，尽量清除，换成适合植物生长的园田土。过黏、过分沙性土壤应用客土法进行改良。筛土、换土的深度要求：草坪、花卉、地被，30 ~ 40 cm；乔、灌木结合挖掘树坑，50 ~ 60 cm。

二、庭荫树的栽植

（一）庭荫树的选择

庭荫树是在公园内栽植高大、雄伟、树冠如伞的孤立木或丛植树，以组织园景或供游人在树下休息纳凉的树木，树体高大遮阴效果显著的乔木树种。庭荫树由于具有良好的树冠形态和遮阴效果，因而在绿化设计或施工过程中得到广泛应用，在生态园林或生态效益提高的今天，庭荫树的绿化效果备受人们的关注。

庭荫树由于树种选择要求特殊，其栽植位置一般在绿地中央、草坪中央、建筑物侧面、道路转弯处、建筑物西南侧及水池和山石旁、开阔绿地的中心位置。所以，在园林绿地设计和建设过程中要注重庭荫树的布局，尤其是庭荫树与建筑物的协调，种植点与建筑物的相对关系等。庭荫树的选择需要根据绿化功能需要，观赏价值的发挥以及遮阴效果等多个因素选择恰当的庭荫树。

庭荫树选择应符合以下 4 个条件：(1) 树体高大，主干通直，树冠开展，枝叶浓密，树形美丽；(2) 生长快速，稳定，寿命长，抗逆性好；(3) 抗病虫害能力强，抗逆性好，能抵抗酸碱环境；(4) 栽植地点空旷，全年平均空气温度相对较小，宜选用喜阳耐旱的常绿阔叶树木或落叶阔叶树，而选择针叶树作为庭荫树相对较少，但是雪松、杉类、柏类等树种也常常选用为庭荫树。

（二）苗木的准备

1. 带土球苗木的规格要求

乔木土球为苗木胸径（落叶）或地径（常绿）的 8 ~ 10 倍，土球厚度应为土球直径的 4/5 以上，土球底部直径为球直径的 1/3，形似苹果状。

2. 掘苗前的准备工作

（1）号苗

同裸根掘苗。

（2）控制土球湿度

一般规律是土壤干燥，挖掘出的土球坚固、不易散。若苗木生长处的土壤过于干燥，应提前几天浇水，反之土质过湿则应设法排水，待比较干燥后进行掘苗作业。

（3）捆拢树冠

对于侧枝低矮的常绿树（如雪松、油松、桧柏等），为方便操作，应先用草绳将树冠捆拢起来，但应注意松紧适度，不要损伤枝条。捆拢树冠可与号苗结合进行。

将准备好的掘苗工具，如铁锹、镐、蒲包、草绳（提前泗湿）、编织布等包装材料提前运抵现场。

3. 带土球掘苗程序及技术要求

（1）质量要求

土球规格要符合规范要求，土球完好，外表平整光滑，形似红星苹果，包装严紧，草绳紧实不松脱。土球底部要封严，不能漏土。

（2）挖掘土球

挖掘土球时，首先以树干为中心画一个圆圈，标明土球直径的尺寸，一般应较规定稍大一些，作为掘苗的根据。然后将圈内表土挖去一层，深度以不伤地表的苗根为度。再沿所画圆圈外缘向下垂直挖沟，沟宽以便于操作为宜，一般作业沟为 60 ~ 80 cm。随挖、随修整土球表面，操作时千万不可踩土球，一直挖掘到规定的深度。球面修整完好以后，再慢慢从底部向内挖，称“掏底”。直径小于 50 cm 的土球可以直接掏空，将土球抱到坑外打包装；而大于 50 cm 的土球，则应将土球底部中心保留一部分，支撑土球以便在坑内进行打包装。

4. 土球包装

土球挖掘完毕以后，用蒲包等物包严，外面用草绳捆扎牢固，称为“打包”。打包之前应用水将蒲包、草绳浸泡潮湿，以增强它们的强力。

（1）土球直径在 50 cm 以下的可出坑（在坑外）打包

方法是先将一个大小合适的蒲包浸湿摆在坑边，双手捧出土球，轻轻放入蒲包正中，然后用湿草绳将包捆紧，捆草绳时应以树干为起点从上向下，兜底后，从下向上纵向捆绕。绳间距应小于 8 cm。

（2）土质松散以及规格较大的土球，应在坑内打包

方法是用蒲包包裹土球，从中腰捆几道草绳使蒲包固定后，然后按规定缠绕纵向草绳。纵向草绳捆扎方法：先用浸湿的草绳在树干基部固定后，然后沿土球垂直方向稍成斜角（约 30° ）向下缠绕草绳，兜底后再向上方树干方向缠绕，在土球棱角处轻砸草绳，使草绳缠绕得更牢固，每道草绳间隔 8 cm 左右，直至把整个土球缠绕完。直径超过 50 cm 的土球，纵向草绳收尾后，为保护土球，还要用草绳在土球中腰横绕几遍，然后将腰绳和纵向草绳穿连起来捆紧。

（三）带土球苗木的运输与假植

苗木的运输与假植也是影响植树成活的重要环节，实践证明“随掘、随运、随栽、随灌水”，可以减少土球在空气中暴露的时间，对树木成活大有益处。

1. 装车前的检验

运苗装车前须仔细核对苗木的品种、规格、数量、质量等。待运苗的质量要求是：常绿树主干不得弯曲，主干上无蛀干害虫，主轴明显的树必须有领导干。树冠匀称茂密，不烧膛。土球完整，包装紧实，草绳不松脱。

2. 带土球苗的装车技术要求

苗高 1.5 m 以下的带土球苗木可以立装，高大的苗木必须放倒，土球靠车厢前部，树梢向后并用木架将树头架稳，支架和树干接合部加垫蒲包。土球直径大于 60 cm 的苗木只装一层，土球小于 60 cm 的土球苗可以码放 2 ~ 3 层，土球之间必须排码紧密以防摇摆。土球上不准站人和放置重物。较大土球，防止滚动，两侧应加以固定。

3. 卸车

卸车时要保证土球安全，不得提拉土球苗树干，小土球苗应双手抱起，轻轻放下。较大的土球苗卸车时，可借用长木板从车厢上将土球顺势慢慢滑下，土球搬运只准抬起，不准滚动。

4. 假植

土球苗木运到施工现场如不能在一两天之内及时栽完，应选择不影响施工的地方，将土球苗木码放整齐，土球四周培土，保持土球湿润、不失水。假植时间较长者，可遮苫布防风、防晒。树冠及土球喷水保湿。雨季假植，要防止被水浸泡散坨。

（四）非正常季节移植树木的应对措施

绿化施工往往和其他工程交错进行，比如有时需要待建筑物、道路、管线工程建成后才能栽植，而这类土建、管道等工程一般无季节性，按工程顺序进行，完工时不一定是植树的适宜季节。此外，对于一些重点工程，为了及时绿化早见绿化效果往往也在非适宜季节植树。

1. 保护根系的技术措施

为了保护移栽苗的根系完整，使移栽后的植株在短期内迅速恢复根系吸收水分和营养的功能，在非正常季节进行树木移植，移栽苗木必须采用带土球移植或箱板移植。在正常季节移植的规范基础上，再放大一个规格，原则上根系保留得越多越好。

2. 抑制蒸发量的技术措施

抑制树木地上部分蒸发量的主要手段有以下几种：

（1）枝条修剪

非正常季节的苗木移植前应加大修剪量，以抑制叶面的呼吸和蒸腾作用，落叶树可对侧枝进行截干处理，留部分营养枝和萌生力强的枝条，修剪量可达树冠生物量的1/2 以上。常绿阔叶树可采取收缩树冠的方法，截去外围的枝条，适当疏剪树冠内部不必要的弱枝和交叉枝，多留强壮的萌生枝，修剪量可达 1/3 以上。针叶树以疏枝为主，如松类可对轮生枝进行疏除，但必须尽量保持树形。柏类最好不进行移植修剪。

对易挥发芳香油和树脂的针叶树，应在移植前一周进行修剪，凡 10 cm 以上的大伤口应光滑平整，经消毒，并涂刷保护剂。

带土球灌木或湿润地区带宿土裸根苗木、上年花芽分化的开花灌木不宜作修剪，可仅将枯枝、伤残枝和病虫枝剪除；对嫁接灌木，应将接口以下砧木萌生枝条剪除；当年花芽分化的灌木，应顺其树势适当强剪，可促生新枝，更新老枝。

苗木修剪的质量要求：剪口应平滑，不得劈裂；留芽位置规范；剪（锯）口必须削平并涂刷消毒防腐剂。

（2）摘叶

对于枝条再生萌发能力较弱的阔叶树种及针叶类树种，不宜采用大幅度修枝的操作。为减少叶面水分蒸腾量，可在修剪病、枯枝，伤枝及徒长枝的同时，采取摘除部分（针叶树）或大部分（阔叶树）叶子的方法来抑制水分的蒸发。摘叶可采用摘全叶和剪去叶的一部分两种做法。摘全叶时应留下叶柄，保护腋芽。

（3）喷洒药剂

用稀释 500 ～ 600 倍的抑制蒸发剂对移栽树木的叶面实施喷雾，可有效抑制移栽植物在运输途中和移栽初期叶面水分的过度蒸发，提高植物移栽成活率。抑制蒸腾剂分两类：一类属物理性质的有机高分子膜，易破损，3 ～ 5 天喷一次，下雨后补喷一次。另一类是生物化学性质的，达到抑制水分蒸腾的目的。

（4）喷雾

控制蒸腾作用的另一措施是采取喷淋方式，增加树冠局部湿度，根据空气湿度情况掌握喷雾频率。喷淋可采用高压水枪或手动或机动喷雾器，为避免造成根际积水烂根，要求雾化程度要高，或在移植树冠下临时以薄膜覆盖。

（5）遮阴

搭棚遮阴，降低叶表温度，可有效地抑制蒸腾强度，在搭设的井字架上盖上遮阴度为 60% ～ 70% 的遮阳网，在夕阳（西北）方向应置立向遮阳网，荫棚遮阳网应与树冠有 50 cm 以上的距离空间，以利于棚内的空气流通。一般的花灌木，则可以按一定间距打小木桩，在其上覆盖遮阳网。

（6）树干保湿

对移栽树木的树干进行保湿也是必要的。常用的树干保湿方法有两种。

①绑膜保湿

用草绳将树干包扎好，将草绳喷湿，然后用塑料薄膜包于草绳之外捆扎在树干上。树干下部靠近地面，让薄膜铺展开，薄膜周边用土压好，此做法对树干和土壤保墒都有好处。为防止夏季薄膜内温度和湿度过高引起树皮霉变受损，可在薄膜上适当扎些小孔透气；也可采用麻布代替塑料薄膜包扎，但其保水性能稍差，必须适当增加树干的喷水次数。

②封泥保湿

对于非开放性绿化工程，可以在草绳外部抹上 2 ～ 3 cm 厚的泥糊，由于草绳的拉结作用，土层不会脱落。当土层干燥时，喷雾保湿。用封泥的方法投资很少，既可保湿，又能透气，是一种比较经济实惠的保湿手段。

3. 促使移植苗木恢复树势的技术措施

非正常季节的苗木移植气候环境恶劣，首要任务是保证成活，在此基础上则要促使树势尽快恢复，尽早形成绿化景观效果。树势恢复的技术措施如下：

（1）苗木的选择

在绿化种植施工中，苗木基础条件的优劣对于移栽苗后期的生长发育至关重要。为了使非正常季节种植的苗木能正常生长，必须挑选长势旺盛、植株健壮、根系发达、无病虫害且经过两年以上断根处理的苗木；灌木则选用容器苗。

（2）土壤的预处理

非正常季节移植的苗木根系遭到机械破坏，急需恢复生机。此时根系周围土壤理化性状是否有利于促生发根至关重要。要求种植土湿润、疏松、透气性和排水性良好。采取相应的客土改良等措施。

（3）利用生长素刺激生根

移植苗在挖掘时根系受损，为促使萌生新根可利用生长素。具体措施可采用在种植后的苗木土球周围打洞灌药的方法。洞深为土球的 1/3，施浓度 1000 mg/kg 的 ABT3 号生根粉或浓度 500 mg/kg 的 NAA，生根粉用少量酒精将其溶解，然后加清水配成额定浓度进行浇灌。

另一个方法是在移植苗栽植前剥除包装，在土球立面喷浓度 1000 mg/kg 的生根粉，使其渗入土球中。

（4）加强后期养护管理

俗话说“三分种七分养”，在苗木成活后，必须加强后期养护管理，及时进行根外施肥、抹芽、支撑加固、病虫害防治及地表松土等一系列复壮养护措施，促进新根和新枝的萌发，后期养护应包括进入冬季的防寒措施，使得移栽苗木安全过冬。常用方法有设风障、护干、铺地膜等。

（五）应用容器囤苗技术进行非正常季节移植

苗木非正常季节移植时，应提前做出计划，在苗木休眠期进行容器苗的制作及囤苗工作。囤苗地点应选择排水良好、吊装运输方便的地段。非正常移植季节将已正常生长的容器苗进行栽植，青枝绿叶进入工地。因根系未受到损伤，栽植成活率可达 98% 以上。囤苗之前按规范要求对苗木进行移植前修剪，非正常季节移植时不再进行移植修剪，可对树冠进行适当整理。传统做法已经应用的有以下几种，供参考。

1. 硬容器囤苗

常用木桶、木箱、筐、瓦盆等硬质容器，在春季休眠期将修剪整理好的乔木裸根苗栽入容器中，填土，灌水，扶直。为防倒伏，可在树间架横杆，互相扶协。进行正常的养护管理，抽枝展叶后可随时栽植。生长季节从容器中移入绿地，该工艺投入成本较高，水肥管理较费工、费力，但安全可靠，常用于规格较小苗木。

2. 软容器囤苗

相对硬质容器而言，软容器是没有自己固有形状的，是包装别的物体而成形的，如球苗的包装。根据习惯用的材料可分为蒲包草绳包装和无纺布包装。

（1）蒲包草绳包装囤苗

在休眠期挖掘土球苗，并用蒲包草绳打包，作较长时间的假植，一般 3 ~ 6 个月。依据土球苗大小挖适当宽和深的沟，将土球苗排在其中，土球部分全部埋严、灌水，相当于栽植，进行正常养护管理。已经抽枝、展叶、开花的软容器苗在非正常季节栽植时，应从一侧挖掘，露出容器位置，松动周围床土，容器土球可自动与床土分开，注意保护土球不散。以蒲包草绳进行的土球包装可能会腐朽，掘出后必须重新打包。吊运、栽植的技术要求同土球苗移植。

（2）可溶性无纺布包装囤苗

用于乔木非正常季节移植。和乔木土球苗移植不同的是包装材料有所创新，采用拉力较强的、可在一年左右降解的可溶性无纺布（90℃水中溶解）和用聚丙烯多股小绳，取代传统的蒲包草绳，解决了草绳蒲包腐朽的问题，和周围土壤通透性更好，水肥管理更容易。其中一些根系可能会长到包装外，因为量较少，无碍大局。

第二节　观花灌木与绿篱的栽植

一、观花灌木的栽植

（一）花灌木的要求

多数灌木在园林中不但能独立成景，而且可与各种地形及设施物相配合而起烘托、对比、陪衬等作用。例如植于路旁、坡面、道路转角、座椅周旁、岩石旁，或与建筑相配做基础种植用，或配植湖边、岛边形成水中倒影。灌木是观花树的主要类群，要求选择喜光或稍耐庇荫，适应性强，能耐干旱瘠薄的土壤，抗污染，抗病虫害能力强，花大色艳，花香浓郁或花虽小而密集，花期长的植物。同时，考虑灌木的开花物候期，进行花期配置，尽量做到四季有花，花期衔接。

花灌木对于冠形和规格的要求：苗木高度在 1 ~ 1.6 m，有主干或主枝 3 ~ 6 个，根际有分枝，冠形丰满、匀称。

（二）观花灌木的生长习性

观花、观果灌木指那些没有明显的主干、呈丛生状态的树木，一般矮小而丛生的木本植物。多数种类根系在土壤中分布较浅，水平伸展的根系多在 40 cm 的土层内。所以园林植物生长所必需的最小种植土层厚度应大于植物主要根系分布深度，栽植灌木时土层厚度一般要达到 30 ~ 60 cm。

（三）苗木选择、包装、修剪和装运

根据灌木种植设计要求，选择好对应灌木，包括植物名称、苗木生长、苗木指标、苗木形态等。挖掘苗木后视其大小和生长习性进行苗木包扎，同时对其苗冠、根茎进行修剪，使地上部分的形态对称，规范有序，使得树木形态美观。根据苗木挖掘地点与种植施工地点的距离远近，及时组织人力、物力和车辆设备运输苗木，到达种植地后及时卸载苗木，保证苗木不致过度失水。

（四）栽植深度

苗木栽植深度也因树木种类、土壤质地、地下水位和地形地势而异。一般发根（包括不定根）能力强的树种，可适当深栽；反之，可以浅栽。土壤黏重、板结应浅栽；质地轻松可深栽。土壤排水不良或地下水位过高应浅栽；土壤干旱、地下水位低应深栽；坡地可深栽，平地和底洼地应浅栽，甚至须抬高栽植。此外栽植深度还应注意新栽植地的土壤与原生长地的土壤差异。如果树木从原来排水良好的立地移栽到排水不良的立地上，其栽植深度应比原来浅一些。一般栽植深度应与原栽植深度一致。

二、绿篱的栽植

（一）绿篱的选择

绿篱是指用灌木或小乔木成行紧密栽植成低矮密集的林带，组成边界、树墙，也指的是密植于路边及各种用地边界处的树丛带，起到防范、保护作用。此外，还具有组织景观和改善环境的作用。

绿篱植物选择需要适合当地、具有较好的观赏价值和改善环境的树种，以灌木树种为常见类型。

绿篱植物选择的基本要求：适应栽植地的气候和土壤条件，是乡土树种或经过长期引种后确定生长良好的能适应当地气候条件的植物；生长速度相对较慢，耐寒、耐旱、耐阴、耐低温也耐高温、抗污染气体能力强；绿篱植物的无性繁殖能力强，易使用扦插、分株、压条等方式进行扩繁；栽植成活率高，管理方便；绿篱的萌芽力、成枝力要强，耐修剪；叶片小而且排列紧密，叶形最好具有较高的观赏性，适应密植，花果观赏期长；绿篱植物一定要具备无毒、无臭、病虫害少等特点。

绿篱苗木的冠形和规格：植株高度大于 50 cm，个体高度趋于一致，下部不秃裸露，球形绿篱苗木枝叶茂密，侧枝分布均匀。

（二）绿篱的分类方式

绿篱的分类方式有多种，依据绿篱本身高矮可分为：

1. 矮绿篱

H ＜ 50 cm；多用于小庭院，也可在大的园林空间中组字或构成图案。一般由矮小植物带构成，游人视线可越过绿篱俯视园林中的花草植物。常用的植物有黄杨、紫叶小檗、水蜡、千头柏、六月雪、杜鹃等。

2. 中绿篱

H=50 ~ 130 cm；在园林建设中应用最广，栽植最多，多为双行几何曲线栽植。可起到分隔大景区的作用，达到组织游人活动、增加绿色质感，美化景观的目的。造篱材料可选木槿、小叶女贞、火棘、茶树、金叶女贞等。

3. 高绿篱

H ＞ 150 cm；其作用以防噪声、防尘、分隔空间为主，多为等距离栽植的灌木或小乔木。可单行或双行排列栽植。造篱材料可选择桧柏、榆树、锦鸡儿、紫穗槐、构树、大叶女贞等。

（三）绿篱的种植密度

绿篱的种植密度根据使用目的、树种以及苗木规格、种植地带的宽度不同来确定。

一般单行绿篱按 3 ~ 5 株 /m 密度栽植，宽度 0.3 ~ 0.5 m。

双行绿篱按 5 ~ 7 株 /m 的密度栽植，宽度 0.5 ~ 1.0 m。

矮篱和一般绿篱，株距常常采用 0.3 ~ 0.5 m，行距则为 0.4 ~ 0.6 m。

双行式绿篱成三角形交叉排列。

绿墙的株距一般可采用 1.0 ~ 1.5 m，行距为 1.5 ~ 2.0 m。

第三节　垂直绿化的施工

一、垂直绿化的形式

垂直绿化是利用藤本植物装饰建筑物的墙面、围墙、棚架、亭廊、篱笆、园门、台柱、桥涵、驳岸等垂直立面的一种绿化形式。可有效地增加城市绿地率，减少太阳辐射，改善城市生态环境，提高城市环境质量。

（一）棚架绿化

1. 棚架绿化的特点

棚架绿化是攀缘植物在一定空间范围内，借助具有一定立体形状的木制或水泥构件攀缘生长，构成形式多样的绿化景观，如花架、花廊、亭架、墙架、门廊、廊架组合体等。公园的休闲广场，人口活动较多的场所都设有棚架绿化，其装饰性和实用性都很强，既可作为园林小品独立成景，又具有遮阴的功能，为居民休憩提供了场所，有时还具有分隔空间的作用。

2. 棚架绿化植物的选择

棚架绿化植物的选择与棚架的功能和结构有关。

（1）依据棚架的功能选择绿化植物

棚架从功能上可分为经济型和观赏型。

①经济型棚架

以经济效益为主，美化、生态效益为辅，在城市居民的庭院之中应用广泛。主要是选用经济价值高的藤本植物，如葫芦、葡萄、猕猴桃、五味子、丝瓜等。

②观赏型棚架

以美化环境为主。指的是利用观赏价值较高的垂直绿化植物在廊架上形成的绿色空间，或枝繁叶茂，或花果艳丽，或芳香宜人。常用的藤本植物有紫藤、凌霄、木香、金银花、藤本月季、铁线莲、台尔曼忍冬、叶子花等。

（2）依据棚架的结构选择绿化植物

①砖石或混凝土结构的棚架，可选择寿命长、体量大的木质藤本植物，如紫藤、凌霄等；②竹、绳结构的棚架，可选择蔓茎较细、体量较轻的草本攀缘植物，如牵牛花、啤酒花、打碗花、茑萝等；③混合结构的棚架，可使用草本、木本攀缘植物结合种植；④对只需夏季遮阴或临时性花架，宜选用生长快，一年生草本或冬季落叶的木本类型；⑤应用卷须类、吸附类垂直绿化植物，棚架上要多设间隔，便于攀缘；对于缠绕类、悬垂类垂直绿化植物，应考虑适宜的缠绕支撑结构，在初期对植物加以人工辅助和牵引。

3. 篱栏绿化

（1）篱栏绿化特点

依附物为各种材料的栏杆、篱墙、花格窗等通透性的立面物，如道路护栏、建筑物围栏等。多应用于公园、街头绿地以及居住区等场所，既美化环境、隔声避尘，还能划分空间，起到分隔庭院和防护的功能。

（2）篱栏绿化植物的选择及绿化形式

篱栏绿化对植物材料的攀缘能力要求不高，几乎所有的攀缘植物均可用于此类绿化。以观花的攀缘植物为主体材料，花叶在篱栏中相互掩映，虚实相间，颇具风情。

绿化的形式可使用观花、观叶的攀缘植物间植绿化，也可利用悬挂花卉种植槽、花球装饰点缀。

4. 墙面绿化

（1）墙面绿化的特点

墙面绿化泛指用攀缘植物装饰建筑物外墙和各种围墙的一种立体绿化形式。这类立面通常具有一定的粗糙度，多应用于居民楼、企事业单位的办公楼壁面等。城市建筑配以软质景观藤本植物进行垂直绿化，可以打破墙面呆板的线条，柔化建筑物的外观，同时有效地遮挡夏季阳光的辐射，降低建筑物的温度。

（2）墙面绿化植物的选择

适于作墙面绿化的植物一般是茎节有气生根或吸盘的攀缘植物，其品种很多，选择时受到下列因素的影响。

①墙面材质

对于水泥砂浆、块石、条石、清水墙、马赛克、水刷石等材质的墙面，绝大多数吸附类攀缘植物均能攀附，如凌霄、美国凌霄、爬山虎、五叶地锦、扶芳藤、络石、薜荔、常春藤、洋常春藤等。但对于石灰粉的墙面，由于石灰的附着力弱，在超出承载能力范围后，常会造成整个墙面垂直绿化植物的坍塌，故只宜选择爬山虎、络石等自重轻的植物种类，或可在石灰墙的墙面上安装网状或者条状支架。

②墙面朝向

一般来说，南向和东南向的墙面光照时间长，可选用阳性植物，如藤本月季、紫藤、凌霄等。北面和西面的墙面光照时间短，应选择耐阴或喜阴的植物，如爬山虎、薜荔、常春藤等。

③墙面高度

攀缘植物的攀缘能力各不相同，应根据具体的墙面高度合理选择。如较高的建筑物墙面可选择爬山虎等攀缘能力强的种类;低矮的墙面可选择常春藤、扶芳藤、络石等。

④墙面色彩

选择植物时要考虑与墙面的色彩相协调，颜色单一的墙面，选择空间较大，适宜各种类型的攀缘植物；砖红色的墙面最好选择开白色或淡黄色花的植物，也可以观叶植物为主。

⑤绿化位置

在墙体的顶部绿化时，可设花槽、花斗，栽植枝蔓细长的悬垂类植物或攀缘植物（但并不利用其攀缘性）悬垂而下，如常春藤、洋常春藤、金银花、木香、迎夏、迎春、云南黄馨、叶子花等，尤其是开花、彩叶类型，装饰效果更好。在女儿墙、檐口、雨篷边缘、墙外管道处，可选用适宜攀缘的常春藤、凌霄、爬山虎等进行垂直绿化。

5. 柱体绿化

（1）柱体绿化的特点

柱体绿化是在各种立柱，如电线杆、灯柱等有一定粗度的柱状物体上进行绿化的形式。立柱所处的位置大多立地条件差，交通繁忙、废气、粉尘污染严重。

（2）柱体绿化植物的选择

吸附式的攀缘植物最适于柱体绿化，不少缠绕类植物也可应用。因此在植物选择时，应选用适应性强、抗污染、耐阴的藤本植物，如爬山虎、木通、南蛇藤、络石、金银花、五叶地锦、小叶扶芳藤等。一般电线杆及灯柱的绿化可选用观赏价值高的，如凌霄、络石、西番莲等。在一些公园或主要道路的灯柱、电线杆上可悬挂由矮牵牛、天竺葵、四季海棠、三色堇、小鸡冠花等各种观花植物栽植而成的各式花篮。但在电杆、灯柱上应用时要注意控制植株长势、适时修剪，避免影响供电、通讯等设施的功能。工厂中的管架支柱很多，在不影响安全和检修的情况下，也可用爬山虎或常春藤等进行美化，形成具有特色的景观效果。另外可以对园林中的一些枯树加以绿化利用，也可以给人枯木逢春的感觉。

6. 园门绿化

（1）园门绿化的特点

园门绿化常与篱栏式相结合，在通道处设计成拱门，或在城市园林和庭院中各式各样的园门处进行绿化的一种形式，是绿地中分隔空间的一个过渡性装饰。如果利用藤本植物绿化，可明显增加园门的观赏效果。

（2）园门绿化植物的选择及绿化形式

适于园门造景的藤本植物有叶子花、木香、紫藤、木通、凌霄、金银花、藤本月季等，利用其缠绕性、吸附性或人工辅助攀附在门廊上；也可进行人工造型，让其枝条自然悬垂。

7. 立交桥绿化

（1）立交桥绿化的特点

立交桥绿化是利用各种垂直绿化植物对城市中的高架桥、立交桥进行绿化的一种形式。随着城市交通的日益增加，为了缓解交通压力，新建的高架桥、立交桥越来越多。其所处的位置一般在城市的交通要道，立地条件较差，应用的藤本植物必须适应性强、抗污染并且耐阴，如五叶地锦、常春油麻藤、常春藤等，不仅美化城市环境，同时能提高生态效益。

（2）立交桥绿化的形式

立交桥绿化既可以从桥头上或桥侧面边缘挑台开槽，种植具有蔓性姿态的悬垂植物，也可以从桥底开设种植槽，利用牵引、胶粘等手段种植具有吸盘、卷须、钩刺类的攀缘植物。同时还可以利用攀缘植物、垂挂花卉种植槽和花球点缀来进行立交桥柱绿化等。

8. 挑台绿化

（1）挑台绿化的特点

挑台绿化是建筑和街景绿化的组成部分，也是居住空间的扩大部分。挑台绿化就是在建筑物的阳台、窗台等进行的各种容易人为养护管理操作的小型台式空间绿化，使用槽式、盆式容器盛装介质栽培植物，是常见的绿化方式。挑台绿化不仅可以点缀建筑的立面，增加绿意，提高生活情趣，还能美化城市环境。

（2）挑台绿化的形式

挑台绿化不同于地面绿化，由于其特殊位置，样式上有全挑阳台、凹阳台、半挑阳台、装饰阳台和转角阳台。阳台绿化的形式比较多样化，可以将绿色藤本植物引向上方阳台、窗台构成绿幕；也可向下垂挂形成绿色垂帘；也可附着于墙面形成绿壁。

（3）挑台绿化植物的选择

应用的植物可以是一、二年生草本植物，如牵牛、茑萝、豌豆等，也可用多年生植物，如金银花、吊金钱、葡萄等，花木、盆景更是品种繁多。但无论是阳台还是窗台的绿化，都要选择叶片茂盛、花美色艳的植物，使得花卉与窗户的颜色、质感形成对比，相互衬托，相得益彰。挑台绿化的植物选择要注意三个特点：①要选择抗旱性强、管理粗放、根系发达的浅根性植物以及一些中小型的草本花卉和木本攀缘植物；②要根据建筑墙面和周围环境相协调的原则来布置阳台。除攀缘植物外，可选择居住者爱好的各种花木；③适于阳台栽植的植物材料有：地锦、爬蔓月季、十姐妹、金银花等木本植物，牵牛花、丝瓜等草本植物。

（4）注意荷载

应充分考虑跳台的荷载，切忌配置过重的盆槽。栽培介质应尽可能选择轻质、保水保肥较好的腐殖土等。

9. 坡面绿化

护坡绿化是用各种植物材料，对具有一定落差的坡面起到保护作用的一种绿化形式。包括大自然的悬崖峭壁、土坡岩面以及城市道路两旁的坡地、堤岸、桥梁护坡等。护坡绿化要注意色彩与高度要适当，花期要错开，要有丰富的季相变化，因坡地的种类不同而要求不同。可选用适宜的藤本植物，如金银花、爬山虎、常春藤、络石等种植于岸脚，使其在坡面或坡底蔓延生长，形成覆盖植被，稳定土壤，美化坡面外貌。也可在岸顶种植垂悬类的紫藤、蔷薇类、迎春、花叶蔓等。

10. 假山绿化

在假山的局部种植一些攀缘、匍匐、垂吊植物，能使山石生姿，增添自然情趣。藤本植物的攀附可使之与周围环境很好地协调过渡，在种植时要注意不能覆盖过多，以若隐若现为佳。常用覆盖山石的藤本植物有爬山虎、常春藤、扶芳藤、络石、薜荔等。

11. 依据新型装置的垂直绿化

（1）墙面贴植

过去藤本植物是进行垂直绿化的主要材料，现在国外已将庭院观赏树，甚至果树用于墙面绿化。植物的墙面贴植主要是通过固定、修剪、整形等方法让乔灌木的枝条沿墙面生长，也可以称作“树墙”“树棚”。由于乔灌木观赏种类多，选择范围广，从而极大地丰富了垂直绿化的种质资源，增加了垂直绿化的观赏性。使用的材料主要有银杏、海棠、火棘、山茶等。另外，其养护管理也较为粗放。在树种选择上除注意色彩配置外，还要注意光照习性和合适的树形、树姿，特别是主干、主枝立面要适宜平铺墙面，种植后枝条固定时要尽量扩大平铺面，尽量减少树冠空档，同时要做到造型的整体美。

（2）多维客土技术

多维客土喷播一般用人工的方法清理坡面浮石、浮土，挂网、打锚杆，然后将泥炭、腐殖土、草纤维、缓释营养肥料等混合材料搅拌后喷播在铁丝网上，再将处理好的种子与纤维、黏合剂、保水剂、复合肥、缓释肥、微生物菌肥等经过喷播机搅拌混匀成喷播泥浆，在喷播泵的作用下，均匀喷洒在作业面上，最后用无纺布覆盖，实现对岩石边坡的防护和绿化。

（3）垂直绿化砖及生物墙

国外有些城市出现的围墙，是将砌墙用砖做成空心，里面填充树胶、肥料和攀缘植物种子，一侧开着沟槽，砌在墙外侧。当空心砖墙与水管接通后，攀缘植物便从墙内萌出，成为碧绿的“生物墙”。目前国内已有类似的发明，如一种垂直绿化砌块，这种砌块前面有一格栅，将两砌块之间的格栅用连接棒连接，这样在格栅与砌块之间形成空腔，将基质与草种填充于其间，任其生长便可达到绿化效果。

（二）适宜垂直绿化的植物材料

选择垂直绿化植物材料时，要综合考虑设计要求、立地条件、植物生态习性等诸多因素，充分发挥植物的观赏价值，达到理想的景观效果。

1. 垂直绿化植物的分类

垂直绿化植物根据攀缘方式的不同，分为以下五种类型。

（1）卷须类

这类植物能借助枝、叶、托叶等器官变态形成的卷须，卷络在其他物体上向上生长。如：葡萄、丝瓜、葫芦等。

（2）缠绕类

这类植物的茎或叶轴能沿着其他物体呈螺旋状缠绕生长，如：杠柳、紫藤、马兜铃、金银花、牵牛、茑萝、铁线莲、木通等。

（3）钩刺类

这类植物能借助枝干上的钩刺攀缘生长。如：悬钩子、伞花蔷薇、藤本月季、叶子花等。

（4）吸附类

这类植物依靠茎上的不定根或吸盘吸附在其他物体上攀缘生长。如五叶地锦、凌霄、薜荔、扶芳藤、爬山虎、常春藤等。

（5）蔓生类

这类植物不具有缠绕特性，也无卷须、吸盘、攀缘根、钩刺等变态器官，它的茎长而细软，披散下垂，如迎春、金钟连翘等。

2. 选择垂直绿化植物的依据

（1）依据植物的景观效果

充分考虑植物的形态美、色彩美、风韵美以及环境之间和谐统一等要素，选择有卷须、吸盘、钩刺、攀缘根，对建筑物无损害，枝繁叶茂，花色艳丽，果实累累，形色奇佳的攀缘植物。

（2）依据种植地生态环境

在栽培时，首先选择适应当地条件的植物种类，即选用生态要求与当地条件吻合的种类。不同的植物对生态环境有不同的要求和适应能力。

①温度

根据垂直绿化植物对温度的适应范围，可分为耐寒、半耐寒和不耐寒三种类型。如从外地引种时，应先作引种试验或少量栽培，成功后再行推广。

②光照

根据垂直绿化植物对光照强度的适应性，可分为阳性、半阴性和阴性三种类型。阳性植物喜欢直射光照充足，多应用于阳面的垂直绿化。阴性植物喜生在散射光的环境条件下，忌全光照，适合阴面的垂直绿化。半阴性垂直绿化植物介于阳性和阴性之间，适应性较广，既适于阳面也适于阴面的垂直绿化。

③土壤

根据植物对土壤肥力的反应分为喜肥和耐瘠薄两种。根据植物对土壤酸碱度的反应分为喜酸性土、喜中性土、喜碱性土三种。大多数垂直绿化植物种类喜欢既湿润又排水良好的土壤环境。

（3）依据墙面或构筑物的高度

①墙面高度在 2 m 以上可种植常春藤、铁线莲、爬蔓月季、牵牛花、茑萝、菜豆、扶芳藤等；②墙面高度在 5 m 左右可种植葡萄、葫芦、紫藤、丝瓜、金银花、杠柳、木香等；③墙面高度在 5 m 以上可种植爬山虎、五叶地锦、美国凌霄、山葡萄等。

（4）依据攀附物选择

根据建筑物墙体材料选择攀缘植物。不光滑的墙面可选择有吸盘与攀缘根的爬山虎、常春藤等；表面光滑、抗水性差的墙面可选择藤本月季、凌霄等，并辅以铁钉、绳索、金属丝网等设施加固。

（5）考虑经济价值

要利用有限的空间选择观赏效果好、经济价值高的植物，如葡萄、捞猴桃、南蛇藤、五味子、紫藤等。

第四节　花卉及地被的栽植施工

一、花卉的应用

花卉在园林中最常见的应用方式即是利用其丰富的色彩、变化的形态等来布置出不同的景观，主要形式有花坛、花境、花丛、花群以及花台等，而一些蔓生性的草本花卉又可用以装饰柱、廊、篱以及棚架等。

二、花卉栽植方法

花卉的栽植方法可分为种子直播、裸根移植、钵苗移植和球茎种植四种基本方法。

（一）种子直播

种子直播大都用于草本花卉。首先要作好播种床的准备。

（1）在预先深翻、粉碎和耙平的种植地面上铺设 8 ～ 10 cm 厚的配制营养土或成品泥炭土，然后稍压实，用板刮平;（2）用细喷壶在播种床面浇水，要一次性浇透;（3）小粒种子可撒播，大、中粒种子可采取点播。如果种子较贵或较少可点播，这样出苗后花苗长势好。点播要先横竖画线，在线交叉处播种。也可以条播，条播可控制草花猝倒病的蔓延。此外，在斜坡上大面积播花种也可采取喷播的方法;（4）精细播种，用细沙性土或草炭土将种子覆盖。覆土的厚度原则上是种子直径的 2 ～ 3 倍。为掌握厚度，可用适宜粗细的小棒放置于床面上，覆土厚度只要和小棒平齐即能达到均匀、合适的覆土厚度。覆好后拣出木棒，轻轻刮平即可;（5）秋播花种，应注意采取保湿保温措施，在播种床上覆盖地膜。如晚春或夏季播种，为了降温和保湿，应薄薄盖上一层稻草，或者用竹帘、苇帘等架空，进行遮阴。待出苗后撤掉覆盖物和遮挡物;（6）床面撒播的花苗，为培养壮苗，应对密植苗进行间苗处理，间密留稀，间小留大，间弱留强。

（二）裸根移植

花卉移栽可以扩大幼苗的间距、促进根系发达、防止徒长。因此，在园林花卉种植中，对于比较强健的花卉品种，可采用裸根移植的方法定植。但常用草花因植株小、根系短而娇嫩，移栽时稍有不慎，即可造成失水死亡。因此，在对花卉（特别是草本花卉）进行裸根移植时，应注意以下几点要求：

（1）在移植前两天应先将花苗充分灌水一次，让土壤有一定湿度，以便起苗时容易带土、不致伤根;（2）花卉裸根移植应选择阴天或傍晚时间进行，便于移植缓苗，并随起随栽;（3）起苗时应尽量保持花苗的根系完整，用花铲尽可能带土坨掘出。应选择花色纯正、长势旺盛、高度相对一致的花苗移栽;（4）对于模纹式花坛，栽种时应先栽中心部分，然后向四周退栽。如属于倾斜式花坛，可按照先上后下的顺序栽植；宿根、球根花卉与一、二年生草花混栽者，应先栽培宿根、球根花卉，后栽种一、二年草花；对大型花坛可分区、分块栽植，尽量做到栽种高矮一致，自然匀称;（5）栽植后应稍镇压花苗根际，使根部与土壤充分密合；浇透水使基质沉降至实;（6）如遇高温炎热天气，遮阴并适时喷水，保湿降温。

（三）钵苗移植

草花繁殖常用穴盘播种，长到 4 ～ 5 片叶后移栽钵中，分成品或半成品苗下地栽植。这种工艺移植成活率较高，而且无须经过缓苗期，养护管理也比较容易。

钵苗移植方法与裸根苗相似，具体移栽时还应注意以下几点:（1）成品苗栽植前要选择规格统一、生长健壮、花蕾已经吐色的营养钵培育苗，运输必须采用专用的钵苗架;（2）栽植可采用点植，也可选择条植；挖穴（沟）深度应比花钵略深；栽植距离则视不同种类植株的大小及用途而定。钵苗移栽时，要小心脱去营养钵，植入预先挖好的种植穴内，尽量保持土坨不散；用细土堆于根部，轻轻压实；（3）栽植完毕后，应以细孔喷壶浇透定根水。保持栽植基质湿度，进行正常养护。

（四）球根类花卉种植

球根类花卉大都花茎秀丽、花多而艳美、花梗较长，在花坛、花境布置中应用广泛。球根类花卉一般采用种球栽植，不同品种栽植要求略有差别。

（1）球根类花卉培育基质应松散且有较好的持水性，常用加有1/3以上草炭土的沙土或沙壤土，提前施好有机肥。可适量加施钾肥、磷肥。栽植密度可按设计要求实施，按成苗叶冠大小决定种球的间隔。按点种的方式挖穴，深度宜为球茎的1～2倍；（2）种球埋入土中，围土压实，种球芽口必须朝上，覆土约为种球直径的1～2倍。然后喷透水，使土壤和种球充分接触；（3）球根类花卉种植后水分的控制必须适中，因生根部位于种球底部，控制栽植基质不能过湿；（4）秋栽品种，在寒冬季节，还应覆地膜、稻草等物保温防冻。嫩芽刚出土展叶时，可施一次腐熟的稀薄饼肥水或复合肥料，现蕾初期至开花前应施1～2次肥料，这样可使花苗生长健壮、花大色艳。

三、花坛的建植

（一）花坛的定义

传统的花坛是指在具有一定几何形轮廓的种植床内栽植各种色彩的观赏植物而构成花丛花坛或华美艳丽图案的种植形式。花坛中也常采用雕塑小品及其他艺术造型点缀。种植床中常以播种法或移栽成品、半成品花苗布置花坛，这些花卉是种植在花池的土壤基质中的。

现代意义的花坛是指利用盆栽观赏植物摆设或各种形式的盆花组合（穴盘）组成华美图案立体造型的造景形式，如文字花坛、图案花坛、立体花篮、各种立意造型，如每年节日街头和天安门广场不同立意的大型立体花坛。因工业现代化给我们提供了各类花苗容器和先进的供水系统如滴灌、渗灌、微喷，可以脱离传统花坛（几何形花池）的种植表现手法，而用花卉容器苗进行取代。现在已经可以定义为“花坛是利用花卉容器苗摆设成景的一种园林艺术手法”。

（二）花坛的分类

常见的花坛形式有平（斜）面花坛和立体花坛两大类。

（三）立体花坛建植技术

1. 立体花坛结构

立体花坛常用钢材、木材、竹、砖或钢筋混凝土等制成结构框架，采用专用的花钵架、钢丝网等组合表现各种动物、花篮等形式多变的器物造型等，在其外缘暴露部分配置花卉草木。

立体花坛因体形高大，上部需放置大量花卉容器和介质荷载，抗风能力的要求很高。同时立体花坛又常常设在人流密集的公共场所，因此必须高度重视结构安全。结构部分必须经过专业人员设计，必要时还要对基础承载力进行测定。

2. 立体花坛摆设程序及技术要求

立体花坛的常用花卉布置主要为盆花摆设和种植花卉相结合的方式。如采用专用花钵格栅架，外观统一整齐，摆放平稳安全，但一次性投资较大。格栅尺寸需按照摆放花钵的大小决定。

立体花坛表面朝向多变，对于花卉种植有一定局限，为固定花卉，有时需要将花苗带土用棕皮、麻布或其他透水材料包扎后，一一嵌入预留孔洞内固定，为了不使造型材料暴露，一般应选用植株低矮密生的花卉品种并确保密度要求；栽植完成后，应检查表面花卉均匀度，对高低不平、歪斜倒伏的进行调整；如种植五色草之类的草本植物，可在支架表面保留一定距离固定钢丝网，在支架和钢丝网间填充有一定黏性的种植土，土内可酌加碎稻草以增加黏结力。在钢丝网外部再包上蒲包或麻布片，然后在其上用竹签扎孔种植。种植完成后还需要做表面修剪成形。

应用容器苗花卉摆放花坛相对要容易，如果容器大小不等，摆放植物材料大小不一，甚至还有动用吊车起重的大规格桶装树，相对摆放顺序，应先摆容器大的、苗大的植物，小的容器花卉插空、垫底。一面观的，先摆后面，后摆前面的;两面以上观的，先摆中心后摆边沿的。

摆设立体花坛技术关键是供水要求，立体花坛最好采用滴灌、渗灌，一般用微喷设施。

四、花境的建植

（一）花境定义

花境主要是模拟自然界中林缘地带多种野生花卉交错生长的状态，并运用艺术手法设计的一种花卉应用形式。花境布置多利用在林缘、墙基、草坪边缘、水边和路边坡地、挡土墙垣等地的位置，将花卉设计成自然块状混交，展现花卉的自然韵味。花境所表现的主题，是观赏植物本身所特有的自然美，以及观赏植物自然组合的群落美。

（二）花境的分类

按花境的栽植形式可分为：①单侧观赏：以树丛、绿篱、墙垣、建筑为背景的花境。一般接近游人一侧布置低矮的植物；渐远渐高，花境总宽度为 3 ~ 5 cm。②双侧观赏：在道路两侧或草地、树丛之间布置，可以供游人两侧观赏的花境。一般栽种植物要中间高、两边低，不会阻挡视线。花境总宽度在 4 ～ 8 m。常以多年生花卉为主，一次建成可多年使用。

五、花丛的建植

严格地说，花丛也是将自然风景中散生于草坡、林缘、水滨的野草花卉景观形式经艺术提炼后应用于园林的一种花卉种植方法。花丛布置在草坪与树丛之间，可在林缘与草坪之间起联系和过渡的作用。如在乔木林下栽植，可提高林带的景观效果，花丛也可布置在自然曲线道路转折处、台阶或铺装场地之中。

花丛建植的技术要求与花境类似，首先要对土壤进行深翻并施入充分发酵腐熟的有机肥，然后按先高后低、先内后外的顺序依次植入花卉植物。为方便管理，花丛植物品种宜选择宿根、球茎类花卉或有自播繁衍能力的一、二年生草本花卉。

六、地被的建植

地被植物是以体现植物的群体美而取胜的，一般以密植为好，以利于尽快郁闭，迅速成景。地被植物是指生长低矮、枝叶密集、扩展性强、成片栽植能迅速覆盖地面的观叶、观花的植物材料。可分为草本地被和木本地被。地被植物种类繁多，有蔓生、丛生、常绿、落叶及多年生宿根类植物。无论采用何种方法种植，在栽植地被植物前均应深翻土壤 25 ～ 30 cm 以上，进行种植土壤基质改良。地被植物种类繁多，建植方法不尽相同，下面介绍几种常用地被的种植方法。

（一）丛生类草本（木本）地被种植技术

丛生类草本地被大都比较耐阴，可在林下大片栽种。

常用有麦冬类、白三叶、吉祥草等品种。常采用分株栽植，先将丛生苗成墩挖出，抖掉株丛上的泥土，将根茎部用刀或手掰开，每丛 3 ～ 5 株，分带根系。密度按其扩展特性掌握，以不裸露地面为宜。栽后浇透水，平时注意清除杂草，保持土壤湿润，生长期需追施 2 ～ 3 次液肥，促使其良好生长。植株达到一定郁闭度，杂草可被抑制。

（二）蔓生类草本（木本）地被种植技术

常用的蔓生类地被有常春藤、金叶过路黄、花叶蔓长春花、络石、小叶扶芳藤。

栽植匍匐类植物常选用 1 ～ 2 年生以上、植株生长健壮、根系丰满的苗木。为便于栽植和促进分枝，在栽植前要对藤蔓进行适当修剪。栽植时可单株、也可数株丛植，按间距 20 ～ 30 cm 种植，埋土深度应比原土痕深 2 cm 左右。栽植时应舒展植株根系，并分层踏实。栽植完成后，将藤蔓拉平舒展，使其自然匍匐在地面上或者假山上，以促使其气生根的萌发生长。

蔓生类地被长势比较健旺，要适时进行修剪，及时疏枝，清除过密的匍匐茎和发病的下位叶。

第五节　草坪的建植与水生植物的栽植

一、草坪的建植

（一）草种选择依据

1. 根据地理环境

中国地域辽阔、地形复杂，气温与降水量有很大差异。一般来说，冷季型草坪草适宜在干冷、冷湿的地方生长；暖季型草坪草适宜在干暖、暖湿的环境生长；在过渡带地区，冷季型草坪草有的在夏季易感染病虫害，而暖季型草坪草有的不能安全越冬，有的能够正常生长，但绿期比在南方要短。

2. 根据土壤条件

草坪草的选择要根据土壤的质地、结构、酸碱度及土壤肥力来选择。草坪草在质地疏松、具有团粒结构的土壤上生长最好，黏性土壤中生长不良。对草坪草生长有利的土壤孔隙度一般为 25%。土壤肥力的好坏直接影响草坪草的生长。一般在贫瘠的土壤中种植一些耐贫瘠、耐粗放管理的品种。一般草坪草适宜的 pH 值范围在 6 ～ 7。

3. 根据草坪草特性

草坪草在抗旱、抗寒、抗病、耐热、耐践踏、耐酸碱、再生力和耐贫瘠等多方面的特性有所不同，因此在选择时要综合考虑。

4. 根据使用目的

草坪草的使用目的多种多样，常见的有观赏草坪、运动场草坪、游憩草坪等。不同使用目的的草坪对草坪草特性的要求也各不相同。如游憩草坪要求草坪质量柔软、耐践踏、无毒等，运动场草坪则要求草坪草耐践踏、再生力好等。

5. 根据工程造价和个人喜好

若资金充足，就可以选择一些养护管理要求严格，外观质量高的草种；若资金不足则选择后期养护管理要求低，耐粗放管理的草坪草。由于每个人对草坪草外观质量感观的不同，喜欢的草坪草种类也不相同，因此，在草种选择的时候，个人的喜好也起着一定的作用。

（二）草种选择原则及要点

1. 草种选择原则

①选择在特定区域能抗最主要病害的品种；②确保所选择的品种在外观的竞争力方面基本相似；③至少选择出 1 个品种，该品种在当地条件下，在任何特殊的条件下，均能正常生长发育。

2. 草坪草种的选择要点

①适应当地气候、土壤条件（水分、pH 值、土壤的理化性质等）；②灌溉设备的有无以及水平；③建坪成本及管理费用的高低；④种子或种苗获取的难易程度；⑤欲要求的草坪的外观及实际利用的品质；⑥草坪草的品质；⑦抗逆性（抗旱性、抗寒性、耐热性）；⑧抗病虫害、草害的能力；⑨寿命（一年生、越年生或多年生）；⑩对外力的抵抗性（耐修剪性、耐践踏与耐磨性）；⑪有机质层的积累及形成速度。

（三）草坪草种的组合

1. 草种组合方式

草坪是由一个或者多个草种（含品种）组成的草本植物群落，其组分间、组分与环境间存在着密切的相互促进与相互制约的关系。组分量与质的改变，也会改变草坪的特性及功能。在草坪生产实践中通常利用单一组分来提高草坪外观质量，从而提高草坪的美学价值。而更广泛的则是采用增加草坪组分丰富度的方法，来增强草坪群落对环境的适应性和草坪的坪用功能。草种的组合可分为 3 类：

（1）混播

是在草种组合中含两个以上种及其品种的草坪组合。其优点是使草坪具广泛的遗传背景，草坪具有较强的外界适应能力。

（2）混合

是在草种组合中只含一个种，但含该种中两个或两个以上品种的草种组合。该组合有较丰富的遗传背景，较能抵御外界不稳定的气候条件和病虫害多发的情况，并具有较为一致的草坪外观。

（3）单播

是指草坪组合中只含一个种，并只含该种中的一个品种。其优点是保证了草坪最高的纯度和一致性，可建植出具有最美、最均一外观的草坪。但遗传背景单一，对环境的适应能力较差，要求较高的养护管理水平。

2. 草种组合注意事项

①掌握各类草种的生长习性和主要优点，做到合理优化组合和优势互补；②充分注意种间的亲和性，做到共生互补；③充分考虑外观特性的一致性，确保草坪的高品质；④至少选出 1 个品种，该品种在当地正常条件和任何特殊条件下均能正常发育；⑤至

少选择 2 ～ 3 个品种进行混合播种。

（四）草坪生产新工艺

草坪生产新工艺指草皮卷生产，草坪植生带及草坪液压喷播技术。它们在草坪业中已占有一定的地位，在特殊要求绿地中得到应用，如足球场草坪可用草皮卷铺装，大面积绿化、坡地可采用液压喷播技术等，随着绿化事业的发展，新工艺草坪的使用范围将会有所增加。

1. 草皮卷

目前，世界上先进的草皮生产最终商品为草皮卷，即将苗圃地生长优良健壮草坪，用起草皮机铲起，按一定的规格切割后起，运输到铺设地，在充分整平的场地上重新铺植使之迅速形成新草坪。

草皮生产基地选址要注意在交通便利之处。

一般草皮卷的规格可视生产需要、起草皮机的类型及草坪草生长状况来确定，通常采用长条形 2 m × 30 cm 或方块形 30 cm × 30 cm，早熟禾类草坪起草厚度 3 cm 左右，一般机械铲取，人工卷起，装车运输或放在胶合板制成的托板上，以利运输。

草皮卷的生产在草种选择上与直播法建坪相同，场地准备上要求土壤条件稍好些。为了提高草皮抗拉强度，利于移动，可在床中掺入塑料丝网，含塑料丝网的草地早熟禾草皮，其抗撕拉强度可达 80 ～ 100 kg。

建坪时间、播种量、对水肥要求均与正常播种相同。除正常修剪外，出售前一两周不要修剪，以利于铺装后易于恢复生长。

草皮铺装技术要求比较严格，草皮卷运到铺植地后，应立即进行铺植。起、运过程要连续，运输车应用帆布遮阴，防止水分过分蒸发。运输过程要保持草块完整。到现场后要弃去破碎的草块，并力争在 24 h 内使用完毕，未用完的要一块块散开平放，不可堆积使之变色。

铺装草坪卷的地段整地工作要求除与直播要求一致外，对于平整度要求更加严格，并要求土壤处于湿润状态。

建植时，把运来的草皮卷顺次铺于已整好的土地上，草皮块运输过程中边缘会干缩，遇水后伸展，因此草皮块与块之间要保留 0.5 cm 的间隙，中间缝隙填入细土。随起随铺，运输极短的可一块块紧密相连。施行铺草作业时，要避免过分地伸展，撕裂。铺后立即进行滚压，压实、压平。之后均匀适量地浇水，第一次浇足、灌透。2 ～ 3 d 后再滚压，以促进根系与土壤的充分接触。

新铺草块，压 1 ～ 2 次是不行的，以后每隔一周灌水一次，次日滚压一次，直到草块完全平整。对于高低不平处，要起开草皮，高处去土，低处填平，再把草皮铺好。

新铺草坪要注意保护，防止践踏，完成缓苗后可施一次尿素。用量为 10 g/m。

草坪卷的铺装可在春、夏、秋三季进行，但因冷季型草坪在夏季进入生长弱势时期，因此此时建坪必须增加灌溉次数，加强管理。

2. 草坪植生带

草坪植生带是在专用机械上，按照特定的生产工艺，把草坪草种子、肥料和其他物料（如添加除草剂、高效保水剂）等，按照一定的密度定植在可以自然降解的无纺布（或纸制品）上，经过机器的滚压和针刺的复合定位工序，形成一定规格的工业产品。

草坪植生带具有发芽快，出苗齐、形成草坪速度快和减少杂草的滋生等优点；植生带又具有保水和避免灌溉及雨水冲刷种子的特性；它还具有体积小、重量轻，便于贮藏的特点，草坪植生带完全在工厂里采用自动化的机械设备，可根据需要常年生产，而且生产速度快，产品成卷入库，贮存容易，运输、搬运和种植轻便灵活，每 10 m2 一卷植生带，重量仅 5 ~ 7 kg；施工操作简便，省工，省时，并可根据绿化的要求，任意裁剪和嵌套。

草坪植生带广泛用于城市的园林绿化、高级公路的护坡、运动场草坪的建植以及水土保持、国土治理等绿化事业上，特别适合常规施工方法十分困难的陡坡上铺设，操作方便，省工。

草坪植生带生产及储运过程的基本要求为：（1）加工工艺一定要保证种子不受损伤，包括机械磨损，冷热复合时对种子活力的影响，确保种子的活力和发芽率；（2）布种均匀，定位准确，保证播种质量和适宜的密度；（3）载体轻薄、均匀、易降解；（4）植生带中种子发芽率不得低于常规种子发芽率；（5）在储存和运输中注意：①库房整洁卫生，干燥通风；②温度 10 ~ 20℃，湿度不超过 30%；③防火防虫，防鼠害及病菌污染；④运输中防水，防潮，防磨损。

3. 液压喷播法

人工铺装草皮卷，虽然建植和成坪时间短，但费劳力，运输费用高，而且要用大量的农田进行育苗；直接播种方法，虽然可以节省大量土地，但直接播种工序繁多，管理复杂，特别是在地势变化大的地方，直播的困难更大。喷射播种技术的发展，解决了这些问题。

（1）液压喷播基本原理

喷射播种法是将草种配以种子萌发和幼苗前期生长所需要的营养元素，并加入一定数量的保湿剂、除草剂、绿色颜料（或其他颜色）、质地松软的添加物（如纸浆等有机物质）、黏着剂和水等搅拌混合，配制成具有一定黏性的悬浊浆液，通过装有空气压缩机的高压喷浆机组组成的喷播机，将搅拌好的悬浆液，高速度地直接喷射到需要播种的地方（如平整了的大面积场地或陡坡）。由于喷出的含有草种子的黏性悬浊液具有很强的附着力和明显的颜色，所以喷射时不遗漏、不重复，可均匀地将草籽喷播到目的位置上。在良好的保湿条件下，种子能迅速生长发育成为新的草坪。所以，喷射播种法是一种高速度、高质量和现代化的种植技术。

由于液压喷射播种技术的发展，大大地促进和提高了草坪建植技术和方法，使播种、覆盖等多种工序一次完成，提高了草坪建植的速度和质量，同时，液压播种又能避免人工播种受大风影响作业的情况，克服了自然条件的影响，满足不同自然条件下草坪建植的需要。液压喷射播种技术在目前是一种高质量、高效率的施工手段，其功效是人工所不能比拟的。由于喷播机械所喷出的是草籽和植物在初期萌发和生长所必需混合营养物质，所以，可以在不适宜人工播种（或种植）的地方，如土壤质地不好的区域，应用液压喷射播种技术，进行绿化种植，达到恢复植被的目的。喷播种草，特别适合于高级公路的边坡、山坡的护坡种草和城市大型广场以及其他场地的绿化，可以提高绿化效率和绿化的均匀度，降低人员的劳动强度，降低绿化费用，集多种功能于一体的一种理想绿化方法。

（2）液压喷播法的适用范围及特点

液压喷射播种技术在坡面的植草上效果最佳。坡面种草包括高级公路的边坡坡面、高尔夫球场的外坡、立交桥面以及其他斜坡坡面的种草。

坡面人工种草，往往因坡面坡度大而造成人工播种难度大，播种人员由于难以在坡面上站立，操作困难，播种质量无法保证，造成出苗不齐，难以成坪。另外，坡面上人工作业，由于翻耕土壤，也极易引起风蚀和水蚀，引起表土流失。为防止上述后果的发生，往往需要投入较多资金，配合一些保土措施，但并不能达到理想效果。采用液压喷射播种技术，能较好地解决上述缺陷。因喷射出的含有种子的悬浊液，种子被低浆等纤维素包裹着，另外还含有保水剂和其他各种营养元素，能使草种紧紧黏附于土壤表面，形成比较稳定的坪床面，降水时不能形成冲刷土表的地表径流，保证坪床稳定，草种正常生根发芽。

液压喷射播种技术具有以下特点：①机械化程度高，成坪速度快，草坪覆盖度大，相同坡度（15°　）较用人工建植的相同类型的草坪成坪时间可缩短 20 ~ 30 d，覆盖度提高 30%；②草坪均匀度大，质量高；③科技含量高，喷播技术操作简便，易于掌握。喷播技术既具有传统的草坪建植方法所具有的共同优点，同时也解决了传统建材方法难以解决的困难问题，如人工播种受风力影响大的问题，坡度大难建植的问题等。最大风力量级的情况下，也不影响喷播的效果；④效率高，省工省时，劳动强度低，具有良好的社会效益和云济效益。

（3）液压喷播作业的材料和设备

材料：草坪草种子、营养元素、保湿剂、除草剂、松软的有机物质、黏着剂、染色剂、水。

设备：动力、容罐、搅拌器、水泵、喷枪。

4. 草坪草的促控技术

草坪成坪后的管理，经常遇到的问题，一是草坪生长过快，修剪次数多，费工费时，二是有的草坪生长过慢，绿化效果不理想，解决上述问题的方法，就是草坪草的促进生长和控制生长技术。

（1）草坪草的促进生长技术

由于土壤养分的缺乏、管理不当或气候异常等原因，有的草坪生长缓慢，长期不能成坪，绿化效果不好，解决办法除了加强水肥管理等措施外，可采用化学药品促进草坪生长。

药品及使用方法。赤霉素，农业上俗称“920”，它能刺激植物细胞分裂，加速植物生长。农用赤霉素为白色粉末，使用时先用适量酒精溶化，然后加水兑成使用浓度。

（2）草坪草的控制生长技术

草坪草生长旺季，每天可长高 1 ~ 2 cm，若 5 ~ 10 d 不修剪，观赏效果就不理想。有的参差不齐，有的甚至倒伏，用化学手段控制草坪草生长，则能减少修剪次数。

药品及使用方法。常用药为多效唑。农用多效唑为灰褐色粉末，用水即可溶化，对人畜危害较小。它延缓生长的机理是能使植物细胞间隙变小，则植物高生长变慢，节间变小，叶片变厚，颜色变深。

二、水生植物的栽植施工

（一）水生植物概述

植物学意义上的水生植物是指常年生活在水中，或在其生命周期内某段时间生活在水中的植物。这类植物体内细胞间隙较大，通气组织比较发达，种子能在水中或沼泽地萌发，在枯水时期它们比任何一种陆生植物都更易死亡。

水生花卉多为宿根草本植物如香蒲、睡莲、水葱、千屈菜、水生鸢尾类、菖蒲、石菖蒲及球根类植物如荷花、慈姑等，均为多年生，在气候温暖地区不需每年种植，只需数年后分栽即可。

根据水生植物的生活方式，一般将其分为以下几大类：挺水植物、浮叶植物，漂浮植物和沉水植物。

1. 挺水植物

挺水植物指根或根状茎生于水底泥中，植株茎叶高挺出水面，如香蒲、水葱。

2. 浮叶植物

浮叶植物指根或根状茎生于水底泥中，叶片通常浮于水面，如菱、睡莲。

3. 漂浮植物

漂浮植物指植物根悬浮在水中，植物体漂浮于水面，可随水流四处漂泊，如凤眼莲、浮萍等。

4. 沉水植物

沉水植物指根或根状茎扎生或不扎生于水底泥中，植物体沉没于水中，不露出水面，如水苋菜、红椒草、黑藻等。

（二）水生植物的生态习性

1. 温度

由于水中的环境较陆地上稳定，陆地上温度变化对它们的影响较小，干湿度的影响更谈不上，因此，水生植物对环境和气候反应没有陆生植物那样敏感，许多水生植物种类分布范围也极为广泛。如水生蕨类的满江红和槐叶萍、荇菜、芡实、萍蓬草、睡莲、莲、泽泻、菖蒲、香蒲类、芦苇、菰等在我国南北都有分布。对温度的适应范围较窄，如原产于南美洲的王莲，其生长要求的最适水温介于 30 ~ 35℃之间，在我国北方地区不能露地越冬。还有些种类，虽然冬季能生存，但地上部分死亡，靠地下器官在冰冻层下越冬。因此，种植设计应全面了解每个种对最适温度的要求以及对极端温度的抗性。

2. 水位

由于不同的水生植物在原生境中处于不同的群落类型，而影响水生植物的群落的主导因子之一就是水位的高低。因此，不同水生植物对水位都有特定的要求。园林中应用的大部分浮水花卉，如睡莲、菱、萍蓬草等适宜的水深为 60 ~ 100 cm。挺水植物通常分布于靠近岸边的浅水处，根据种类不同生长于 0 ~ 2 m 水深之中。其中如荷花可生长在 60 ~ 100 cm 的水深处，而香蒲等许多挺水花卉可以生长于浅水至湿地，有些甚至在中生环境也可生长，如千屈菜、黄花鸢尾、芦苇等。但是水位过高，该类花卉就会生长不良，甚至死亡。

3. 水的流速

园林水体有静水、动水之分，大部分水生花卉要求静水或流速缓慢之水，尤其是挺水和浮水花卉。因此，在有喷泉、瀑布等流速较大的水体中要借助种植设施为水生花卉创造适宜的生长环境。

4. 光照

浮水植物、飘浮植物及绝大多数得挺水植物都属于喜光植物，对光线的竞争比较明显，群落中的优势种往往抑制其他种类的生长；挺水植物中个别种类，如石菖蒲喜阴，鸭舌草可耐半阴环境；沉水植物能吸收射入水中的较微弱的阳光，在光线微弱的情况下也能生长，但它们对水的透明度也相当敏感，浑浊的水对它们吸收阳光较为不利，因此在透明度差的水中分布较浅。

5. 土壤

大部分水生花卉喜腐殖质丰富的黏质土。挺水类植物对土壤的适应性强，但皆以深厚、肥沃土壤为佳。

（三）水生植物的种植施工

1. 水生植物的种植设施

主要指不同类型水池中，用于美化水面及水际植物材料的种植。这也是水景园最基本的种植内容。

（1）盆池

与传统庭院中古老的养鱼及种植水生植物的方式类似。可以是木桶、陶瓷或玻璃缸，高度不低于 30 cm，盆底要放塘泥，多用来种植小型水生植物，如碗莲、萍蓬草。盆池可置于庭院、厅堂、屋顶花园、阳台处，在院中既可独立放置，形似一个小型台池，亦可埋入地下，水面几乎近于地面，与周围植物配置融为一体，如一面照镜落于院中，为那些缺少水景的地方平添几分情趣。冬季搬入室内，种植容易，养护管理简单，是家庭袖珍水景园的很好选择。

（2）预制式水池

预制式水池的主要材料是玻璃纤维或硬质塑料，有各种形状。施工只需要埋入地下即可。这种池子可以移动，养护管理也非常简单，寿命长，可以用数十年，缺点是尺寸不能太大，而且造型固定。

这种池子一般在制作上都考虑到种植水生植物的需要，边沿常做成不同高度的台阶状，可放置要求不同水深的植物。植物种在带孔的盆或篮中，放置池底及台阶上。也可以在池底放入基质，直接种植。由于规模小，所种植的植物也很少。

（3）衬池式池塘

即以化工原料制成的柔软耐用且具伸缩性的塑料薄膜作为池衬用以防渗的小型水池。

挖池时要考虑到种植不同水深的植物，做出台阶。最后在池底铺基质种植，注意基质不可以有尖锐之物。

（4）混凝土池塘

这是最常见、最经久耐用的池塘，可做成各种形状和尺寸。可以结合驳岸的类型，在池底、池边构筑不同的种植设施，满足不同水生植物的需求。

①在水体边沿种植需要不同水深的植物时，做成各种阶梯状或坡状；②水池太深而不能满足水生植物需求时，可在池底按要求高度放置金属架或砌筑水泥墩基座，将水生花卉种植于容器再放置于支架或基座上。也可以在池底直接做出混凝土种植池或用粗石料砌筑种植池，局部抬高，种植花卉；③植物群落是动态演替的，植物之间由于生长势不同，长势强的在生长过程中会逐渐把长势弱的侵吞掉；鱼荷共养时，荷花常常很快占满池塘而致使鱼类失去生存空间，鱼的活动有时也损害水生植物的生长。

为防止这种情况的出现，可以在水池底砌筑界墙，将不同植物隔离种植，并将生长势较强的荷花等围起来，上部则用金属网将水生花卉与养鱼区隔离。

2. 生态浮岛漂浮植物的种植设计

生态浮岛原本是一种污水治理的生态环保措施。针对富营养化的水体，将浮水植物栽植于特定的漂浮体上，利用生态学原理，降低水中的氮、磷及有机物质的含量，抑制藻类植物生长，使水体得到有效改善；同时浮岛还为鸟类等提供栖息场所，浮岛的遮阴效果和涡流效果还为鱼类生存创造良好的条件，在特定区域重建并恢复水生态系统。后来这一技术应用到水面的美化，用于浮岛的材料和造型越来越多样，可以栽植的植物种类也越来越多，逐渐成为美化水体景观的重要措施。

第三章　园林树木的整形修剪

第一节　树体结构与枝芽特性

一、树体形态结构

园林树木的整形修剪与其树种特性和栽培目的有关。大致分为有主干类型和无主干类型。有主干类型要培养主干，大乔木和小乔木属于有主干类型。灌木属于无主干类型，蔓生藤本也属于无主干类型。以有主干树种为例，构成树木的主要部分包括：树冠、主干、中干、主枝、侧枝、花枝组和延长枝等。

（一）树冠

主干以上枝叶部分统称树冠。树冠主要由骨干枝和辅养枝组成，树冠的形状主要由树木的生物学特性和修剪方式决定。不同的树冠形状给人以不同的园林造景艺术感觉。

（二）主干

第一个分枝点至地面的部分称为主干，其高度叫干高。新栽植的苗木，根据栽植的用途决定干高，如作为行道树的悬铃木、银中杨，定干高度一般需要 2.5 ~ 3.5m，将来保持主干高度在 2 ~ 3m 左右。定干后截面下留 5 ~ 8 个饱满芽为将来培养主枝中干用，这一段为整形带。

（三）中干

中干是指主干在树冠中的延长部分，由主干上的第一个主枝中部开始，沿主干方向延伸的直立干。中干上培养主枝、辅养枝、枝组来构成树冠。有些树种干性不强，不培养中干而由主干上直接培养主枝，形成没有中心干的开心树形。灌木形、蔓性树都不需要培养中干。

（四）主枝

其是指着生在中干上面的主要枝条。主枝延伸生长可以充分利用空间，增强树势。

一般树形大、主枝多，树形小、主枝小。发枝力弱的主枝多，发枝力强的主枝少。主枝的中心干或主干之间有一定的角度，角度过小易引起树冠郁闭，光照不良，容易造成上强下弱，头重脚轻。如果是观花观果树种，不宜于花芽的形成。

（五）侧枝

其是指着生在主枝上面的主要枝条。侧枝是由主枝上培养，每年培养的长度、粗度都不能超过主枝，延伸的角度要大于主枝。

（六）花枝组

由开花枝和生长枝共同组成的一组枝条，叫作花枝组。

（七）延长枝

各级骨干枝先端的延长部分。

（八）骨干枝

组成树冠骨架永久性枝的统称，如主干、中干、主枝、侧枝、延长枝等。

二、枝条的类型

根据枝条生长、着生特点，可以从以下几个方面研究分析枝条的类型：

（一）根据枝条在树体上的位置分类

分为主干、中干、主枝、侧枝、延长枝等；

（二）根据枝条的姿势及其相互关系分类

可分为直立枝、斜生枝、水平枝、下垂枝、内向枝、重叠枝、平行枝、轮生枝、交叉枝和并生枝等。

直立枝，凡垂直地面直立向上生长的枝条，称直立枝；

斜生枝，与水平线成一定角度的枝条；

水平枝，和地面平行即水平生长的枝；

下垂枝，先端向下生长的枝条；

逆行枝，倒逆姿势的枝条；

内向枝，向树冠内方生长的枝条；

重叠枝，两枝条同在一个垂直面上，上下相互重叠，称重叠枝；

平行枝，两个枝条同在一个水平面上，相互平行生长的枝条，称平行枝；

交叉枝，两个枝条相互交叉，称交叉枝；

轮生枝，多个枝条的着生点相距很近，好似多个枝条从一点发出，并向四周成放射形伸展；

并生枝，自节位的某一点或一个芽并生出两个或两个以上的枝，称并生枝。

（三）根据枝条抽生的时期及先后顺序分类

分为春梢、夏梢和秋梢；一次枝、二次枝等。

春梢，早春休眠芽萌发抽生的枝梢；

夏梢，7 ~ 8 月份抽生的枝梢；

秋梢，秋季抽生的枝梢，称秋梢；在落叶之前，三者统称为新梢；

一次枝，春季休眠芽萌芽后，头一次萌发抽生的枝条，叫作一次枝；

二次枝，当年在一次枝上抽生的枝条，称为二次枝。

（四）根据枝条的年龄分类

分为新梢、一年生枝、二年生枝等。

新梢，落叶树木，凡带有叶的枝或落叶以前的当年生枝条；常绿树木自春至秋当年抽生的部分，称新梢；

一年生枝，当年抽生的枝自落叶以后至第二年萌芽以前，称一年生枝条；

二年生枝，一年生枝自春季发芽后到第二年春萌芽前为止，称二年生枝。

（五）根据枝条的性质和用途分类

可分为营养枝、徒长枝、叶丛枝、开花枝（结果枝）、更新枝、辅养枝等。

营养枝，所有生长枝的统称，包括长生长枝、中生长枝、短生长枝、徒长枝和叶丛枝等；

徒长枝，生长特别旺盛、枝粗叶大、节间长、芽小不饱满、含水分多、组织不充实、往往直立向上生长的枝条，多着生在枝的背部或枝杈间；

叶丛枝，枝条节间短，叶片密，常呈莲座状的短枝，称为叶丛枝；

开花枝（结果枝），着生花芽的枝条，观花树木称开花枝；果树上称结果枝；

更新枝，用来替换衰老枝的新枝；

辅养枝，辅助树体制造营养的枝条，如幼树主干上保留的枝条，令其制造养分，以使树干充实，此类枝条是临时性保留。

第二节　园林树木整形修剪的目的与原则

一、整形修剪的概念

整形是指对树木施行一定的修剪技术措施，使之形成栽培所需要的树体结构形态，表达树体自然生长所难以完成的不同栽培功能；

修剪是服从整形的要求，对树体的芽、干、枝、叶、花、果、根等器官进行不同技法的删减，达到调节树势、更新造型的目的。

从上面分析来看，整形是目的，修剪是手段，二者是紧密相关、不可截然分开的完整栽培技术，是统一于栽培目的之中的有效管护措施口城市园林建设中，不仅要实现绿化，而且要达到美化的目的。所以整形修剪是城市园林绿化工作者必须掌握的一项技术。

二、整形修剪的目的

园林树木整形修剪技术很多借鉴果树修剪方面的技艺，但园林树木的栽培目的是实现其观赏性，而果树学是以果树的优质、丰产为目的，其技艺是有很大差别的。我国的盆景艺术就是充分发挥修剪整形技术的最好范例。园林树木的整形、修剪虽同样是对树木个体的营养生长与生殖生长的人为调节，但却既不同于盆景艺术造型、也不同于果树生产栽培，城市树木的修剪具有更广泛的内涵。园林树木种类的多样性和城市环境的复杂性要求在整形修剪过程中要因地制宜和因时制宜地进行。不同种类的树木因其生长特性不同而形成各种各样的树冠形状，但通过整形、修剪的方法可以改变其原有的形状，服务于人类的特殊需楽，整形修剪一定要在土、肥、水管理的基础上进行，它是提高园林绿化艺术水平不可缺少的一项技术环节。平时对园林树木强调“三分种，七分管”，其中的整形修剪技术就是一项重要的管理养护措施。

三、整形修剪的原则

（一）服从树木景观配置要求

不同的景观配置要求不同的整形修剪方式。如槐树作行道树时一般修剪成杯状形，作庭荫树时则采用自然式整形；桧柏孤植树应尽量保持自然形，作绿篱则一般行强度修剪促使其形成规则式树形；榆叶梅栽植在草坪上宜采用丛状扁圆形，在路边用有主干的圆头形。

（二）遵循树木生长发育习性

树种间的不同生长发育习性，要求采用相应的整形修剪方式。如桂花、榆叶梅、毛樱桃等顶端生长势不太强但发枝力强，易形成丛状树冠，可整形成圆球形、半球形等形状；对于香樟、广玉兰等大型乔木树种，则主要采用自然式冠型。对于桃、梅、杏等喜光树种，为避免内膛秃裸、花果外移，通常需采用自然开心形的整形修剪方式。

（三）根据栽培的生态环境条件

树木在生长过程中总是不断地协调自身各部分的生长平衡，以适应外部生态环境的变化。孤植树，光照条件良好，因而树冠丰满，冠高比大；密生的树木，主要从上方接受光照，因侧旁遮阴而发生自然整枝，树冠变得较窄，冠高比小。因此，需针对树木的光照条件及生长空间，通过修剪来调整有效叶片的数量，控制大小适当的树冠，培养出良好的冠形与干形，生长空间较大的，在不影响周围配置的情况下，可开张枝干角度，最大限度地扩大树冠；如果生长空间较小，则应通过修剪控制树木的体量，以防过分拥挤，降低观赏效果。对于生长在一些逆境条件，如土壤瘠薄、盐碱地、干旱立地、风口地段等的树木，应采用低干矮冠的整形修剪方式，还应适当疏剪枝条，保持良好的透风结构。

即使相同的树种，因配置不同或生长的立地环境不同，也应采用不同的整形修剪方式。

第三节　园林树木整形修剪的技术与方法

一、整形修剪时期

园林树木的整形修剪，从理论上讲一年四季均可进行，只要在实际运用中处理得当、掌握得法，都可以取得较为满意的结果。但正常养护管理中的整形修剪，主要分为两个时期集中进行。

（一）休眠期修剪（冬季修剪）

休眠期修剪（冬季修剪）是大多落叶树种的修剪时期，宜在树体落叶休眠到春季萌芽开始前进行，习称冬季修剪。此期内树木生理活动缓慢，枝叶营养大部分回归主干、根部，修剪造成的营养损失最少，伤口不易感染，对树木生长影响较小。修剪的具体时间，要根据当地冬季的具体温度特点和树木的发育特性而定，如在冬季严寒的北方地区，修剪后伤口易受冻害，故以早春修剪为宜，一般在春季树液流动前约 2 个月的时间内进行。如在北京地区的紫薇和木槿等需要推迟到三月中旬前后（早春前后）进行修剪；而一些需保护越冬的花灌木，应在秋季落叶后立即重剪，然后埋土或包裹树干防寒。

对于一些较旺盛的树种，如猕猴桃、核桃、五角枫槭树类等，修剪不可过晚，应在春季伤流开始前修剪。伤流是树木体内的养分与水分在树木伤口处外流的现象，流失过多会造成树势衰弱，甚至枝条枯死。有的树种伤流出现得很早，如核桃，在落叶后的 11 月中旬就开始发生，最佳修剪时期应在果实采收后至叶片变黄之前「且能对混合芽的分化有促进作用；但如为了栽植或更新复壮的需要，修剪也可在栽植前或早春进行。

休眠期修剪的目的主要是培养骨架和枝组，并疏除多余的枝条和芽，以便集中营养于少数枝与芽上，使新枝生长得充实。同时疏除老弱枝、伤残枝、病虫枝、交叉枝及一些扰乱树形的枝条，可使树体健壮，外形饱满、匀称和整洁。

（二）生长期修剪（夏季修剪）

可在春季萌芽后至秋季落叶后的整个生长季内进行，此期修剪的主要目的是改善树冠的通风、透光性能，一般采用轻剪，以免因剪除大量的枝叶而对树木造成不良的影响。对于发枝力强的树种，应疏除冬剪截口附近的过量新梢，以免干扰树型；嫁接后的树木，应加强抹芽、除蘖等修剪措施，保护接穗的健壮生长。对于夏季开花的树种，应在花后及时修剪，避免养分消耗，并促来年开花；一年内多次抽梢开花的树木，如花后及时剪去花枝，可促使新梢的抽发，再现花期。观叶、赏形的树木，夏剪可随时去除扰乱树形的枝条；绿篱采用生长期修剪，可保持树形的整齐美观。常绿树种的修剪，因冬季修剪伤口易受冻害而不易愈合，故宜在春季气温开始上升、枝叶开始萌发后进行。根据常绿树种在一年中的生长规律，可采取不同的修剪时间及强度。

（三）常绿树种的修剪

常绿树种如桂花、山茶等无真正的休眠期，根与枝叶终年活动，叶片内的营养不完全用于储藏当剪去枝叶时，枝叶中的养分也损失掉，对树木的生长会有很大的影响。因此修剪时应在新梢抽生前老叶最多或老叶将脱落、严寒已过的晚春时进行，此时的常绿树种储藏的养分充足，而修剪后的养分损失也少。但要注意，修剪容易造成伤口附近组织产生冻伤，注意掌握好时期。

二、整形方式

树形是指树冠的形状，树冠的大小和形状与干高、干形、枝展及树高有直接的关系。

一般对同种树来说，干高树也高，树冠小；干低树矮，树冠大。树的高度与其干性强弱有密切关系，干性强则树高，树冠相对大；干性弱则树矮，冠幅小。不同干形和枝展，构成的树形也不同。

（一）自然式整形

自然式整形是在树木本身特有的自然树形基础上，稍加人工调整与干预（基本上顺其自然），所以树木生长良好，发育健壮，能充分发挥出该树种的观赏特性。一般庭荫树、风景树或有些行道树多采用此种整形，常绿树种、松柏类树种、特别高大的乔木也多采用此方式。

修剪时需要依据不同的树种灵活掌握，对具有中央领导干的单轴分枝型树木，应注意保护顶芽，防止偏顶破坏树形；需抑制或剪除扰乱生长平衡、破坏树形的交叉枝、重生枝、徒长枝等，维护树冠的匀称完整。

（二）人工式整形

由于园林绿化特殊要求，有时将树木整剪成有规则的几何形体，如方、圆、多边形等，或整剪成非规则式的各种形体，如鸟、兽等。这种整形违背树木生长发育自然规律，抑制强度较大；所采用的植物材料要求萌芽力和成枝力均强的种类，如侧柏、黄杨、榆树、金雀花、罗汉松、六月花、水蜡树、紫杉、珊瑚树、光叶石楠等，这些树种是很好的绿篱材料西方园林植物的修剪多采用人工整形方式，现代我国园林公园绿地也逐渐采用这种方式.这种修剪方式需要大量的人力财力，养护过程中见有枯干的枝条要立即修剪，有死的植株还要马上换上，才能保持整齐一致，所以为满足特殊观赏要求才采用此种整形。

（三）自然与人工混合式整形

此整形方式在花木类中应用最多。根据树种的生物学特性及对生态条件的要求，将树木整剪成与周围环境协调的树形，通常有自然杯状形、自然开心形、多主干形、多主枝形和有中干形等。此整形方式虽然是在自然树形的基础上加以人工的干预，但有的干预程度大，所以对树木的生长发育有一定的抑制作用，又比较费工，还要在土、肥、水管理的基础上才能达到预期的效果。一般情况下只用于观花、观果、观枝的花木类，其目的是为了使花与果繁密、硕大、颜色鲜艳、枝色鲜亮等。

三、修剪方法

修剪的技法归纳起来基本是截、疏、放、伤、变。

（一）短截

又称短剪，指对一年生枝条的剪截处理。枝条短截后，养分相对集中，可刺激剪口下侧芽的萌发，增加枝条数量，促进营养生长或开花结果。短截程度对产生的修剪效果有显著影响。

1. 回缩

又称缩剪，指对多年生枝条（枝组）进行短截的修剪方式。一般修剪量大，刺激较重，在树木生长势减弱、部分枝条开始下垂、树冠中下部出现光秃现象时采用此法，可以达到更新复壮的作用。多用于枝组和骨干枝的更新以及控制树冠辅养枝等。缩剪反应与缩剪程度、留枝强弱、伤口大小等相关。如缩剪时留强枝、直立枝，伤口小，缩剪适度可以促进生长；反之则抑制生长。前者多用于更新复壮，后者则用来控制树冠和辅养枝。缩剪更新时一定要注意观察分析，准确地确定复壮更新枝组的位置、方向及截口的大小，这些都影响更新的效果。

2. 截干

对主干或粗大的主枝、骨干枝等进行的回缩措施称为截干，可有效调节树体水分吸收和蒸腾平衡间的矛盾，提高移栽成活率，在大树移栽时多见此外，尚可利用逼发隐芽的效用，进行壮树的树冠结构改造和老树的更新复壮。

（二）疏

又称疏删或疏剪，即从分枝基部把枝条剪掉的修剪方法。疏剪能减少树冠内部的分枝数量，使枝条分布趋向合理与均匀，改善树冠内膛的通风与透光，增强树体的同化功能，减少病虫害的发生，并促进树冠内膛枝条的营养生长或开花结果。疏剪的主要对象是弱枝、病虫害枝、枯枝及影响树木造型的交叉枝、干扰枝、萌蘖枝等各类枝条。特别是树冠内部萌生的直立性徒长枝，芽小、节间长、粗壮、含水分多、组织不充实，宜及早疏剪以免影响树形；但如果有生长空间，可改造成枝组，用于树冠结构的更新、转换和老树复壮。

疏剪对全树的总生长量有削弱作用，但能促进树体局部的生长。疏剪对局部的刺激作用与短截有所不同，它对同侧剪口以下的枝条有增强作用，而对同侧剪口以上的枝条则起削弱作用应注意的是，疏枝在母枝上形成伤口，从而影响养分的输送，疏剪的枝条越多，伤口间距越接近，其削弱作用越明显对全树生长的削弱程度与疏剪强度及被疏剪枝条的强弱有关，疏强留弱或疏剪枝条过多，会对树木的生长产生较大的削弱作用；疏剪多年生的枝条，对树木生长的削弱作用较大，一般宜分期进行。

（三）放

营养枝不剪称甩放或长放长放的枝条留芽多、抽生的枝条也相对增多，致使生长前期养分分散，多形成中短枝；生长后期积累养分较多，能促进花芽分化和结果。但是营养枝长放后，枝条增粗较快，特别是背上的直立枝，越放越粗，运用不妥，会出现树上长树的现象一般情况下，对背上的直立枝不采取甩放，如果要甩放也应结合运用其他的修剪措施，如弯枝、扭梢或环剥等。通常对桃花、西府海棠、榆叶梅、杜鹃、金银木、迎春花等花木多采用甩放的修剪方法。丛生的灌木多采用开放的修剪措施，如在修剪连翘时，为了形成潇洒飘逸的树形，在树冠上甩放 3 ～ 4 条长枝，远远看去，随风摆动，效果极佳。

（四）伤

用各种方法损伤枝条的韧皮部和木质部，以达到削弱枝条的生长势、缓和树势的方法称为伤，伤枝多在生长期内进行，对局部影响较大，而对整个树木的生长影响较小，是整形修剪的辅助措施之一。

（五）变

是变更枝条生长的方向和角度，以调节顶端优势为目的整形措施，并可改变树冠结构，有屈枝、弯枝、拉枝、抬枝等形式，通常结合生长季修剪进行，对枝梢施行屈曲、缚扎或扶立、支撑等技术措施。直立诱引可增强生长势；水平诱引具中等强度的抑制作用，使组织充实易形成花芽；向下屈曲诱引则有较强的抑制作用，但枝条背上部易萌发强健新梢，须及时去除，以免适得其反。

第四节　不同园林树木的整形与修剪

一、苗木的整形修剪

苗木在苗圃期间主要根据将来的不同用途和树种的生物学特性进行整形修剪此期间的整形修剪工作非常重要，且在苗期的重点是整形．苗木如果经过整形，后期的修剪就有了基础，容易培养成理想的树形，如果从未修剪任其生长的树木，后期想要调整、培养成优美的树形就很难。所以，必须注意苗木在苗圃期间的整形修剪

二、苗木栽植时的修剪

苗木栽植前后修剪的目的，主要是为了减少运输与栽植成本，提高栽植成活率和进一步培养树形，同时减少自然伤害，因此，在不影响树形美观的前提下，可对树冠进行适度的修剪。

在起苗、运苗、栽植的过程中，不可避免地要伤害根系，由于根系的大量损失，吸收的水分和无机盐相对减少，供给地上部分的水分和营养也相应减少。而此时，地上部分枝叶照常生长和蒸发，如果根的功能不能迅速恢复，则会造成地上与地下部分在水分代谢等方面的平衡遭到破坏，植株会因为地下供应的水分和营养不够生长和消耗之用，饥饿而死亡，造成移植不成功。虽然有些种类在移栽完成以后，顶芽和一部分侧芽能够萌发，但当叶片全部展开后常常发生凋萎，以致造成苗木死亡，这种萌芽展叶以后又凋萎死亡的现象叫作“假活”。因此，在起苗之前或起苗后应立即进行重剪，使地上和地下两部分保持相对的平衡，否则必将大大降低移栽的成活率．此时的修剪应在苗圃整形的基础上进行，进一步调整和完善树形。具体的修剪方法是：首先，将无用的衰老枝、病枯枝、纤细枝、徒长枝剪除；其次，应根据栽植树木的干性强弱及分枝习性进行修剪。

三、行道树的修剪

（一）修剪应考虑的因素

行道树一般为具有通直主干、树体高大的乔木树种由于城市道路情况复杂，行道树的养护过程必须考虑的因子较多，除了一般性的营养与水分管理外，还包括诸如对交通、行人的影响，与树冠上方各类线路及地下管道设施的关系等。因此在选择适合的行道树树种的基础上，通过各种修剪措施来控制行道树的生于、体量及伸展方向，以获得与生长立地环境的协调就显得十分重要。

（二）行道树的主要造型

1. 杯状形行道树的修剪

枝下高 2.5 ~ 4m，应在苗圃中完成基本造型，定植后 5 ~ 6 年内完成整形。离建筑物较近的行道树，为防止枝条扫瓦、堵门、堵窗，影响室内采光和安全，应随时对过长枝条进行短截修剪生长期内要经常进行抹芽，冬季修剪时把交叉枝、并生枝、下垂枝、枯枝、伤残枝及背上直立枝等疏除掉。

以二球悬铃木为例，在树干 2.5 ~ 4m 处截干，萌发后选 3 ~ 5 个方向不同、分布均匀、与主干成 45° 夹角的枝条作主枝，其余分期剪除。当年冬季或第二年早春修剪时，将主枝短截成 80 ~ 100cm 长，剪口芽留在侧面，并处于同一水平面上，使其匀称生长。第二年夏季再抹芽和疏枝，幼年时顶端优势较强，侧生或背下着生的枝条容易转成直立生长，为确保剪口芽侧向斜上生长，修剪时可暂时保留背生直立枝，第二年冬季或第三年早春，于主枝两侧发生的侧枝中选 1 ~ 2 个作延长枝，并在 80 ~ 100cm 处短截，剪口芽仍留在枝条侧面，疏除原暂时保留的直立枝。如此反复修剪，经 3 ~ 5 年后即可形成杯状形树冠。骨架构成后，树冠扩大很快，疏去密生枝、直立枝，促发侧生枝。内膛枝可适当保留，增加遮阴效果。

二球悬铃木是我国多数城市首选的行道树树种，也是国际公认的优良行道树树种，但因其发叶时有大量带毛的种子飘落，有影响人体健康之嫌，近年来有许多城市改用其他树种。值得指出的是，作为行道树，二球悬铃木优点很多，只要养护管理到位，上述问题可以得到较好解决：如只要视具体情况，在每年冬季（或隔 1 ~ 2 年）剪去所有 1 级或 2 级侧枝以上的全部小枝，因二球悬铃木发枝力强，在翌年即可形成一定大小的树冠与叶量。如此，不仅可避免宿存的种子污染环境，规范修剪的树型也十分整齐，具有良好的景观效果。

2. 开心形修剪

适用于无中央主干或顶芽，呈自然开展冠形的树种。定植时，将主干留 3m 截干；春季发芽后，选留 3 ~ 5 个不同方位、分布均匀的侧枝并进行短截，促使其形成主枝，余枝疏除。在生长季，注意对主枝进行抹芽，培养 3 ～ 5 个方向合适、分布均匀的侧枝；来年萌发后，每侧枝在选留 3 ～ 5 枝短截，促发次级侧枝，形成丰满、匀称的冠形。

3. 自然式冠形行道树的修剪

在不妨碍交通和其他市政工程设施的情况下，树木有任意生长的条件时，行道树多采用自然式整形方式，如塔形、伞形、卵球形等。

第四章　园林树木的土、肥、水管理

第一节　园林树木的土壤管理

土壤是树木生长的基地，提供植物生长发育所必需的水分和养分。一般来说，植物都喜欢土质肥沃、土层深厚、保水、保肥且通气良好的土壤。但是园林树木生长地的气候、土壤条件等千差万别，因此，园林树木的栽培养护工作者要熟悉了解园林树木生长地的土壤条件及其相应的管理措施。

一、园林树木生长地的土壤条件

园林树木生长地土壤大体上可划分为如下几类：

（一）田园肥土

田园肥土最适合树木的生长发育，在实际中遇到的不多。

（二）荒山荒地

荒山荒地的土壤因未能很好地风化，所以石多，孔隙度低，土层薄，肥力差。需要深翻熟化、施用有机肥，并种植耐瘠土壤的树木。

（三）水边低湿地

水边和低湿地的土壤一般都很紧实，通气不良，且多带盐碱。因此，水边低湿地应种植耐水湿的植物。低湿地可通过排水填土、施有机肥或松土晒干等措施处理，还可以深挖成湖。

（四）煤灰土或建筑垃圾

城市中人类的活动给树木生长环境带来诸多影响，如煤灰、树叶、菜叶、菜根和动物的骨头等，对树木的生长有利无害，可以作为盐碱地客土栽植的隔离层。大量的生活垃圾可以掺入一定量的好土作为绿化用地。

建筑垃圾中通常有砖头、瓦砾、石块、木块、石灰和水泥等。少量的砖头、瓦砾、木块、木屑等存留物可增加土壤的孔隙度，对树木生长无害；而水泥、石灰及其灰渣则有害于树木的生长，必须清除。

（五）市政工程与建筑场地

城市的市政工程和建筑建设很多，如市内的水系改造、人防工程、广场的修筑、道路的铺装，等等。土壤多经过人为的翻动或填挖而成，结果将未熟化的心土翻到表层，使土壤结构不良，透气不好，肥力降低。加之，机械施工反复碾压土地，造成土壤紧实度增加。因此，应该深翻栽植地的土壤或相应地扩大种植穴，施用有机肥。特别要注意老城区的土壤，因为老城区大多经过多次的翻修，造成老路面、旧地基与建筑垃圾及用材等的遗留，致使土壤侵人体过多；老路面与旧地基的残存，会影响栽植于其上的树木的生长，使该地段透水透气不良，同时还会阻碍树木根系往深处伸展。

（六）人工地基

人工修造的代替天然地基的构筑物，如屋顶花园、地铁地下停车场、地下储水池等的上面均为人工地基。人工地基一般是筑在小跨度的结构上面，与自然土壤之间有层结构隔开，没有任何的连续性，即使在人工地基上堆积土壤，也没有地下毛细水的上升作用。由于建筑负荷的限制，土层的厚度也受到一定的影响。土层薄受外界气温影响大导致土温变化幅度较大，土壤易干燥，微生物活动弱，腐殖质形成的速度较慢。因此，人工地基上要选择保水、保肥、质轻、通气性强的土壤材料，如蛭石珍珠岩、煤灰土、泥炭和陶粒等。土壤最好使用田园土，也可使用土壤加堆肥，土与轻量材料的体积混合比约为 3：1。土壤厚度达 30cm 以上时，一般可以不经常浇水。

（七）海边盐碱地

沿海地区的土壤非常复杂，且多带盐碱。土壤中含有大量的盐分，不利于树木的生长，必须经过土壤改良方可栽植。另外，海边的海潮风很大，空气中的水汽含有大量的盐分，会腐蚀植物叶片，所以应选种耐海潮风的树种，如海岸松、柽柳、杜松、圆柏、银杏、糙叶树、木瓜、女贞、木槿和黑松等。

（八）酸性红壤

我国长江以南地区多红壤。红壤呈酸性反应，土粒细，土壤结构不良，水分过多时，土粒吸水成糊状；干旱时水分易蒸发散失，土块变坚实坚硬，又常缺乏氮、磷钾等元素，许多植物不能适应这种土壤，因此需要改良。

（九）工矿污染地

工矿污染地是指受来自矿山和工厂的有害成分污染过的土地。这种地段往往不能种植植物，如果需要绿化必须客换好土，别无他法。

（十）受人流与车流干扰的土地

人流的践踏与车辆的碾压会使土壤紧实度增加，土壤容重可达 1.5 ~ 1.8g/cm^3，使土壤板结、孔隙度小、含氧量低，导致树木烂根乃至死亡。不同土壤在一定的外力作用下，孔隙度变化不同。土壤粒径越小，受压后孔隙度减少得越多；粒径大的砾石受压后几乎不变化；沙性强的土壤受压后孔隙度变小；黏土受压后孔隙度变化较大，需要采取深翻、松土或掺沙、多施有机肥等措施来改变

（十一）污水影响的土地

生产、实验和人类生活排出的废水，多数对树木的生长不利，应将其排走或处理后使用。可设置排污管道或污水处理厂处理。污染严重的土地需客换好土，再栽植树木。

二、松土除草

（一）松土除草的作用

园林树木立地复杂，有的地方寸草不生，土壤板结；有的地方土壤虽不板结，但却杂草丛生。因此，松土除草的作用、要求与方法各不相同。松土是指疏松表土，可切断表层与底层土壤的毛细管联系，以减少土壤水分的蒸发，改善土壤通气状况，促进微生物的活动，加速有机质的分解和转化，从而改良土壤结构，提高土壤的综合营养水平，以利于树木的生长。除草可排除杂草对水、肥、气、热、光的竞争，同时又可增加绿地景观效果，减少病虫害的发生，保护树木的正常生长。

（二）松土除草的时期与方法

松土除草对于幼树尤为重要，二者一般应同时进行，但也可根据实际情况分别进行。松土除草的次数和季节要根据当地的具体条件和树木的生育特点及配置方式等综合考虑确定。一般情况下，散生与死植的幼树，一年可松土除草 2 ~ 3 次，第一次在开春之后和盛夏之前，在杂草刚出土幼嫩时应及时除掉，最晚在其开花之前将其除掉，防止杂草结籽；第二三次松土除草在立秋后。生长季松土一般在灌溉或降水后土壤出现板结时进行。公共绿地旅游旺季，一些地方由于游人踩踏严重，要及时松土。

松土除草应在天气晴朗时或者初晴之后，在土壤不干不湿时进行。松土除草深度应根据树木生长情况和土壤条件而定，树小宜浅松，树大应深松；根茎处宜浅松，向外逐渐加深；沙土浅松，黏土深松；土湿浅松，土干深松。一般松土除草深度为 3 ~ 10cm，大苗 6 ~ 9cm，小苗 3cm。除草松土的范围可在树盘以内，但要注意逐年扩盘。大树每年可在盛夏到来之前松土除草一次，并要注意割除树身藤蔓。

对于地面有铺装的树木，其裸露的树盘小，但人的踩踏往往致使土壤紧实度过高，可以用打孔的办法进行松土通气，可使用钢钎人工作业，也可以使用专门的机械如电钻等进行。具体方法是在树盘范围内，以根茎为中心，以“十”“*”“米”等形状，以

树干为中心画放射线，在线上每隔 50 ~ 60cm 打孔，每条放射线的第一孔，应距根茎 30 ~ 50cm，具体视树干的粗度确定，树干细，可近一些，树干粗要远一些，以不过多的损伤根系为度。相邻两条放射线上的孔不应并列。孔的深度 60 ~ 120cm，具体情况根据土壤的坚实情况确定，有的地方土层坚硬，可深一些。孔径大小一般为 3 ~ 6cm，如果仅以通气为目的，孔径可小，以钢钎

粗度即可，如果结合施肥，孔径应大一些，如果机械操作方便，大孔中的土最好挖出来，换上有机肥再回填。稍加振动的机械打孔方法有利于土壤疏松，有条件的地方可试用。在有草坪的树下等不便于松土的地方，也可以采用打孔的方法松土。

三、地面覆盖与地被植物

以活的植物体或有机物覆盖在土壤表面，可防止或降低水分蒸发，减少地表径流，增加土壤有机质；还能调节土温，减少杂草生长，为树木生长创造良好的环境条件。若在生长季进行覆盖，后期把覆盖的有机物随即翻入土中，还可增加土壤有机质，改善土壤结构，提高土壤肥力。覆盖的材料以就地取材、经济适用为原则，如水草、谷草、豆秸、树叶、树皮、木屑、发酵后的马粪、泥炭等均可应用。在大面积粗放管理的园林中，还可将草坪修剪下来的草头随手堆于树盘附近，用以进行覆盖。一般对于幼龄的树木或疏林草地的树木，多仅在树盘下进行覆盖，覆盖的厚度通常以 3 ~ 6cm 为宜，鲜草约 5 ~ 6cm，过厚会有不利的影响，一般均在生长季节土温较高且较干旱时进行地面覆盖。杭州历年进行树盘覆盖的效果证明，这样做可比对照树的抗旱能力延长 20 天。

地被植物可以是紧伏地面的多年生植物，也可以是一二年生的较高大的绿肥作物，如饭豆、绿豆、黑豆、苜蓿、苕子、猪屎豆、紫云英、豌豆、蚕豆、草木樨和羽扇豆等。用绿肥作物覆盖地面，除覆盖作用之外，还可在开花期翻入土内，收到施肥改土的效果。用多年生地被植物覆盖地面可减少尘土飞扬，增加园景美观，又可占据地面与杂草竞争，降低园林树木养护成本。常用的草本地被主要有铃兰、石竹类、勿忘草、百里香、萱草、二月兰、酢浆草、鸢尾类、麦冬类、丛生福禄考、玉簪类、吉祥草、蛇莓、石碱花、沿阶草、白三叶、红三叶、紫花地丁，等等。木本地被有地锦类、金银花、木通、扶芳藤常春藤类络石、菲白竹、倭竹、葛藤、野葡萄、山葡萄、蛇葡萄、裂叶金丝桃偃柏、爬地柏、金老梅、凌霄类等。用作地面覆盖的地被植物或绿肥作物，要求适应性强，覆盖作用小，有一定的耐阴能力，繁殖力强，且与树木的矛盾不大。如果为疏林草地，则选用的覆盖植物应耐践踏、无汁液流出、无针刺，以便于游人活动，还应具有一定的观赏性和经济价值。

四、土壤改良

土壤改良是采用物理、化学以及生物的措施，改善土壤理化性质，提高土壤肥力的方法。大多数城市园林绿地的土壤，因受各种不良因素的影响，物理性能较差，水、气矛盾突出，土壤性质向恶化方向发展。主要表现是土壤板结、黏重、耕性差、通气透水不良，因此需要对土壤进行改良。园林绿地土壤改良不同于农作物的土壤改良，农作物的土壤改良可经多次深翻、轮作、休闲和多次增施有机肥等手段；而城市园林绿地的土壤改良，不可能采用轮作、休闲等措施，只能采用深翻、客土、松土、增施有机肥等措施来完成。

（一）深翻熟化

1. 深翻适应的范围

在荒山荒地、低湿地、建筑的周围，以及土壤的下层有不透水层的地方、人流的践踏和机械压实过的地段等栽植树木，特别是栽植深根性的乔木时，定植前都应该深翻土壤。对重点布置区或重点树种也应该适时、适量深耕，合理的深翻虽然伤断了一些根系，但由于根系受到刺激后会发生大量的新根，因而提高了吸收能力，促使树木生长健壮

2. 深翻的时期

实践证明，园林树木土壤一年四季均可深翻，但应根据各地的气候、土壤条件以及园林树木的特点适时深翻才会收到良好的效果，一般情况而言，深翻主要在秋末和早春两个时期。秋末冬初，地上部分生长基本停止或趋于缓慢，同化产物消耗少，此时根系的生长出现高峰，深翻后的伤根也容易愈合，并发出部分新根。同时，秋翻可松土保墒，利于土壤风化和雪水的下渗。一般秋耕后比未秋耕的土壤含水量要高3% ~ 7%。春翻应在土壤解冻后及时进行，此时树木地上部分尚属于休眠状态，根系刚刚开始活动，生长较为缓慢，伤根易愈合和再生。春季土壤解冻后水分开始上移，此时土壤蒸发量较大，易导致树木干旱缺水；而且早春时间短，气温上升快，伤根后根系还未来得及很好地恢复，地上部分已经开始生长，需要大量的水分和养分，往往因为根系供应的水分和养分不能满足地上部分的需要，造成根冠水分代谢不平衡，致使树木生长不良。因此，在春季干旱多风地区，春翻后需要及时灌水，或采取措施覆盖根系，耕后耙平、镇压，春翻深度也比秋耕浅。

3. 深翻的次数与深度

深翻作用持续时间的长短与土壤特性有关，一般情况下黏土、涝洼地深翻后容易恢复紧实，因而保持年限较短，可每 1 ~ 2 年深翻耕一次，而地下水位低、排水良好、疏松透气的沙壤土保持时间较长，一般可每 3 ~ 4 年深翻耕一次。深翻的深度与土壤

结构、土质状况以及树种特性有关。如土层浅、下部为半风化岩石，或土质黏重，浅层有砾石层和黏土夹层的土壤，地下水位较低的土壤以及深根性的树种，深翻深度宜较深，沙质土壤或地下水位高时可适当浅翻一般而言，深翻的深度可达 60 ~ 100cm，最好距根系主要分布层稍深、稍远一些，以促进根系向纵深及周边生长，扩大吸收面积，提高根系的抗逆性。

4. 深翻的方式

园林树木土壤深翻方式，主要有树盘深翻与行间深翻两种。树盘深翻是在树冠垂直投影线附近挖取环状深翻沟，以利树木根系向外扩展，这适用于园林草坪中的孤植树和株间距大的树木行间深翻则是在两排树木的行中间挖取长条形深翻沟，用一条深翻沟达到对两行树木同时深翻的目的，这种方式多适用于呈行列种植的树木，如风景林、防护林带、园林苗圃等：此外，还有全面深翻、隔行深翻等形式，应根据具体情况灵活运用。各种深翻均应结合施肥和灌溉，可将上层肥沃土壤与腐熟有机肥拌匀填入深翻沟的底部，以改良根层附近的土壤，为根系生长创造有利条件，将生土放在上面可促使生土迅速熟化。

（二）客土栽培

所谓客土，就是将其他地方土质好、比较肥沃的土壤运到本地来，代替当地土壤的改良方式。通常在以下情况下进行客土。

1. 栽植地土质完全不合乎栽植树种的生长要求

最突出的例子是在北方种植喜欢酸性土壤的植物时，如栀子、杜鹃、山茶、八仙花等，栽植时应将局部地段或花盆内的土壤换成酸性土，至少也要加大种植穴或采用大的种植容器，并放入山泥、泥炭土、腐叶土等，还要混拌一定量的有机肥，以符合喜欢酸性土壤树种的要求。

2. 需要栽植地段的土壤根本不适宜园林树木的生长

例如重黏土、沙砾土、盐碱地及被工厂、矿山排出的有毒废水污染的土壤等，或建筑垃圾清除后土壤仍然板结，土质不良，此时应考虑全部或局部更换肥沃的土壤。

客土时应注意的问题：

第一，客土栽植较一般栽植需要的经费多，因此栽植前应做好预算。

第二，应根据具体情况做出合理的，科学的换土设计计划，并说明换土的深度以及好土的来源、废土的去处。

第三，不能随便挖取耕地土壤和破坏植被。

第四，如果换土量较大，好土的来源较困难，客人土的质量并不十分理想可在实施过程中进行改土，如添加泥炭土、腐叶土、有机肥、磷矿粉、复合肥及各种结构改良剂等。

（三）土壤质地的改良

理想的土壤应由 50% 的气体空间和 50% 的固体颗粒组成。固体颗粒由有机质和矿物质组成很多土壤测定数据表明，理想的土壤内应含有 45% 矿物质和 5% 的有机质，除此之外，矿物质组成颗粒的排列及其大小也十分重要土壤过沙或过黏都不利于根系的生长。

黏重的土壤板结、渍水、通透性差，易引起根腐；反之，土壤沙性太强，漏水，漏肥，易发生干旱，因此，需进行土壤质地改良。

土壤质地的改良通常采有如下的方法：

1. 培土（壅土、压土）

培土具有增厚土层、保护根系、增加营养和改良土壤结构等作用，在我国南北各地区普遍采用，特别是果园应用较多。在我国南方高温多雨且土壤淋洗损失严重的地区，多将树木种在土台上，以后还需大量培土。在土层薄的地区也可以采用培土的方法，以增加土层厚度，促进树木健壮生长。

培土的质地根据栽植地的土壤性质决定，黏土应压沙土，沙土应压黏土。北方寒冷地区一般在晚秋初冬进行，既可起保温防冻、积雪保墒的作用，同时压土掺沙后，促使土壤熟化，改善土壤结构。

压土的厚度要适宜，过薄起不到压土的作用；过厚对树木生长不利。“沙压黏”或“黏压沙”时要薄一些，般厚度为 5 ～ 10cm；压半风化石块可厚些，但不要超过 15cm。连续多年压土，土层过厚会影响树木根系呼吸，造成根茎腐烂，树势衰弱。所以，一般压土时，为了防止嫁接树木接穗生根或对根系产生不良影响，亦可适当将土扒开露出根茎。

2. 增施有机质

土壤过沙或过黏，其改良的共同方法是增施纤维素含量高的有机质。增施有机质利于沙性土壤保持水分和矿质营养，也可改善黏土的透气排水性能，改善土壤结构。但一次增施的有机质不能太多，否则可能会产生可溶性盐过量的问题。一般认为 100m 的施肥量不应多于 2.5m3，约相当于增加 3cm 表土。改良土壤最好的有机质是粗泥炭、半分解状态的堆肥和腐熟的厩肥。未腐熟的肥料，特别是新鲜有机肥，氨的含量较高，容易损伤根系，施后不宜立即栽植。

3. 增施无机质

过黏的土壤在深翻或挖穴过程中，应结合施用有机肥掺入适量的粗沙；反之，如果土壤沙性过强，可结合施用有机肥并同时掺入适量的黏土或淤泥。在用粗沙改良黏土时，应避免用建筑细沙，且要注意加入量要适宜。如果加入的粗沙太少，可能像制砖一样，增加土壤的坚实度。因此，在一般情况下，加沙量应达到原有土壤体积的

1/3，才会有改良黏土的良好效果。除了在黏土中加沙外，还可加入陶粒，粉碎的火山岩珍珠岩和硅藻土等。但这些材料比较贵，只能用于局部或盆栽土改良。此外，石灰、石膏和硫黄等也是土壤的无机改良剂。

（四）土壤酸碱度的调节

土壤酸碱度主要影响土壤养分的转化与有效性、土壤微生物的活动和土壤的理化性质等，因此与园林树木的生长发育密切相关。通常，当土壤 pH 值过低时，土壤中的活性铁、铝增多，磷酸根易与它们结合形成不溶性的沉淀，造成磷素养分的无效化。同时由于土壤吸收阳性氢离子多，黏粒矿物易被分解，盐基离子大部分遭受雨水淋失，不利于良好土壤结构的构成。相反，当土壤 pH 值过高时，则发生明显的钙对磷酸的固定，使土粒分散，结构被破坏。绝大多数园林树木适宜中性至微酸性的土壤，然而在我国许多城市的园林绿地中，酸性和碱性土所占比例较大。

1. 土壤的酸化处理

土壤酸化是指对偏碱性的土壤进行必要的处理，使之 pH 值有所降低，以符合酸性园林树种的生长需要。目前，土壤酸化主要通过施用释酸物质来调节，如施用有机肥料、生理酸性肥料、硫黄等。据试验，每亩地施用 30kg 硫黄粉，可使土壤 pH 值从 8.0 降到 6.5 左右，其酸化效果较持久，但见效缓慢。对盆栽园林树木也可用 1：50 的硫酸铝钾，或 1：180 的硫酸亚铁水溶液浇灌植株来降低盆栽土的 pH 值。石膏也可用于 pH 值偏高的土壤改良，在吸附性钠含量高的土壤中使用效果较好，还有利于某些坚实、黏重土壤团粒结构的形成，从而改善排水性能。但是石膏的团聚作用只在低钙黏土（如高岭土）中才能发挥作用，而在含钙高。干旱和半干旱地区的皂土（如斑脱土）中，不会发生任何团聚反应。在这种情况下，应施最多的其他钙盐，如硫酸钙等。

2. 土壤的碱化处理

土壤碱化是指对偏酸的土壤进行必要的处理，使之土壤 pH 值有所提高，符合一些碱性树种生长的需要。土壤碱化的常用方法是向土壤中施加石灰、草木灰等碱性物质，但以石灰应用较普遍。调节土壤酸度的石灰是农业上用的“农业石灰”，即石灰石粉（碳酸钙粉），使用时，石灰石粉越细越好，这样可增加土壤内的离子交换强度，以达到调节土壤pH值的目的。市面上销售的石灰石粉有几十到几千目的细粉，目粉越大，见效越快，价格也越贵，生产上一般用 300 ～ 450 目的较适宜。

（五）盐碱地的改良

盐碱地土是盐土和碱土以及各种盐化和碱化土壤的总称，又称为盐渍土。盐土所含盐分主要是 NaCl 和 Na_2SO_4，属中性盐，土壤结构尚未破坏。碱土是指土壤胶体中吸附有相当数量的交换性钠，一般以交换性钠占交换性阳离子总量的 20% 以上为碱土。碱土中含有 Na_2CO_3、$NaHCO_3$ 或 K_2CO_3 等，其 pH 值为强碱性，一般在 8.5 以上，碱土的上层结构被破坏，下层为坚实的柱状结构，通透性极差，般植物不能生长。盐碱土的为害主要是土壤含盐量高造成植物营养失衡和离子毒害作用。当土壤含盐量高于临界值 0.2%，土壤溶液浓度过高，根系很难从中吸收水分和营养物质，引起“生理干旱”和营养缺乏症。据报道，各种盐类对植物的伤害程度不同，按强弱次序大致是：Na_2CO_3 > $MgCl_2$ > $NaHCO_3$ > NaCl > $CaCl_2$ > $MgSO_4$ > Na_2SO_4 > $MgCO_3$。在阳离子中，钠盐的毒害作用大于钙盐，钠盐中 Na_2CO_3、$NaHCO_3$ 对植物的毒害最强。阴离子中的 CO32- 的毒性大于 CL-。

盐碱地的改良是世界性的难题，多少年来，土壤科学家和农林科学家为寻求有效的盐碱地改良途径和方法付出了不懈的努力，取得了可喜的成果。最近十几年来，不少园林科研人员致力于盐碱地绿化方面的研究，总结出适合城市园林特点的盐碱地改良措施，具体总结如下：

1. 合理地排水、灌溉

盐渍土多分布于排水不畅的低平地区，地下水位较高。世界各国科学的研究结果和生产实践证明，排水是防治土壤盐渍化最有效的措施和前提。防治土壤盐渍化的排水，可应用自然排水、人工排水和生物排水；还可用灌溉淡水结合排水沟将溶解盐分的水排走达到洗盐、排盐和脱盐的作用。

目前排水系统主要有明沟排水、暗管排水两种，排水形式为水平排水、垂直排水（竖井）以及井群排水等相结合。排水沟愈深，控制地下水位的作用愈大，距沟愈近，土壤水盐状况受排水沟的影响也愈明显。垂直排水具有良好的降低地下水位的作用，而且渠道数量少，占地面积小，管理养护方便，同时较明沟排水冲洗过程短，一个冲洗过程（冲洗 3 ~ 4 次）12 ~ 13 天即可结束，春季冲洗也不影响当年播种和栽植。在垂直排水条件下，地下水位一般可控制在 1.6 ~ 4m，土体脱盐深度可达 1.5 ~ 2m。在生产实践中，脱盐土层厚度一般为 1m，脱盐层允许含盐量由植物的耐盐性而定。在华北、滨海半湿润地区，以氯化物为主的盐土，冲洗脱盐标准一般采用 0.2% ~ 0.3%；以硫酸盐为主的盐土，采用 0.3% ~ 0.4%。在西北干旱地区，氯化物盐土采用 0.5% ~ 0.7%，硫酸盐土采用 0.7% ~ 1.0%；盐化碱土采用 0.3%。达到脱盐标准后方可进行栽植。但应该注意在土壤易于积盐的季节例如春季，要采取灌水压盐、中耕除草、地面覆盖等措施，以防止盐碱上升，同时也可稀释土壤溶液中的盐分浓度，减轻绿地植物的盐害。此外小雨后地表盐分易被压洗到根层的深度，对幼树和浅根性植物的生长极为不利，应及时灌水洗盐。在北方地区，初冬时节乘夜冻昼融之机及时进行冬灌，不仅可提高、稳定冬季土温，保证来年植物的需水，还可以降低土壤溶液浓度，防止春旱时返盐。

排水对于改良盐碱地和防止次生盐碱化是一项主导性措施，但不是唯一的措施，必须根据各地的自然条件（地貌、水文、沉积物质类型和土壤盐渍化程度等）和经济状况，因地制宜地采取最适合的各种排水措施。生物排水属于预防性的措施，主要适用于有盐渍化威胁和轻盐渍化地区。

2. 客换好土

在土壤含盐碱比较严重的地区，绿化多采用客换好土。换土的多少取决于植物种类，通常草坪应全部换土，深约 20 ~ 30cm；乔木和花灌木往往只换种植穴内的土壤，深度约 60 ~ 120cm。为了预防土壤再次盐渍化，保证树木长期的健壮生长，换土的地方可采用做微地形抬高地面、换土与埋渗水管相结合、换土与加隔离层相结合等措施。

第二节　园林树木需要的营养元素及其作用

植物体中氮、磷、钾、钙、镁、铁、硼、锰、锌、铜等元素是植物细胞生活中不可缺少的营养元素。其中，一些元素需要量大，如氮、磷、钾、钙，称之为大量元素；另一些元素如镁、铁、硼、锰、锌、铜等，树木需要量极少，称之为微量元素。

一、大量元素对树木生长发育的作用

（一）氮

氮是合成氨基酸不可缺少的元素之一，是核酸、磷脂、叶绿素、酶、生物碱、多种苷类及维生素等的组成成分。

促进营养生长，使幼树早成形，老树延迟衰老，提高光合效能；

在年周期中，各器官的含氮量随物候期的不同而不同。对同一枝条来说，萌芽、开花期含氮量最高，旺盛生长结束期最低；

缺氮症状：树冠体积和叶片较小，抑制光合作用，影响果实产量；叶色黄化，枝叶量少，新梢生长势弱，落花落果严重。长期缺氮，会降低植物中氮营养水平，萌芽开花不整齐，根系不发达，树体衰弱，植株矮小，抗逆性降低，树龄缩短等症状。

氮素过剩：枝叶徒长，地上部消耗大量糖类，影响枝条充实、根系生长、花芽分化以及降低树木的抗逆性。

（二）磷

磷是形成原生质和细胞核的主要成分，也存在于磷脂、核酸、酶、维生素等物质中。

参与植物的主要代谢过程，能起传递能量的作用，并有储存和释放能量的功能；

能促进花芽分化，果实发育和种子成熟。

能提高根系的吸收能力，促进新根的发生和生长；

增加束缚水，提高树木抗寒、抗旱能力；

磷素集中分布在植物生命活动最旺盛的器官“磷素在植物体内容易移动；含磷量

随物候期而变化，树木展叶时含磷量最多，以后保持一定含量，秋季再度下降；

通常植物吸收磷素，以磷酸离子最易吸收，偏磷酸次之，磷酸根较难被吸收。有机磷化合物，如激素、各类糖的磷酸质、核酸等也能被植物吸收，但数量很少，速度也较慢；

土壤中的磷，分为无机态磷和有机态磷两种。有机态磷是土壤有机质的组成成分，只有极小部分可被直接吸收，大部分要在微生物作用下分解为无机磷酸盐才可用在微酸性至中性的土壤中，磷肥的利用率可达 20% ~ 30%，在强酸性（难溶性磷酸铝和磷酸铁）和石灰性（难溶性的磷酸三钙）土壤中，易缺磷，施肥时应加大比例；

缺磷症状：酶活性降低，糖类、蛋白质代谢受阻，延迟树木萌芽开花物候期，降低萌芽率；新梢和细根的生长减弱；叶片小，积累在组织中的糖类转变为花青素，叶片由暗绿转变为青铜色，叶脉带紫色，严重时呈紫红色，叶缘出现半月形的坏死斑，基部叶片早期脱落，花芽分化不良；抗寒、抗旱力降低。

磷素过剩：会抑制氮素或钾素的吸收，引起生长不良；可使土壤中或植物体内的铁不活化，叶片黄化；还能引起锌素不足。

（三）钾

对维持细胞原生质的胶体系统和细胞液的缓冲系统具有重要的作用；

与植物的新陈代谢、糖类的合成、运转和转化有密切的关系；

适量钾素可促进果实肥大和成熟，促进糖类的转化和运输，提高果实品质和耐储性；

可促进加粗生长，组织成熟，机械组织发达，提高抗寒、抗旱、耐高温和抗病虫的能力；

钾在树木各器官的分布随物候期而变化，其中以生长旺盛部位及果实内含钾最多，晚秋树木进入休眠期，钾转移到根部，有一部分随落叶回到土壤；

土壤中的钾包括水溶性钾、土壤吸收性钾和含钾土壤矿物晶格中的钾，其中以后者所占比例最大。前两者是植物可吸收利用的，后者不能被植物吸收，需要经过转化过程分解释放出。

缺钾症状：引起糖类和氮的代谢紊乱；蛋白质合成受阻，抗病力降低；营养生长不良，叶小，果小，果着色不良；新梢细，严重时顶芽不发育，出现枯梢，叶缘黄化，甚至发生褐色枯斑，叶缘常向上卷曲，落叶期延迟，降低抗逆性。

钾素过剩：枝条不充实，耐寒性降低；氮的吸收受阻，抑制营养生长；镁、钙的吸收受阻，发生缺镁症，并降低对钙的吸收。

（四）钙

钙是细胞壁和胞间层的组成成分，对糖类和蛋白质的合成过程有促进作用；

钙在树体内起着平衡生理活动的作用，适量钙素，可减轻土壤中钾、钠、氢、锰、铝等离子的毒害作用，使树木正常吸收铵态氮，促进树木生长发育；

钙能调节植物体中的酸碱度，并能中和土壤中的酸度，对土壤微生物的活动有良好的作用；

钙能起到杀虫灭菌的作用；

钙能影响氮的代谢和营养物质的运输；

树体内的钙大部分积累在年龄较老的部分，是一种不易移动和不能再度利用的元素，故缺钙首先在幼嫩部分发生。

缺钙症状：根系受害明显，新根短粗、弯曲，尖端不久变褐枯死；叶片较小，严重时花朵萎缩和枝条枯死；土壤呈强酸性时会含钾过多易缺钙。

钙素过多：钙过多，土壤偏碱性而板结，使铁、锰、锌、硼等成为不溶性，导致树木缺素症。

二、微量元素对树木生长发育的作用

（一）镁

镁是叶绿素的组成成分，也是酶和植物钙镁的组成成分；

镁能促进磷酸的移动，在脂肪等有机物的合成与分解中起重要作用；

适量镁可促进果实肥大，增进品质。缺镁叶绿素不能形成，发生花叶病，植株生长停滞，严重时新梢基部叶片早期脱落；

镁主要分布在树木的幼嫩部分，果实成熟时种子内含量增多；

沙质土壤、酸性土壤和灌水过量镁易流失，施磷、钾肥过量也易导致缺镁症。

（二）铁

铁是多种氧化酶的组成成分，在植物有氧呼吸和能量释放的代谢过程中具有重要作用，可促进叶绿素的形成，但在植物体内不能被再利用。

缺铁：影响叶绿素的形成，幼叶失绿，叶肉呈黄绿色，叶脉仍为绿色；严重缺乏时叶小而薄，叶肉呈黄白色至乳白色，随病情加重叶脉也失绿成黄色，叶片出现棕褐色的枯斑或枯边，逐渐枯死脱落，甚至发生枯梢现象。

缺铁原因：

土壤及灌溉用水 pH 值高，使二价铁形成氢氧化铁而沉淀；

灌水不合理导致土壤次生盐渍化，pH 值升高；

铁 / 锰比值过大或过小；

土壤内积累大量的石英；

土壤排水不良，根系周围氧气不足或土温低。

（三）硼

硼能提高光合作用和蛋白质的合成，促进糖类的转化和运输；能促进花粉发芽和花粉管的生长，对子房发育也有作用；能提高维生素和糖的含量，增进果实品质；能改善根部氧气的供应，增强根系的吸收能力，促进根系发育；还能提高细胞原生质的滞性，增强抗病力。

缺硼症状：根、茎和叶的生长点枯萎；叶绿素形成受阻，叶片黄化，早期脱落或输导组织发育受阻，叶脉弯曲，破裂、叶畸形，叶柄、叶脉易折断；严重缺硼，根和新梢生长点枯死，甚至枯梢或多年生枝枯死；花芽分化不良，受精不正常，落花落果严重；果肉木栓化，果实畸形（不能被再度利用）。

过量症状：毒害作用，影响根系的吸收作用。

缺硼原因：pH 值超过 7 时，钙质过多或土壤过干、过湿都影响硼的可溶性，易发生缺硼。

树木一般花期需硼较多。主要分布在生命活动旺盛的组织和器官中

（四）锌

锌是碳酸酐酶（催化碳酸分解为二氧化碳和水的可逆反应）的成分，因而认为锌与光合作用、呼吸中吸收和释放二氧化碳过程有关；与叶绿素和生长素的形成有关锌在植物体内是以与蛋白质相结合的形式存在的，而且可以转移。

缺锌症状:生长素含量低，细胞吸水少，不能伸长;枝条下部叶片常有斑纹或黄化;新梢顶部的枝条纤细或叶片狭小，节间短，小叶密集丛生，质厚而脆（“小叶病”）。

缺锌原因：土壤中磷酸、钾、石灰含量过多；灌水频繁、伤根多、重剪及重茬等；沙地、盐碱地以及瘠薄山地中栽植的树木。

（五）锰

锰是一种接触剂，是氧化酶的辅酶，对细胞中生化过程都有作用，而且可以加强呼吸强度和光合速度，因而可促进植物生长；也是植物体内的各种代谢作用的催化剂，对叶绿素的形成、植物体内糖分的积累、运转以及淀粉水解等也有作用；适量锰可提高维生素 C 的含量，保证树木各生理过程正常进行；有助于种子的萌发和幼苗早期生长，促进花粉管生长和受精过程以及结实作用；可提高植物对硝酸盐和铵盐的利用。

缺锰症状：植物体内二价铁的量过多会引起毒害，出现缺锰失绿症。

可在土壤中施入氧化锰、氯化锰和硫酸锰等，最好结合施肥分期施入。一般每公顷可施氧化锰 0.5 ~ 1.25kg，氯化锰或硫酸锰 2 ~ 5kg 即可。还可采用叶面喷锰。

过量症状：与铁有拮抗作用，锰过多，低价铁离子过少，可发生缺铁失绿症。

三、元素间的相互关系

（一）相助作用

相助作用又称相成或协和作用，即当一元素增加，而另一些元素随之增加的作用称为相助作用，如氮与钙、镁间有相助作用。

（二）拮抗作用

即当一元素增多，而另一些元素减少，且这一元素越多，另一些元素越少，这种现象称拮抗作用（又称对抗或相克作用）。如氮与钾、硼、铜、锌、磷等元素间即存有拮抗作用。树木对元素的吸收与利用常引起连锁反应，如钾与镁间存在拮抗作用，钾过多则表现缺镁；镁缺乏又会导致锌、锰不足。

相助和拮抗作用常在大量元素、微量元素、阳离子和阴离子间发生，植物种类不同，元素间的相互关系也不一样。如钙过多可引起树木缺硼，如磷肥施用过多，可引起土壤缺铁失绿症。因此，当树木出现缺素症时，不但要看病症，更应分析发病的内在原因，才能采取有效措施。施肥前应首先了解树木需肥特点，土壤中含有效元素状况，土质以及其他管理制度等，才能制定出最佳施肥制度。

第三节　园林树木施肥

一、树木施肥的意义与特点

根据园林树木生物学特性和栽培的要求与环境条件，其施肥的方法与农作物、园林苗木施肥方法表现出不同的特点：

第一，园林树木是多年生植物，长期生长在同一地点，从施入肥料的种类来看，应以有机肥为主，同时适当施用化学和生物肥料。施肥方式以基肥为主，基肥与追肥兼施。

第二，园林树木种类繁多，习性各异，作用不一，防护、观赏或经济效用各不相同，因此，便反映出施肥种类、用量和方法等方面的差异。

第三，园林树木生长地的环境条件很悬殊，既有高山、丘陵，又有水边、低湿地及建筑周围等，这便增加了施肥的困难，因此应根据栽培环境的特点，采用不同的施肥方式和方法。同时，在园林中对树木施肥时必须注意园容的美观，避免在白天施用奇臭的肥料，有碍游人的活动，应做到施肥后随即覆土。

二、肥料的种类

肥料品种繁多，根据肥料的性质及营养成分，园林树木用肥大致可分为无机肥料、有机肥料及微生物肥料三大类。

（一）无机肥料

无机肥料又称化肥、矿质肥料、化学肥料，是用物理或化学工业方法制成的，其养分形态为无机盐或化合物。化肥种类很多，按植物生长所需要的营养元素种类，可分为氮肥、磷肥、钾肥、钙肥、镁肥、硫肥、微量元素肥料、复合肥料、草木灰、农用盐等。按照化肥中营养元素种类可将化肥分为单质化肥和复合肥。

化学肥料大多属于速效性肥料，供肥快，养分含量高，施用量少，能及时满足树木生长需要。但化学肥料只能供给植物矿质养分，一般无改土作用，养分种类也比较单一，肥效不能持久，而且容易挥发、流失或发生强烈的固定，降低肥料的利用率。所以，生产上一般以追肥形式使用，且不宜长期单一施用化学肥料，应化学肥料和有机肥料配合施用。

在常用的化肥中，氮肥有尿素、硫酸铵、氯化铵、碳酸氢铵；磷肥有过磷酸钙、磷酸铵、磷矿粉，其中磷酸铵既含磷又含氮；钾肥有氯化钾、硝酸钾、硫酸钾等，其中硝酸钾既含钾又含氮，常用的微量元素肥料有硼肥（硼砂、硼酸）、钼肥（钼酸铵）、锌肥（硫酸锌）、铁肥（硫酸亚铁）、锰肥（硫酸锰）、铜肥（硫酸铜）等。

（二）有机肥料

有机肥料是指天然有机质经微生物分解或发酵而成的一类肥料，也就是中国所称的农家肥。其特点是原料来源广，数量大；养分全，但含量低，有完全肥料之称；肥效迟而长，须经微生物分解转化后才能为植物所吸收；改土培肥效果好，但施用量也大，需要较多的劳力和运输力量；此外，对环境卫生也有一定影响。有机肥一般以基肥形式施用，施用前必须采取堆积方式使之腐熟，使养分快速释放，提高肥料质量及肥效，避免肥料在土壤中腐熟时产生某种对树木不利的影响。常用的有机肥主要有厩肥、绿肥、饼肥、鱼肥、人粪尿、泥炭等。

（三）微生物肥

微生物肥料也称生物肥、菌肥、细菌肥及菌剂等，是由一种或数种有益微生物、培养基质和添加物（载体）培制而成的生物性肥料。菌肥中微生物的某些代谢过程或代谢产物可以增加土壤中的氮、某些植物生长素、抗生素的含量，或促进土壤中一些有效性低的营养性物质的转化，或者兼有刺激植物的生育进程及防治病虫害的作用。依据生产菌株的种类和性能，微生物肥料大致有根瘤菌肥、固氮菌肥料、磷细菌肥料、钾细菌肥料、抗生菌肥料、菌根菌肥料及复合微生物肥料等几大类在中国农业上应用最广泛的是根瘤剂，其次是抗生菌肥料和固氮菌剂，近年来磷细菌剂和钾细菌剂应用也日趋广泛，出现以解磷解钾为主的硅酸盐菌剂（生物钾肥）和复合菌剂等代表性的微生物肥料。

三、施肥原则

（一）按需施肥

按需施肥是植物施肥的重要原则之一，也是使施肥措施更经济、更合理的重要原则。树木需肥与树种及其不同发育阶段和物候期有关。例如泡桐、杨树、重阳木等树种生长迅速、生长量大，比柏木、马尾松、小叶黄杨等慢生、耐瘠树种需肥量大，因此应根据不同的树种调整施肥用量。柑橘类几乎全年都能吸收氮素，但吸收高峰在温度较高的仲夏；磷素主要在枝梢和根系生长旺盛的高温季节吸收多，冬季显著减少；钾的吸收主要在 5 ~ 11 月份期间。而栗树从发芽即开始吸收氮素，在新梢停止生长后，果实肥大期吸收最多；磷素在开花后至 9 月下旬吸收量较稳定，11 月份以后几乎停止吸收；钾素在花前很少吸收，开花后（6 月份期间）迅速增加，果实肥大期达吸收高峰，10 月份以后急剧减少。可见，施用三要素的时期也要因树种而异。

树木不同生长发育阶段所需的营养元素的种类和数量也不同，幼年阶段由于树体较小对肥料的需要较少，对氮肥需要量相对较多。成年树木由于树体较大，对肥料的需求量较多，同时由于成年树木开花结果，需要的磷钾肥比例增加。在树木新梢生长期，其需氮量逐渐提高，此后其需氮量降低；在花芽分化、开花、坐果和果实发育时期，树木对各种营养元素的需要都特别迫切，而钾肥的作用更为重要；树木生长后期，对氮和水分的需要一般很少。可见，应根据树木不同生长发育时期需肥特点而施肥。

（二）按目的施肥

施肥要有目的性，才能真正做到按需施肥。为改善土壤的理化性质，改良土壤的结构，就要多施有机肥；为了保持树木持续稳定的生长，要施基肥；为了保证开花坐果阶段树木对养分的大量需要，就要进行追肥。树木的观赏特性以及园林用途也影响其施肥方案，一般来说，观叶、观形的树种需要较多的氮肥，而观花、观果树种对磷、钾肥的需求量大。

（三）根据气象条件施肥

施肥要充分考虑树木栽植地的气候条件，如生长期的长短，生长期中某一时期温度的高低，降水量的多少及分配情况，以及树木越冬条件等。在生长期内，光照充足，温度适宜，光合作用强，根系吸肥量多；如果光合作用减弱，由叶运输到根系的合成物质减少，则树木从土壤中吸收营养元素的速度也变慢。低温减慢土壤养分的转化，削弱树木对养分的吸收功能。试验表明，在各种元素中磷是受低温抑制最大的一种元素。干旱常导致发生缺硼、钾及磷；多雨则容易促发缺镁。

（四）根据土壤条件施肥

施肥量是根据树木需肥与土壤供肥状况而定的，但是土壤的物理性质、土壤水分、酸碱度高低等影响肥料的利用，因此对树木的施肥种类和数量都有很大的影响。

土壤的物理性质，如土壤容重、土壤紧实度、通气性以及水、热等特性均受土壤质地和土壤结构的影响。沙性土壤的质地疏松、通气性好，温度较高，吸收容量小，湿度较低，是“热性土”，宜用猪粪、牛粪等冷性肥料，施肥宜深不宜浅，且应少量多次施肥。黏性土质地紧密，通气性差，吸收容量大，温度低而湿度小，属“冷性土”，宜选用马粪、牛粪等热性肥料，施肥深度宜浅不宜深，每次施肥量可加大，减少施肥次数。

土壤水分含量与肥效有密切的关系＜土壤中水分亏缺，施肥后土壤溶液浓度增高，树木不但不能吸收利用，反而会受毒害。积水或多雨地区肥分易淋失，会降低肥料的利用率。因此，施肥应根据当地土壤水分变化规律或结合灌水进行。

土壤酸碱度影响某些物质的溶解度及树木对营养物质的吸收。如在酸性条件下，可提高磷酸钙和磷酸镁的溶解度；在碱性条件下，可降低铁、硼和铝等化合物的溶解度。在酸性反应的条件下，有利于阴离子和硝态氮的吸收；而在中性或微碱性反应条件下，则利于铵态氮的吸收；碱性反应条件有利于阳离子的吸收。

（五）根据树木条件施肥

施肥就是为了让树木更好地生长，除了考虑树木所需的营养外，还需要考虑树木的其他条件，如根系的深度和分布范围。肥料应集中施在根系的附近，以利吸收。一般大树的根系深，分布广，吸收根远离根茎，施肥时应施在吸收根的分布范围内。树木生长发育的青年期、成年期需肥量较大，而衰老期需肥量较少。

（六）根据肥料特性施肥

肥料特性不同，施肥的时期、方法、施肥量也有所不同，对土壤理化性状也有影响。易流失挥发的速效性肥料，如碳酸氢铵、过磷酸钙等，宜在树木需肥期稍前期施入；而迟效性的有机肥料，需腐烂分解后才能被树木吸收利用，故应提前施入。氮肥在土壤中移动性强，即使浅施也能渗透到根系分布层内供树木吸收利用；而磷、钾肥移动性差故宜深施，尤其磷肥需施在根系分布层内才有利于根系吸收。氮肥应适当集中使用，少量氮肥在土壤中往往没有显著增产效果磷、钾肥的使用，除特殊情况外，必须用在不缺氮素的土壤中才经济合理。有机肥及磷肥等，除当年的肥效外，往往还有后效，因此施肥时也要考虑前一两年施肥的种类和用量。肥料的用量并非愈多愈好，而是在一定的生产技术措施配合下，有一定的用量范围。化学肥料应本着宜淡不宜浓的原则，否则易烧伤树木根系。而菌肥施用应避免高温、农药等，以确保菌种的生命活力和菌肥的功效，且应与其他耕作管理措施相配合。任何一种肥料都不是十全十美的，在实践中应将有机与无机、速效性与迟效性、酸性与碱性、大量元素与微量元素等结合施用，提倡复合配方施肥。

四、施肥时期

园林树木的施肥时期应根据树木生长的需要而定一在生产上，一般分基肥和追肥，基肥施用要早，追肥施用要巧。

（一）基肥的施用时期

基肥是在较长时期内供给树木养分的基本肥料，所以宜施迟效性有机肥料，如腐殖酸类肥料，堆肥、厩肥、圈肥、鱼肥、血肥以及作物秸秆、树枝、落叶等。基肥分春施基肥和秋施基肥。

秋施基肥以秋分前后施入效果最好，此时施肥可使施入的有机质腐烂分解的时间较充分，来年春天可及时供给树木萌芽、开花、枝叶和根系生长的需要。如能再结合施入部分速效性化肥，提高细胞液浓度，也可增强树木的越冬性。秋施基肥，树木根系吸收的时间较长，吸收的养分积累起来，为来年生长和发育打好物质基础。

春施基肥应充分腐熟，如果有机质没有充分分解，肥效发挥较慢，早春不能及时供给根系吸收，到生长后期肥效发挥作用，往往会造成新梢二次生长，对树木生长发育不利，特别是对某些观花、观果类树木的花芽分化及果实发育不利。

（二）追肥的施用时期

追肥又称补肥，是在树木生长过程中加施的肥料。其目的主要是为了供应树木在某个时期对养分的大量需要，或者补充基肥的不足，追肥一般使用速效肥，如化肥等。

追肥一年可进行多次。在生产上追肥分为前期追肥和后期追肥，前期追肥又分为花前追肥、花后追肥、花芽分化期追肥。花前追肥通常是对春季开花的树木而言，早春温度低，微生物活动弱，土壤中可供树木吸收的养分少，而树木在春天萌芽、开花需要大量的养分，因此，为解决土壤与树木营养供需之间的矛盾，一般需在花前进行追肥，花后追肥的目的是为了补充开花消耗掉的营养，保证枝健壮生长，为果实发育和花芽分化奠定基础;这次肥对观果树木尤其重要，可减少生理落果。花芽分化期追肥，又称果实膨大期追肥，花芽的形成是开花和结果的基础，此次追肥主要解决果实发育与花芽分化之间的矛盾，一方面减少生理落果，另一方面保证花芽的形成。后期追肥是为了使树体积累大量的营养，保证花芽正常、健康的发育，为翌年树木萌芽、开花打好物质基础。对于果树，为了果实迅速增大，减少后期因营养不良而落果，更应进行后期追肥。

具体追肥时期，则依据地区、树种、品种、树龄及各物候期特点和目的进行追肥。如果花后进行了追肥，则花芽分化期追肥可以考虑不施；如果秋施基肥，后期追肥也可以考虑不施。如果是观花树种，花后追肥可以不施，花芽分化期追肥必施，后期追肥可施可不施；而对于观果树木而言，花后追肥与花芽分化期追肥比较重要。总之，应视具体情况合理安排，灵活掌握。树木有缺肥症状时可随时进行追施。追肥应合理使用氮肥、磷肥和钾肥，例如花后幼果期氮肥过量或比例过大，容易造成大量落果；生长后期过量施用氮肥易造成树木徒长而影响越冬性。

第四节　园林树木的水分管理

一、园林树木水分管理原则

科学的水分管理应从实际出发，根据不同的树种、不同的发育时期树木需水特性、不同的气候条件、土壤供水状况以及土壤管理等措施灵活安排。

（一）根据气候条件及发育时期的水分要求进行水分管理

我国幅员辽阔，各地的气候相差很大，同一地区的不同年份气候差异也很大，所以不能统一确定灌水与排水的时间。如月季、牡丹等名贵花木在此期只要发现土壤干燥就应灌水；而对于一般花灌木则可以粗放一些；而大的乔木在此时应根据树木种类和灌水条件决定。

（二）根据不同树种、不同栽植年限对水分的要求进行水分管理

园林树木种类多，数量大，对水分的要求也不同，因此应区别对待。

不同栽植年限的树种灌水次数也不同。初栽的树木一定要连灌 3 遍水，方可保证成活。新栽植的乔木需要连续灌水 3 ～ 5 年，灌木最少灌 5 年，直到树木扎根较深、不灌水也能正常生 M 时为止。对于新栽常绿树，尤其常绿阔叶树，常常在早晨向树上喷水，有利于树木成活生长。对于定植成活多年后的树木，除非遇上大旱，树木表现迫切需水时才灌水，一般情况则应根据具体条件而定。

排水也要根据树木的生态习性和忍耐水涝的能力决定，如玉兰、梅花、梧桐等树种在北方名贵树种中耐水力最弱，水淹 3 ～ 5 日即可死亡。对于柽柳、榔榆、垂柳、旱柳、紫穗槐等树木，均能耐 3 个月以上的深水淹浸，是耐水力最强的树种，即使被淹，短时间内不排水问题也不大。

（三）根据不同的土壤情况进行水分管理

土壤条件是影响灌溉的重要因子。如盐碱地灌溉要“明水大浇”“灌耕结合”，以利于压盐、洗盐，防止返盐；质地黏重土壤灌水次数和灌水量可适当减少，并施入有机肥和河沙进行改土；沙质土壤中生长的树木，因沙土保水力差，灌水次数应适当增加，以小水勤浇为好，可施有机肥增加其保水保肥性。低洼地也要“小水勤浇”，注意排水防碱。地下水位高的土壤，如果树木的根系能够利用到地下水，则可不用灌溉，但积水时一定要排涝。

（四）水分管理应与施肥、土壤管理等措施相结合

水分管理工作应与其他技术措施密切配合，以便在互相影响下更好地发挥其积极作用。例如，施肥前后应浇透水，做到“水肥结合”，既可避免引起肥害，又可满足树木对水分的正常需求。灌水应与中耕除草、培土、覆盖等土壤管理措施相结合，如山东菏泽花农栽培牡丹时就非常注意中耕，并有“湿地锄干，干地锄湿”和“春锄深一犁，夏锄刮破皮”等经验。当地常遇春旱和夏涝，但因花农加强了土壤管理，勤于锄地保墒，从而保证了牡丹的正常生长发育，减少了旱涝灾害与其他不良影响。

二、园林树木灌溉

（一）灌溉水的质量

灌溉水的好坏直接影响园林树木的生长。用于园林绿地树木灌溉的水源有雨水、河水、地表径流、自来水、井水及泉水等。这些水中的可溶性物质、悬浮物质以及水温等各有差异，对园林树木生长有不同影响。如雨水中含有较多的二氧化碳、氨和硝酸，自来水中含有氯，这些物质不利于树木生长；地表径流含有较多树木可利用的有机质及矿质元素；河水中常含有泥沙和藻类植物，若用于喷、滴灌时，容易堵塞喷头和滴头；井水和泉水温度较低，伤害树木根系，需储于蓄水池中，经短期增温充气后方可利用。总之，园林树木灌溉用水以软水为宜，不能含有过多的对树木生长有害的有机、无机盐类和有毒元素及其化合物，一般有毒可溶性盐类含量不超过 1.8g/L，水温应与气温或地温接近。

（二）灌水时期

园林树木的灌水时期主要由树木在一年中各个物候期对水分的要求、立地的气候特点和土壤的水分变化规律等决定。

一般认为当土壤含水量达到最大田间持水量的 60% ~ 80% 时，土壤中的水分和通气状况有利于树木根系生长；土壤含水量低于田间持水量的 50% 时，就需要补充水分。用测定土壤含水量的方法确定灌溉的时间是较科学而准确的方法。在生产中，用

仪器指示灌水时间和灌水量早已应用。目前国外用于指导灌水最普遍采用的仪器是张力计；也可以通过测定树木生物学指标，以测定树木是否需要灌水，如直接测定树木地上部分生长的状况，包括树干和枝的生长、叶片的色泽和萎蔫系数、叶片的细胞浓度、水势等作为灌水时间的生理指标；还可以凭经验进行目测如壤土和沙壤土，手握成团，挤压时土团不易碎裂，说明土壤湿度约为最大持水量的 50% 以上，一般可不必进行灌溉；如手指松开，轻轻挤压容易裂缝，则证明水分含量少，需要进行灌溉。早上和晚上叶子萎蔫的树木，表明缺水很严重，需要立即灌溉经验方法虽然比较直观、简单，但比较粗放、滞后。

目前生产上，除栽植时要连灌三遍水外，大体上还是按照物候期进行浇水，基本上分为休眠期灌水和生长期灌水。

（三）灌水量

不同的气候条件，不同树种、品种及不同规格的植株，不同的生长状况，不同砧木以及不同的土质等都会影响灌水量。在灌水时，一定要灌足，切忌表土打湿而底土仍然干燥。适宜的灌水量以达到土壤最大持水量的 60% ~ 80% 为标准。一般已达花龄的乔木，大多应浇水令其渗透到 80 ~ 100cm 深处。

目前果园根据不同土壤的持水量、灌溉前的土壤湿度、土壤容重、要求土壤浸湿的深度，计算出一定面积的灌水量，即灌水量＝灌溉面积 × 土壤浸湿深度 × 土壤容重 ×（田间持水量 ~ 灌溉前土壤湿度）

灌溉前的土壤湿度，每次灌水前均需测定田间持水量、土壤容重、土壤浸湿深度等项，可数年测定一次。

应用此公式计算出的灌水量，还可根据树种、品种、不同生命周期、物候期以及日照、温度、风、干旱持续的长短等因素进行调整，酌增酌减，以更符合实际需要。这一方法在园林中可以借鉴。如果在树木生长地安置张力计，则不必计算灌水量，灌水量和灌水时间均可由真空计器的读数表示出来。还可以根据树木的耗水系数来计算灌水量，即通过测定植物蒸腾量和蒸发量计算一定面积内的水分消耗量确定灌水量。水分的消耗量受温度、风速、空气湿度，太阳辐射、植物覆盖。物候期、根系深度及土壤有效水含量的影响。用水量的近似值可以从平均气象资料、园林树木的经验常数、植物总盖度及蒸发测定值等估算。耗水量与有效水之间的差值，就是灌水量。

（四）灌水方法

灌水方法正确与否，不但关系到灌水效果的好坏，而且还直接影响土壤的结构。正确的灌水方法，利于水分在土壤中分布均匀，保持土壤良好结构，充分发挥水效，并且节约用水量，降低成本。随着科学技术的发展，灌水的方式和方法也在不断改进，正朝着机械化、自动化的方向发展，使灌水效率和灌水效果均大幅度提高。根据供水方式的不同，可将园林树木的灌水方式分为地面灌水（如漫灌、沟灌、树盘灌水等）、地下灌水（如滴灌、渗灌等）和地上灌水（如穴灌、喷灌等）三种方式。

（五）灌水新技术工艺应用

透水管渗灌技术，是一项从欧洲引进的新技术，在欧洲城市绿化中应用相当普遍。“透水管渗灌”即是在树木栽植施工时将透气管道按设计要求，螺旋盘形埋布在树木根区位置，通过透水管道直接灌水达到根区。管内水在土壤中迅速渗透，有效地增加根区土壤的水分含量，给根区也创造了透气环境。简单地归结，透气渗灌技术有如下优点：一是浇水可直达根区，向四周渗透，即时补给了水分，又不会造成土壤板结，节约了用水量；二是对精细养护的树木，可以随水加肥（加药），解决了传统施肥作业的困难；三是透气管道给根区土壤创造了既保障补水又保障透气的双向生态环境，对促进树木生长，改善老树、古树生存环境起到了关键作用；四是该项技术用于坡地、坡面供水，将透水管理于坡面垂直方向 15 ~ 20cm 深处（不用挖梯田、鱼鳞坑），可解决从坡面浇灌时水土流失的难题。树堰还是要保留的，主要作用不是用于浇水，而是用于透气和收积自然降水。堰上面可用植被或有机、无机料覆盖物保护，防止二次扬尘。此系统可用于盐碱地土壤的排盐作业。

在多雨且土壤黏重的地方，将透水渗灌设施略加改造，可利用其将树堰内积水通过坡向排出。

（六）灌水和排盐技术的应用

对盐碱地区或轻盐碱地区的不耐盐树木的养护，在灌水技术措施方面有特殊要求。技术要点：其一是浇灌深井水、含盐量少的水，不能利用浅层地下水，浅层水含盐量偏高；其二是一次灌水量必须大，使其大部分形成重力水，淋溶盐后向下渗入根层下部，从而使根区处于暂时少盐环境，此环境可使不耐盐植物得以恢复生机。其具体做法：树木种植后首先要浇一次透水，之后每隔 7 ~ 10 天再分别浇两次透水，每次浇水后要及时松土，树穴浇三次水后要进行树池封堰，既能保水又能防止返盐返碱后期的浇水则视天气和树木生长情况进

行合理浇灌，每次浇水要浇透，但浇水次数不可太频繁。盐碱土地区下小雨后补浇一次透水的做法值得借鉴。北京地区玉兰类、绣线菊类、玫瑰、锦带花类、山槐、水栒子等对土壤盐分敏感树种可适用此法。

三、园林树木的排水

排水是防涝保树的主要措施。地面长时间的积水，会使土壤因水处于饱和状态而发生缺氧，植物根系的呼吸作用随之减弱甚至停止而导致树木死亡。积水也会不同程度地影响到树木根系的水分疏导，而此时地上部分的蒸腾作用仍在进行，导致树木逐

渐缺水，光合作用不能正常进行。同时，积水使根系中二氧化碳积累，抑制好氧菌的活动，使厌氧菌活跃起来，从而产生多种有机酸和还原物等有毒物质，使树木根系中毒、腐烂而亡。

排水的方法主要有四种：明沟排水、暗道排水、地面排水、滤水层排水

第五章　草坪管理

第一节　草坪覆盖管理

俗话说“草坪三分种，要七分管”。草坪一旦建成，为保证草坪的坪床状态与持续利用，随之而来的是日常和定期的养护管理。对于不同类型的草坪，尽管在养护管理的强度上有所差异，但其养护的主要内容和措施大体是一致的。养护所采用的方法与强度，主要取决于草坪的类型、质量等级的要求、机械及劳力的有效性及草坪利用目的。

如果你不想你的草坪在一年之中经常出现麻烦，使你的草坪始终保持良好的外观和功能，那你必须有序地做好以下草坪的基本养护管理工作：有规律地修剪；在草坪草变褐之前浇水；及时剪切边界；在春季或早夏施以富含氮的肥料；在春季和秋季松耙草皮；当有虫害时及时灭虫；当杂草和地衣出现时及时消灭。

此外，还应视草坪状况，因地制宜地做好如下的辅助管理工作：草坪通气；盖以覆盖物；在秋季施复合肥；有规律地梳理草坪表面；对杂草、地衣、虫害及病害应进行日常检查和管理；当有褐色斑块出现时，应立即进行处理。在必要的时候，还应进行诸如碾压、施石灰、补播等特殊的养护措施。

一、覆盖

覆盖是用外部材料覆盖坪床的作业，作用在于减少侵蚀，并为幼苗萌发和草坪的提前返青提供一个更适宜的小环境。

（一）覆盖时间

草坪何时需要覆盖：需稳定土壤和固定种子，以抗风和地表径流的侵蚀时；缓冲地表温度波动，保护已萌发种子和幼苗免遭温度变化而引起的危害时；为减少地表水分蒸发，提供一个较湿润的小环境时；减缓水滴的冲击能量，减少地表板结，使土壤保持较高的渗透速度时；晚秋、早春低温播种时；需草坪提前返青和延迟枯黄时。

（二）覆盖材料

可使用于草坪覆盖作业的材料尚多，应根据场地需要、来源、成本及局部的有效性来确定。草坪管理中常用的材料是不含杂草种子的秸秆，用量为 0.4 ～ 0.5 千克 /m^2。

禾草干草有与秸秆相似的作用，为防止杂草，宜采用早期收获的干草。

疏松的木质物，如木质纤维素、木片、刨花、锯木屑、切碎的树皮均为良好的覆盖材料。

大田作物中的某些有机残渣，如豆秧、压碎的玉米棒、蔗渣、甜菜渣、花生壳等也能成功地用以覆盖，但它们只具减少侵蚀的作用。

工业生产的玻璃纤维、干净的聚乙烯膜、弹性多聚乳胶均能用于覆盖。玻璃纤维丝是用特制压缩空气枪施用的，能形成持久覆盖，但它不利于以后的剪草，因此多用于坡地强制绿化。聚乙烯膜覆盖可产生温室效应，可加速种子萌生与提前草坪的返青。弹性多聚乳胶是可喷雾的物质，它仅能提高和稳定床土的抗侵蚀性。

（三）覆盖方法

使用覆盖物的方法依所采用的材料而异。在小场地可人工铺盖秸秆、干草或薄膜。在多风的场地应用桩和细绳组成十字网固定。在大面积场地则用吹风机完成铺盖，吹风机先将材料铆碎，然后再均匀地喷洒在坪床面上。

木质纤维素和弹性多聚乳胶应先置于水中，使之在喷雾器中形成淤浆后，与种子和肥料配合使用。

二、修剪

草坪修剪的目的在于保持草坪整齐美丽、具吸引力的外观以及充分发挥草坪的坪用功能。修剪给草坪草以适度的刺激，抑制其向上生长，促进匍匐枝和枝条密度的提高。修剪还有利于日光进入草坪基层，使草坪健康生长。因此，修剪草坪是草坪养护管理的核心内容。草坪草具有生长点低位、壮实、致密生长和较快生长的特性，这就为草坪的修剪管理提供了可能。草坪修剪管理涉及多方面因素，要做到适度修剪必须处理好下述问题。

（一）修剪高度

草坪的修剪高度也称留茬高度，是指草坪修剪后即测得的地上枝条的垂直高度。各类草坪草忍受修剪的能力是不同的，因此，草坪草的适宜留茬高度应依草坪草的生理、形态学特征和使用目的来确定，以不影响草坪正常生长发育和功能发挥为原则。一般草坪草的留茬高度为 3 ～ 4 厘米，部分遮阴和损害较严重草坪的留茬高度应高一些。通常，当草坪草长到 6 厘米高时就应该修剪，从理论上讲，当草坪草的实际高度超出适宜留茬高度的1/3时，就必须修剪。

（二）修剪时期及次数

草坪的修剪时期与草坪草的生长发育相关，一般而论，草坪修剪始于3月、末于10月，通常在晴朗的天气进行。

正确的修剪频率取决于多种因素，如草坪类型，草坪品质的多样化、天气、土壤肥力、草坪在一年中的生长状况和时间等。草坪草的高度是确定修剪与否的最好指标，草坪修剪应在草高达额定留茬高度的1～2倍时修剪掉一半为佳，按草坪修剪的1/3原则进行。通常，在草坪草旺盛生长的季节，草坪每周需修剪两次；在气温较低、干旱等条件下草坪草缓慢生长的季节则每周修剪一次。

对于生长过高的草坪，一次修剪到标准留茬高度的做法是有害的。这样修剪会使草坪地上光合器官失去太多，过多地失去地上部和地下部的贮藏营养物质，致使草坪变黄、变弱，因此生长过高的草坪不能一次修剪到位，而应逐渐修剪到留茬高度。

（三）修剪质量

草坪修剪的质量与所使用剪草机的类型和修剪时草坪的状况有关。剪草机类型的选择、修剪方式的确定、修剪物的处理等均影响到草坪修剪的质量。

①剪草机的选择

修剪工具的选择应以能快速、舒适、大量地完成剪草作业，并以费用最低为原则。现行市场上草坪修剪机有近300种，其中镰刀和手剪可用于剪草，但修剪速度慢，修剪人也易疲劳，只限于修剪10m^{2}大小的草坪。大面积草坪剪草时宜采用剪草机。剪草机的种类繁多，依不同的标准可分为多种类型。

剪草机的选择可参考以下标准进行：草坪有多大；想用多少时间修剪完草坪；草坪是崎岖不平的或是粗糙的；是否要最好的修剪效果；安全的基本状况；是否将修剪下的草屑遗弃在草坪上；草坪是什么形状；草坪的坡度如何；需要自驱动的剪草机吗？

②修剪方式

同一草坪，每次修剪应避免以同一种方式进行，要防止在同一地点、同一方向的多次重复修剪，否则，草坪草将趋于瘦弱和发生“纹理”现象（草叶趋向于一个方向的定向生长），使草坪不均衡生长。

③修剪物的处理

由剪草机修剪下的草坪草组织的总体称为修剪物或草屑。将草屑留放在草坪之内似乎有种诱惑力，这对养分回归草坪，改善干旱状况和防除苔藓的着生是有利的，同时还能省去搬除草屑所消耗的劳力。但是，在大多情况下留下草屑的弊大于利。留下的草屑利于杂草滋生，使草皮变得松软并易造成病虫害感染和流行，也易使草坪通气性受阻而使草坪过早退化。

草屑处理的一般原则是：每次修剪后，将草屑及时移出草坪，但若天气干热，也可将草屑留在草坪表面，以阻止土壤水分蒸发。

（四）修剪作业注意事项

①修剪前的准备工作

主要有：安装好刀片；选择恰当的剪草时间；清理草坪表面；梳理草坪；确定修剪起点和修剪方向；学习和掌握剪草机的性能；在秋季和冬季有大风时切勿剪草。

②适宜的剪草作业时节包括：当草坪面出现明显“纹理”现象时；选定了合适的剪草机械时；使用电动剪草机，确保电缆线远离剪草机，人畜离开时；剪草机手所穿的衣服符合安全作业要求时；禁止小孩操作剪草机的规定落实时；集草箱及时清理，草屑能安全吸入时；接触电动剪草机装置前，确保电源已经切断时。

③修剪后剪草机的保养分以下几种情况：将剪草机移置混凝土或坚硬的表面，断电或断油；用抹布和硬刷清理集草箱、刀片、转轴、圆筒和盖子等部位的草屑和泥土，使每个部位干燥，并用油抹布擦洗；用蓄电池为电源的剪草机，剪草后立即将电池更换，每 14 天检查电池一次，及时加蒸馏水，使液面保持在额定的部位；检查刀片，如刀片已损坏应及时更换，螺丝松动的应立即拧紧；及时打磨刀片，使之始终保持锋利状态；滚筒式剪草机应检查动刀和定刀的间隙，调整间隙，直到能将插入的纸条干净利落地切断时为止；当刀片出现缺口时，应及时用锉刀或金刚砂打磨；进行在链条上涂润滑剂、洗净空气滤清器等常规保养；汽油剪草机应检查油箱并及时添油，清洁油箱外部并消除漏油现象；电动剪草机则应仔细检查电源线和插头，使之始终保持完好和紧固的状态；将检修保养后的剪草机置于清洁安全的地方停放。

④长期置放的剪草机的处理分以下几种情况：汽油机应排放出所有的润滑油和汽油，清理和调整每一个缝隙，清洁剪草机的每一个部位，用油抹布擦净；电池剪草机应取下电池，加满蒸馏水后贮藏在常温干燥处，彻底清洗剪草机并用油抹布擦净；电动剪草机应检查所有开关，仔细检查电线是否有开裂、损坏和老化情况，及时更换。彻底清洗剪草机后，用油抹布擦净。如剪草机剪切质量变差，功率下降，出现障碍时，应及时送到声誉良好的部门修理。

三、灌水

“没有水，草不能生长，没有灌溉，就不可能获得优质草坪”，足见水分的及时供给对草坪维持的重要性。当草坪草失去光泽，叶尖卷曲时，表示草坪水分不足，此时，若不及时灌水，草坪草将变黄，在极端的情况下还会因缺水而死亡。

草坪灌水，任何时候都不要只浇湿表面，而要认真浇透。频繁、浅层的浇水方式必然导致草坪草根系两层分布，从而大大地减弱了草坪对干旱和贫瘠的适应性。因此，增加草坪的抗旱能力是明智之举，具体的做法有：①在秋季，及时耙松紧实的草坪，草坪松耙后，适当进行表层覆盖；②在干旱季节，适当延长草坪的修剪日期，使草坪草在干旱天气下生长较长时间；③有规律地施肥，每年至少施一次肥，以促进根的生长。

（一）灌水时间

草坪何时需灌水，这在草坪管理中是一个复杂但又必须解决的问题，可用多种方法确定：

①植株观察法

当草坪草缺水时，首先是出现膨压改变征兆，草坪草表现出不同程度的萎蔫，进而失去光泽，变成青绿色或灰绿色，此时需要灌水。

②土壤含水量检测法

用小刀或土壤钻分层取土，当土壤干至 10 ~ 15 厘米时，草坪就需要浇水。干旱的土壤呈浅白色，而大多数土壤正常含水时呈暗黑色。

③仪器测定法

草坪土壤的水分状况可用张力计测定。在张力计陶瓷制作的杯状底部连接一个金属导管，在另一侧装有计数的土壤水压真空表，张力计中填充着水并插入土壤中，随着土壤的变干，水从张力计多孔的杯状底部向上运动而引起真空指数器指到较高的土壤水压，从而根据真空指数器的读数来确定灌水时间。也可用电阻电极来测定土壤含水量以确定灌水时间。

④蒸发皿法

在阳光充足的地区，可安置水分蒸发皿来粗略判断土壤蒸发散失的水量。除大风区外，蒸发皿的失水量大体等于草坪因蒸散而失去的耗水量。因此，在生产中常用蒸发皿系数来表示草坪草的需水量，典型草坪草的需水范围为蒸发皿蒸发量的 50% ~ 80%。在主要生长季节，暖地型草坪草的蒸发系数为 55% ~ 65%，冷地型草坪草为 65% ~ 80%。蒸发皿失水量与草坪草出现的膨压变化征兆密切相关。

草坪第一次灌水时，应首先检查地表状况，如果地表坚硬或被枯枝落叶所覆盖，最好先行打孔、划破、垂直修剪后再行灌水。灌水最好在凉爽天气的傍晚和早晨进行，以将蒸发量减到最小水平。

（二）灌水次数

这主要依据床土类型和天气状况。通常，沙壤土比黏壤土易受干旱的影响，因而需频繁灌水，热干旱比冷干旱的天气需要更多地灌水。

草坪灌水频率无严格的规定，一般认为，在生长季内，在普通干旱的情况下，每周浇水 1 次；在特别干旱或床土保水性差时，则每周需灌水 2 次或 2 次以上；在凉爽的天气下则可减至每 10 天灌水 1 次。草坪灌水一般应遵循允许草坪干至一定程度再灌水的法则，这样以便带入空气，并刺激根向床土深层的扩展。那种每天喷灌 1 ~ 2 次的做法是不明智的，其结果将导致苔藓、杂草的蔓延和草坪浅根体系的形成。

（三）灌水量

为了保证草坪的需水要求，床土计划湿润层中含水量应维持在一个适宜的范围内，通常把床土田间饱和持水量作为这个适宜范围的上限，它的下限应大于凋萎系数，一般约等于田间饱和持水量的 60%。

床土计划湿润层深度根据草坪草根系深度而定。一般草坪床土计划湿润层深度以 20 ~ 40 厘米为宜。当床土计划湿润层的土壤实际的田间持水量下降到田间饱和持水量的 60% 时，就应进行浇水。

在一般条件下，草坪草在生长季内的干旱期，为保持草坪鲜绿，大概每周需补充 3 ~ 4 厘米水。在炎热和严重干旱的条件下，旺盛生长的草坪每周约需补充 6 厘米或更多的水分。

（四）灌水方法与机具

草坪灌水主要以地面灌溉和喷灌为主要方式。地面灌溉常采用大水漫灌和胶管洒灌等多种方式。这种方法常因地形的限制而产生漏水、跑水和不均匀灌水等多项弊端，对水的浪费也大。在草坪管理中，最常采用的是喷灌。喷灌不受地形限制，还具灌水均匀、节省水源、便于管理、减少土壤板结、增加空气湿度等优点，因此，是草坪灌溉的理想方式。适于草坪的喷灌系统有移动式、固定式和半固定式三种类型。

（五）灌水技术要点

①初建草坪。苗期最理想的灌水方式是微喷灌。出苗前每天灌水 1 ~ 2 次，土壤计划湿润层为 5 ~ 10 厘米。随苗出、苗壮逐渐减少灌水次数和增加灌水定额。低温季节，尽量避免白天浇水。

②草坪成坪后至越冬前的生长期内，土壤计划湿润层按 20 ~ 40 厘米计，土壤含水量不应低于田间饱和持水量的 60%。

③为减少病虫危害，在高温季节应尽量减少灌水次数，以下午浇水为佳。

④灌水应与施肥作业相配合。

⑤在冬季严寒的地区，入冬前必须灌好封冻水。封冻水应在地表刚刚出现冻结时进行，灌水量要大，以充分湿润 40 ~ 50 厘米的土层为度，以漫灌为宜，但要防止“冰盖”的发生。在来年春季土地开始融化之前、草坪开始萌动时灌好返青水。

（六）节水管理措施

在达到灌溉目的的前提下，利用综合管理技术减少草坪灌水量具有十分重要的现实意义。下列措施有助于节约用水。

①在旱季，可适当提高草坪修剪的留茬高度 2 ～ 3 厘米。较高的留茬虽然增加了叶面积而使蒸腾作用有所增加，但较大叶量的遮阴作用，使土壤蒸发作用大大降低。

②减少修剪次数，减少因修剪伤口而造成的水分损失。

③在干旱季节应少施肥。高比率的氮促进草坪草的营养生长，加大对水分的消耗量，施用磷钾肥则能增加草坪草的耐旱性。

④及时进行垂直修剪，以破除过厚的芜枝层，改善床土的透水性和促进根系的深层生长。

⑤过紧实的床土及时进行穿孔、打孔等通透作业，提高床土的渗水贮水能力。

⑥少用除莠剂，避免对草坪草根系的伤害。

⑦新坪建植时，选择耐旱的草种及品种。

⑧床土制备时应增施有机质和土壤改良剂，提高床土的持水能力。

⑨灌溉前注意天气预报，避免在降雨前浇水。

四、施肥

草坪建植以后，人们关注的是如何保持草坪的适当生长速度和得到一个致密、均一、浓绿的草坪。由于氮肥可以使草坪增绿，叶片尤其绿；磷肥可促进草坪草根系的生长；钾肥可增强草坪草的抗性，因此给草坪合理施钾肥对草坪的维持是十分重要的。草坪的形成和生长需要在恰当的时节获得足够的肥料供给，对其营养的新需要与生长率同步。维持草坪的良好外观和坪用特性，生长季内频繁的修剪是必要的，但这也造成草坪养分的大量流失。对草坪自身的生长和对草坪的维持而言，施肥是必不可少的。

（一）肥料

草坪草需要足量的 N、P、K 等常量元素和 Ca、Mg、S、Fe、Mo 等多种大量元素。这些营养元素在草坪生长和维持中具有不可替代的作用。

氮（N）肥富含于机体蛋白、核酸、叶绿素、植物激素等重要物质中。以铵态（NH4+）和硝态（NO3-）氮的形式进入草坪植株体，起到建造草坪草机体、生长肥大的叶片和增加草坪绿度的作用。

磷（P）肥以正磷酸根（H2PO4-）的形式进入草坪植株体。它是细胞内磷脂、核酸和核蛋白的主要成分，起到调节能量的释放、促进植物体多种代谢活动进行的作用。

钾（K）肥富含于草坪植物体的分生组织中，以 K+ 形式通过根系吸收到植物体内，起促进碳水化合物的形成和运转、酶的活化和调节渗透压的作用。因此，经常供给钾肥，可明显提高草坪对不良生长环境的适应能力。

（二）施肥时间

草坪施肥时间受床土类型、草坪利用目的、季节变化、大气和土壤的水分状况、草坪修剪后草屑的数量等因素的影响。从理论上讲，在一年中草坪有春季、夏季和秋季三个施肥期。通常，冷地型草坪草在早春和雨季要求高的营养水平，最重要的施肥时间是晚夏和深秋，高质量草坪最好是在春季进行 1 ~ 2 次施肥。而暖地型草坪草则在夏季需肥量较高，最重要的施肥时间是春末，第二次施肥宜安排在夏天，初春和晚夏施肥也有必要。此外，还可根据草坪的外观特征（如叶色、生长速度等）来确定施肥的时间，当草坪颜色明显褪绿和枝条变得稀疏时应进行施肥。在生长季当草坪草颜色暗淡、发黄老叶枯死则需补施氮肥；叶片发红或暗绿则应补施磷肥；草坪草株体节部缩短，叶脉发黄，老叶枯死则应补钾肥。

（三）肥料施用计划

肥料施用的频率、种类和用量与人们对草坪的质量要求、天气状况、生长季的长短、土壤基况、灌溉水平、修剪物的去留、草坪用草品种等多种因素相关，草坪肥料施用计划应综合诸因素，科学制定，无一规范模式可循。

就一般水平而论，我国草坪每年应施两次肥 [N：P：K=10：6：4(其中氮总量的 1/2 应为缓效氮)]，一次施量为 7 ~ 10 克 /m^2。我国南方秋季施肥量为 4 ~ 5 克 /m^2，北方春季施肥量为 3 ~ 4 克 /m^2，N：P：K 约为 10 ：8：6。

不论采用何种施肥方式，肥料的均匀分布是施肥作业的基本要求。手工撒播是广泛的使用方法，通常应将肥料分为两等份，横向撒一半，纵向撒一半，在量小时还可用沙拌肥，力求肥料在草坪内的均匀分布。液肥应注意用水稀释到安全浓度，采用喷施的方法。大面积草坪的施肥，可用专用撒肥机进行。

（四）施肥技术要点

①在草坪施肥措施中，最主要的是施氮肥。为了确保草坪养分平衡，不论是冷地型草，还是暖地型草，在生长季内至少要施 1 ~ 2 次复合肥。冷地型草最佳的施肥时期在春、秋两季，暖地型草在早春为宜。

②肥料最好采用肥效释放较慢的种类，这种肥料对草坪草的刺激既长久又均一。天然的有机质或复合肥，其纯氮含量低于 50%，不应视为缓效肥，无机速效肥的施肥一次不应超过 5 克 /m^2 纯氮。

③冷地型草坪草要避免在盛夏月份内施肥，暖地型草在温暖的春、夏生长发育旺盛，需很好地供肥。

④大多数草坪床土酸碱度应保持在 pH 值为 6.5 的范围内，地毯草和假俭草应保持在 pH 值为 5 的水平。床土的 pH 值应每隔 3 ~ 5 年测定一次，当低于正常值时则需在春、秋季末或冬季施石灰进行调整。

五、表施细土

草坪表施细土是将沙、土壤和有机质适当混合，均一施入草坪床土表面的作业。该作业的目的是填平坪床表面的小洼坑、建造理想的土壤层、补充养分、防止草坪的徒长和利于草坪的更新。正常的草坪不进行表施细土作业，但在下述情况下应施行表施细土作业。

在非常贫瘠的土壤上建坪时，表施筛去石头、杂质的沃土是很重要的。一次施用厚度应少于 0.5 厘米。表施细土后，应用金属刷将地拉平，以使细土落到草皮上。每隔几周重复上述作业，将逐渐产生一块较平坦的草坪。当草坪表面由于不规则定植，使新生草坪极不均一时，一次或多次表施细土可填补新生草皮的下陷部分。在由能产生大量匍匐茎的禾草组成的草坪上，定期表施细土有利于消除严重的表面絮结。对于絮结严重的地段，可先进行高密度划破作业，然后再表施细土。

（一）表施细土的时间和数量

表施细土在草坪草的萌芽期及生长期进行最好。通常夏型草（暖地型草）在 4 ～ 7 月和 9 月。冬型草（冷地型草）在 3 ～ 6 月和 10 ～ 11 月进行。表施细土的次数依草坪利用目的和草坪草的生育特点的不同而异，如庭院、公园等一般草坪可加大一次的施用量而减少施用次数；运动场草坪则要一次少施，施多次。一般草坪可 1 年 1 次，运动场草坪则 1 年需 2 ～ 3 次或更多。

（二）表施细土材料

表施细土材料应具备如下特性：①与床土无大差异；②肥料成分含量较低；③是具有沙、有机物、沃土和土壤材料的混合物。表施细土的沃土：沙：有机质 =1 ：1 ：1 或 2 ：1 ：1。其中沃土最常采用经腐熟过筛后（直径在 0.6 厘米）的土壤；沙应采用不含碱、粒径不大、质地均一的河沙或山沙，有机质应采用腐熟的有机肥或良质泥炭；④混合土含水分较少；⑤不含有杂草种子、病菌、害虫等有害物质。

（三）技术要点

①施土前必须先行剪草。

②土壤材料应干燥并过筛。

③施肥应在施土前进行。

④一次施土厚度不宜超过 0.5 厘米，最好是用复合肥料撒播机进行。

⑤施后必须用金属刷拖。

六、碾压

为了求得一个平整紧实的坪面和使叶丛紧密而平整地生长，草坪需适时进行碾压。

（一）需进行碾压作业的时节

①草皮铺植后。

②幼坪第一次修剪后。

③成坪春季解冻后。

④生长季需叶丛紧密平整时。

（二）碾压方法

碾压可用人力推动重滚或用机械进行。重滚为空心的铁轮，可用装水、充沙或加取重体的方法来调节重量。碾压时手推轮重一般为 60 ~ 200kg，机动滚轮为 80 ~ 500 kg。碾压时滚轮的重量依碾压的次数和目的而异，如为修整床面宜次少重压；由播种产生的幼苗则宜轻压（50 ~ 60 千克）。

（三）碾压时期

碾压时期如出于栽培要求则宜在春夏草坪草生育期进行；若出于利用要求，则适宜在建坪后不久、降霜期、早春开始剪草时进行。

（四）注意事项

①土壤黏重、土壤水分过多时不宜碾压。

②草坪较弱时不宜碾压。

七、通气

通气是指对草皮进行穿洞划破等技术处理，以利土壤呼吸和水分、养分和肥料渗入床土中的作业，是改良草皮的物理性状和其他特性，以加快草皮有机质层分解，促进草坪地上部生长发育的一种培育措施。

（一）打孔（穿刺）

用实心的锥体插入草皮，深度不少于 6 厘米，其作用是促进床土的气体交换，促使水分、养分进入床土深层。打孔，只在草皮明显致密、絮结的地段进行，如：①降雨后有积水处；②在干旱时，草不正常地迅速变灰暗处；③苔藓蔓生处；④因重压而出现秃斑处；⑤杂草繁茂处。

打孔进行的最佳时间是秋季，通常在 9 月选择土地和水分状况较好的天气。首先打孔，然后轻压，这种处理有利于排水，同时在来年夏季干旱时节，可增强新形成根系的抗旱能力。

（二）除土芯（土芯耕作）

用专用机具从草坪土地中打孔并挖出土芯（草塞）的作业。

①机具除土芯机械（打孔机）很多，主要有旋转式和垂直式两种。垂直运动打孔机具空心的尖齿，作业时对草坪表面造成的破坏小，且打孔的深度可达 8 厘米，并同时具有向前和垂直两种动作。其工作速度较慢，约为 10m²/ 分钟。旋转式打孔机具有开放泥铲式空心尖齿，其优点是工作速度快，对草坪表面的破坏小，但深度较浅。

这两类打孔机根据尖齿的大小，挖出的土芯直径在 6 ～ 18 毫米，垂直高度也随床土的紧实度、容重、含水量和打孔机的穿透能力不同而异，通常应保持在 8 厘米左右，打孔密度约为 36 个 /m²。

时间在干旱条件下进行除土芯作业，往往导致草坪严重脱水，因此除土芯作业宜在草坪草生长茂盛的良好条件下进行。除土芯作业应与灌水、施肥、补播、拖平等措施紧密配合，方能收到最佳效果。

（三）划破草皮

借助安装在圆盘上的一系列“V”形刀刺入草皮 7 ～ 10 厘米，以改良草坪的通气透水性的过程。该作业与打孔相似，只是穿刺的深度限制在 3 厘米以内。划破不存在土壤移出过程，对草坪的机械破坏较小，因此，在仲夏或其他不便于进行土芯作业的时间也可进行，不会产生草坪草脱水现象。在匍匐型草坪上划破时还能切断匍匐枝和根茎，有助于新枝的产生和发育。

（四）垂直刈割

借助安装在高速旋转水平轴上的刀片进行近地表面垂直刈割，是以清除草坪表面积累的有机质层或改善草皮表层通透性为目的的一种养护措施。刀片在垂直刈割机上的安装分上、中、下三位。当刀片安置在上位时，可切掉匍匐枝或匍匐枝上的叶，以提高草坪的平齐性。当刀片中位时，可粉碎土芯作业时挖出的土块，使土壤再次掺和，有助于有机质分解。当刀片下位时，可除去地表积累的有机质层。

垂直刈割最好在草坪草生长旺盛、大气压小、环境有利于草坪草生长发育的时期进行。在温带，夏末或秋初适宜垂直刈割冷地型草；春末及夏初则适宜垂直刈割暖地型草。

（五）松耙

通过机械方式将草皮层上覆盖物除去的作业。它是用不同的机械设备耙松地表，使床土获得大量氧气、水分和养分，还能阻止苔藓和杂草的生长，并能消除真菌孢子萌发的场地。松耙一般在干旱供水时水不能很快渗入床土表层时进行。成熟草坪每年夏季应进行一次全面松耙。松耙通常用手动弹齿式耙进行。大面积松耙作业可用机引弹齿耙进行。

八、拖平

拖平是将一个重的钢织物或其他相似的设备拉过草坪表面的作业。除土芯作业和施细土后，通过拖平可首先粉碎浮在草坪表面的土块，然后均匀拖平分散到草坪上，并能刷掉粘在叶上的土壤，便于剪草或其他作业的进行。拖平与补播相结合有助于提高种子的发芽和成活率。草坪修剪前拖平，还可把匍匐在地上的杂草枝条带起来，便于修剪。拖平应在适度干燥时进行。

九、添加湿润剂

湿润剂是一种颗粒类型的表面活化剂或表面活性因子。湿润剂可以减小水的表面张力，提高水的湿润能力。这主要是由于表面活化剂在化学组成上和分子结构上（如具有亲水或喜水和亲脂或喜土的基因）的特点所决定的。表面活化剂分为阴离子、阳离子和无离子三种类型。阴离子湿润剂在土壤中容易被淋溶掉，所以阴离子的表面活化剂起作用的时间短。阳离子的表面活化剂可和带负电荷的黏土颗粒或土壤有机胶体紧密结合，所以不易被淋洗掉，在土壤中可长时间发挥作用，一旦干燥就能变成完全防水的土壤。无离子的湿润剂在土壤中最不易被淋溶掉，所以，起作用的时间最长，它分为酯、醚、乙醇三种类型。酯类湿润沙子的效果最好，醚对黏土的效果最好，而乙醇剂对土壤有机质的湿润效果最好。某些无离子的湿润剂是酯、醚和乙醇这三种物质的混合物，对沙土、黏土和有机质土壤都能有效地湿润。湿润剂的施用量一般随土壤类型的不同而异，一般在疏水土壤中湿润剂的浓度达到 30 ~ 400 毫克 / 千克时就行了。由于土壤微生物的降解作用，往往会降低土壤中湿润剂的浓度，缩短作用有效期。因此，为了使土壤具有足够浓度的湿润剂，每个生长季需要施用两次或更多次。

施用湿润剂不但能改善土壤与水的可湿性，还能减少水分的蒸发损失。在草坪草定植后能减少降水的地表径流量，减少土壤侵蚀，防止干旱斑和冻害的发生，提高土壤水分和养分的有效性，促进种子发芽和草坪草的生长发育。但是，若施用量过多或在异常的天气下施用，当湿润剂粘在叶子上时，会对草坪草产生危害。因此，不但要注意施用量和施用时期，而且在施用后应和灌水等措施紧密结合。由于危害性的大小随植物的种类而异，所以在一个新的草坪上施用新的湿润剂时，首先应进行小面积的试验。

十、草坪着色

草坪的颜料是具有不同颜色的一种特殊物质。添加草皮颜料就是用喷雾器或其他设备，将草皮颜料溶液喷于植物表面的一种过程。它可以使暖季休眠的草坪草或冷季越冬的草坪草变绿，或当草坪由于病害而褪色，或人们需要某种特殊颜料时，使草坪的颜色变得合乎人们的要求，但这种措施必须和其他的措施配合进行。粘到草坪草叶上的这种颜料一旦干燥就能长时间存在而不掉，因此，喷颜料的时间最好在雨后，而不要在临下雨前进行。在使用一种新的颜料之前，必须进行小面积的试验。

十一、损坏草坪的修补

草坪在使用过程中，由于人严重践踏草坪边缘，过度使用运动场区，险恶的天气（雨）下在运动场上进行运动，杀虫剂、除莠剂、杀菌剂的不正确使用，自然磨损及意外事件等，常造成局部草坪的损坏。损坏的草坪应及时修补，方法有补播和铺装草皮两种。当草坪使用不紧迫时可采用前法，但若要立即使用草坪则需采用快速恢复草坪的铺装法。补播时首先要将补播地块的表土稍加松动，然后撒播，使种子均匀进入床土。所用种子应与原草坪的一致，并进行催芽、拌肥、消毒等播前处理，其他处理应与建植时一致。

重铺草皮是一种耗资较大的修补方法，但它具有定植迅速的优点。修补的方法是：标出损坏地块；利用铁铲去掉损坏草皮；翻土，施肥（施入过磷酸钙以促生根）；紧实坪床；耙平床土；用健康草坪铺装，草皮应高出坪面 6 厘米；施大体积表肥（50%）＋堆肥和沙（50%），使之填入草皮块间隙；铺后确保 2 ~ 3 周内草皮不干透；如果地块较大，当草皮开始密接时，应进行镇压。

十二、退化草坪的更新修复

草坪因草坪草组成的不良演替或表土介质理化性状的严重恶化而引起草坪严重退化，此时，只要在草坪质量等级允许的前提下，可对草坪局部进行强度较小的改造和定植。把低于重建草坪的一种改良更新退化草坪的措施叫“修复”，即修复是一种不完全耕作土壤条件下的部分或全部草坪的再植。

（一）可进行修复改良的必要条件

①草坪植被由完全可用选择性除莠剂杀灭的杂草构成。

②草坪植被大部分由多年生杂草禾草组成。

③由昆虫或致病因素或其他原因严重损坏的草坪。

④有机质层过厚、土壤表层质地不均一、表层 3 ~一 5 厘米土壤严重板结的草坪。

在修复前，应弄清草坪退化的原因，对症下药，制定正确、切实可行的修复方案。

（二）修复操作

①坪床制备坪床制备首先应考虑杂草防除，可用施除莠剂的方法完成。其次进行

深度垂直刈割，在极端情况下进行划破，以彻底破除有机质层。当表土板结不严重时，也可进行强度的芯土耕作和拖平。土壤在耕作前，应施全价肥料，酸性土壤还需增施石灰。施量可视床土营养状况确定，通常施 4 克 /m^2 可溶解氮。

②草种选择修复可采用营养繁殖，但一旦坪床准备好后，大多采用种子繁殖，草种应选择完全适应当地环境条件的草种，也应考虑与总体草坪的一致性。

③种植修复的播种方法常用的是撒播和圆盘播补。撒播采用标准播量，播后应浅耙和镇压。圆盘播种则由专用圆盘播种机完成，通常不再另行浅耙和镇压。

十三、交播

交播也称覆播、追播或插播。交播是在亚热带，对暖季型草坪在秋季用冷季型草坪进行重播的一种技术措施，其目的是在暖季型草坪的休眠期获得一个良好外观的草坪，在生产中把这一技术称为“交播”。交播通常采用生长力强、建坪迅速、短寿的草种，如多年生黑麦草及由三个品种黑麦草组成的“博士”草为补播草种。交播是快速改良草坪和延长草坪绿期的行之有效的措施。

十四、封育

草坪如果受到过度践踏、高强度使用就会迅速衰败。在一定时间内限制草坪的使用，使草坪草得以休养生息，恢复到良好状态的养护措施叫封育。封育的实质是开放草坪的计划利用。新建草坪，因草坪草处于幼嫩时期，过早、过重的践踏，对幼坪生长发育不利，此时应采取措施，如立警告牌、拉隔离绳、设置围栏来阻止人们早期进入。对于成坪，在人类频繁活动的草坪地段，如足球场的球门区、露天草坪音乐会场、草坪赛马场的跑道等草坪利用强度较高的地段，应视草坪损坏程度进行封育。如定期移动足球场球门的位置、赛马场实行跑道使用的轮换制度、限制草坪音乐会场的人数和场次等方法进行调节。

为了使草坪封育收到良好效果，应准备充足的草坪以便轮换使用。用于轮换的草坪面积因季节和用途不同而不能一概而论。就全国而言，当园内草坪面积超过 5 公顷（1 公顷 =10000m^2）时，除在入园人数特别多的特殊情况下，一般可将一半面积的草坪进行封育，余下的一半开放供人们使用。在草坪极度退化的地段，仅靠封育来恢复草坪是困难的和不经济的，因此应与其他的养护管理措施相配合，如与通气、施肥、表施土壤、补播等配合措施，可收到尽快恢复的效果。

十五、保护体的设置

为缓和草坪践踏强度，增加草坪的承压力和耐水冲击能力，防止草坪因机械损伤产生的枯萎现象，可在草坪表层床土内设置强化塑料等制成的片状、网状、瓦楞状的保护体，以增强草坪的抗压性。践踏使床土板结的程度随深度的增加而急剧减弱，冲刷也首先产生于地表，因此，即使只在草坪表面设置保护体，也能起到良好的抗压和抗水蚀作用。在草坪实践中，使用较为广泛的是三维植被网。三维植被网是以热塑性树脂为原料，经挤出、拉伸等工序精制而成。它无腐蚀性，化学性质稳定，对大气、土壤、微生物呈惰性，对环境无污染与残留。三维植被网的底层为一个高质量基础层，采用双向拉伸技术。其强度大，足以防止植被网变形，并能有效地固土、承压和防止水土流失。三维植被网的表层为一起泡层，蓬松的网包以便填入土壤，以利于种入的草种和床土的结合。三维植被网的安装步骤如下。

①整理预铺植被网的坡面至平整。

②置 50 ~ 75 毫米土壤于平整好的坡面上。

③将三维植被网置于坡面上，搭接宽度不得少于 10 毫米。

④用固定钉或低碳钢钉沿三维植被网四周以 1.5 米间距固定。

⑤将每幅草皮的坡肩及坡脚沟填起部分做好，以固定植被网(沟深 0.25 米，宽 0.45 米)。

⑥将草籽播于植被网。

⑦将松土填满植被网。

⑧在坡面上第二次播种草籽并施种肥（视具体需要而定），轻轻夯实土壤表层。

第二节　特殊草坪的养护

一、遮阴部分的草坪

几乎所有的庭院和公园都有一些草坪难以生长的区域，其原因是阳光的直接照射受到了限制。即使是最耐阴的植物，为了健康生长和生存也必须每日有一定的直射光照。每天上午 8：00 到下午 6：00，如果没有至少 2 小时的直射光照，部分庇荫区的草坪就不可能有良好的覆盖。在完全庇荫的地方最好引种其他类型的植物，如常春藤、长春花、板凳果以及其他耐阴性植物。

（一）树的荫蔽

树的荫蔽有两种类型，即落叶树和常绿树产生的荫蔽。一些落叶树种，如桉树、榆树、大槭树和橡树等，可以让大量的阳光通过叶冠以满足地表耐阴草坪的最小需要。其他树种，如挪威枫树，则因其致密的叶冠而完全荫蔽了地表。在荫蔽度大的地方可采取一些好的改良措施，如每年修剪生长旺盛的树木，砍去较低的树枝，使其保持在

18 ~ 30 厘米的高度，以及削薄树冠层，从而使阳光照射到地表。修剪对常绿树更重要，合理的修剪既不伤害树木又能美化树木或使其健康生长。修剪并非对任何重叠生长都是适合且正确的方法。在新育林区，砍掉过多的小树较为普遍，但当树木长大后，管理者则明显地不愿砍掉一些树木。要想有树又有草，实际上最基本的是砍掉过多的树枝以满足耐阴草坪草对光照的需要，没有其他方法能替代合适的光照。很明显，改变光的不足对拥有高密度树冠的常绿树和落叶树木较其他稀疏树冠的树木要困难得多。

（二）树根的竞争

树和草在上层土壤中对土壤水分和营养物质的激烈竞争是部分荫蔽区草坪问题的一部分。对树施肥应在树冠下 50 厘米深的地下以钻孔和打穴的方式进行，这个深度在草根层以下，因为树的营养靠深层根系供给，砍除地表的树根，从而减少了对草坪草的干扰。其草坪的施肥则同普通草坪一样。

在较老又较大的树下，毋庸置疑，每年必须撒施过筛的土壤到地表以保持土表的相对平坦。大量的树根，即使在一定的密度下，也会向上隆起而影响美观，这就是必须加入过筛土壤的原因。

（三）荫蔽区草坪的更新

在没修剪的树下和没特殊培育的草坪中，退化草坪及其裸露区的改良总是可能的，检查是否要进行树木修剪，是否要改变不合理的地表排水及土表平整状况和土壤的过高酸度。特别是在常绿树下，当这些不良条件改变后，则可用耐阴的草坪草种重新建植。在凉爽的落叶树下，补播重建应计划在夏末或秋初的无叶期间进行。在北方常绿树下，初春是补播或种植草坪的较好季节。在暖季草坪草生长的温暖地区，则在春季草坪草开始生长后不久进行。使用耐阴草坪草是必要的。温凉地区，以草地早熟禾和紫羊茅为优势种；温暖地区可选用草地早熟禾、地毯草、假俭草、结缕草等。坪床的准备作业中，使用松土机械疏松土壤和混施一定量的石灰和肥料是必需的。较为理想的做法是为确保一个良好的坪床而在表层铺上一层薄的筛过的土壤，因为生草土不可能很深，而仅依赖于上层 5 ~ 10 厘米的土层。

在坪床准备好后，按普通方式播种和植入草皮。在草坪建植好前，用细雾状喷头浇水，使草坪内保持适宜湿度。防止土壤侵蚀和过多水分的蒸发，有必要轻轻盖上一层覆盖物。

（四）秋季落叶的清除

秋季落叶树的落叶应周期性地清除，以免覆盖草坪而拦截光照。在清除叶片时要注意尽量避免伤害草坪草的幼苗。除修剪留茬应高一些外，庇荫区草坪的管理和其他草坪相似。一般而言，修剪不应低于 4 厘米。由于光照的减弱，草坪草大多直立生长，因此，过低的修剪对荫蔽区的草坪草较充分光照下草坪草的伤害更大。

二、坡地草坪

虽然在坡地建植健康的草坪比一般地区要困难得多，但也有克服这种困难的许多方法。陡峭坡地上草坪的成功建植取决于种植前土壤的适当准备、适宜草种的选用、种植的合适季节和注意大雨对新建区的冲刷。对较陡坡地，无论是其适用的价值还是总体作用，移植块状草皮可能是建植这一类型草坪的最佳方式。

（一）坡地干旱性

因为雨水和灌溉水常常流失，干旱是坡地的显著特征。修剪这类草坪时，留茬应较平地高。要特别注意，施入适量的肥料和石灰以形成致密的草坪要比矮小稀疏的草坪地有更少的流失。潮湿区内施入石灰保持草坪上水的渗透有很重要的作用。

（二）坡地草坪的补播

用好的草皮植入坡地的最好季节在北方是初秋，而南方则在初夏。最好选用深根系和耐干旱的草坪草。紫羊茅最适合在北方与早熟禾混播，而南方则与狗牙根混播。播种后应覆盖特殊的网眼状粗麻布或结实的无纺布，以减少雨水冲刷侵蚀和防止地表水分的蒸发。这些覆盖物应用短桩以一定间隔永久固定。草坪草幼苗能通过网眼毫无困难地生长，这些留下来的纤维物品腐烂后，即变成土壤腐殖质的一部分。当草坪草生长到开始修剪的高度时，桩应移走。

（三）坡地草坪的管理

对大坡地草坪，其草坪草的经常性养护管理较平坦地区应付出更多的努力。需要更经常地浇水，而且水应缓慢灌入，以便有渗透的时间，使水不流失。调整喷水设施，让水以同一速度被草坪草吸收，当水湿润土壤达 15 厘米深时就应停止浇水。应特别注意斜坡的上面，因为它是遭受干旱最严重的地区。坡地草坪修剪高度应大于平地，一般为 4.5 厘米或更高，但草坪高度高于 7.5 厘米，则是不理想的，这将导致草坪稀疏而不能持久。

三、退化草坪的更新

（一）草坪退化的原因

养护管理不善不科学的养护管理使草坪土壤性状变差，枯草层过厚，杂草和病虫害严重，导致草坪草生长减弱，草坪自然更新能力差，未老先衰。如过度修剪导致草坪退化，过度干旱导致土壤板结，氮素营养过剩、磷钾营养不足导致草坪草抗逆性下降，病虫害严重等。

草坪已到衰退期草坪建植几年后，草坪草已到正常的衰退期。

草种选择不当草种选择不当，不能完全适应当地的气候、土壤条件，或不能满足草坪的坪用要求，出现生长发育不良。如运动草坪选用了耐践踏力不强的草种，使用过程中必然出现草坪衰退现象。

过度使用例如过度践踏导致的草坪衰退。公园、住宅区、学校等开放性的草坪以及运动场草坪都容易出现这种情况。

（二）草坪复壮方法

养护复壮法对于养护不善造成的草坪退化可对症下药，清除致衰原因，加强全面的超常养护管理。出于枯草层过厚引起的草坪生长不良，可以进行垂直修剪、梳耙、表施土壤等作业加以改善。由于杂草丛生而影响到草坪草生长发育时，可人工拔除杂草或施用除草剂消灭杂草。由病虫害引起的草坪退化，也可施用杀虫剂和杀菌剂防治。不管是哪种情况，都要多种养护管理措施配合使用，进行全面的超常养护管理，才能达到草坪复壮的目的。

补种复壮法对于已经造成大面积土壤裸露的草坪，则需补种、补植或补铺。对于寿命较短、寿限将至的草坪，可根据草坪草的生长情况，每年或间隔相应年份对草坪进行补种复壮。

a．补播。补播的具体做法是于最佳播种季节，先对草坪进行修剪、打孔等作业，然后补撒原建草坪草种的种子，让种子落入孔内或松土上，之后进行表施土壤、灌溉等作业。撒下的种子萌发成新植株后，即形成新老植株并存和交替相继的格局，达到延长草坪使用期限的目的。注意所用种子应与原草坪草种一致，并应进行适当的催芽、拌肥、消毒等播前处理。

b. 补植。补植的具体做法是先标出需补植的草坪，用铲子铲除原有草皮，然后翻施肥、平整、开沟（一般沟深 5 ~ 8 厘米，沟距 15 ~ 20 厘米），将匍匐枝种植在沟里，压紧，使匍匐枝与土壤接触良好，最后灌溉。

c. 补铺。补铺的具体做法是先标出要补铺的草坪，用铲子铲除原有草皮，然后翻土、施肥、平整、滚压、铺草皮，最后灌溉、轻轻滚压，使草皮根系与土壤接触良好，之后加强水肥管理，几周后可恢复原有草坪景观。

d. 抽条法。匍匐剪股颖、草地早熟禾、狗牙根等具有葡萄茎、根状茎的草坪草，形成草坪到一定年限后，营养器官密集老化，蔓延能力衰退。这类草坪可以每隔几年在草坪上隔 70 厘米挖取 30 厘米宽的更新带，然后疏松土壤，用掺有堆肥或泥炭的改良壤土或沙垫平，垫平用的土壤结构与草坪原土壤结构相同。不久，草坪存留部分发出的新匍匐茎、根状茎蔓延入肥土中，布满新植株，1 ~ 2 年后对留的条状草坪重复一次。如此循环往复，3 ~ 4 年后就可全面复壮一次。

（三）退化草坪的更新

草坪长期使用导致土壤板结，根系生长严重受阻，草坪严重退化；多年生杂草入侵，导致草坪群落组成不良更替；病虫害危害严重，草坪产生大面积空秃；枯草层过厚等情形时，草坪无保留价值、养护价值而进行重新建植的过程叫“更新”。

更新、修复操作技术要求同草坪建植。包括坪床准备、草种选择、种植和培育四项。

四、临时草坪

在永久草坪建植前，由于季节或其他不良土壤条件（如土壤质地、交通践踏等）不能播种，常常需要一种临时草坪草来覆盖这些地区。对这类需要，在温度足够草坪草生长的条件下，几星期内就能生产一个良好的绿色草坪。黑麦草、紫羊茅可满足这类临时草坪的要求。这类临时草坪建植前只要撒施一定量的全价肥料（如果需要，也可撒入一定量的石灰），并将它们用适当的耕作机械埋入地表十几厘米深处。播量为 10 ~ 20 克 /m^2，播后耙匀。为了迅速发芽和生长，应经常性地浇水。草坪草长到 10 厘米高时开始修剪，但修剪高度不能低于 5 厘米。这类草坪草不耐修剪，如果留茬不当，它们将很快地退化并死亡。意大利黑麦草生长期最短，故它仅能使用在只需覆盖 2 ~ 3 个月的地区，不过它的生长速度最快。多年生黑麦草和高羊茅耐阴，如果需要也能持续两年或更长时间。南方的夏季，无论是荫蔽区或日照区内，高羊茅可能是临时草坪最好的选择。

第六章　园林绿化养护管理

第一节　园林绿化养护概述

一、养护管理的意义

园林树木所处的各种环境条件比较复杂，各种树木的生物学特性和生态习性各有不同，因此为各种园林树木创造优越的生长环境，满足树木生长发育对水、肥、气，热的需求，防治各种自然灾害和病虫害对树木的危害，通过整形修剪和树体保护等措施调节树木生长和发育的关系，并维持良好的树形，使树木更适应所处的环境条件，尽快持久地发挥树木的各种功能效益，将是园林工作一项重要而长期的任务。

园林树木养护管理的意义可归纳为以下几个方面：

（1）科学的土壤管理可提高土壤肥力，改善土壤结构和理化性质，满足树木对养分的需求。

（2）科学的水分管理可以使树木在适宜的水分条件下，进行正常的生长发育。

（3）施肥管理可对树木进行科学的营养调控，满足树木所缺乏的各种营养元素，确保树木生长发育良好，同时达到枝繁叶茂的绿化效果。

（4）及时减少和防治各种自然灾害，病虫害及人为因素对园林树木的危害，能促进树木健康生长，使园林树木持久地发挥各种功能效益。

（5）整形修剪可调节树木生长和发育的关系并维持良好的树形，使树木更好地发挥各种功能效益。

俗话说“三分种植，七分管理”，这就说明园林植物养护管理工作的重要性。园林植物栽植后的养护管理工作是保证其成活，实现预期绿化美化效果的重要措施。为了使园林植物生长旺盛，保证正常开花结果，必须根据园林植物的生态习性和生命周期的变化规律，因地，因时地进行日常的管理与养护，为不同年龄、不同种类的园林植物创造适宜生长的环境条件。通过土，水，肥等养护与管理措施，可以为园林植物维持较强的生长势、预防早衰，延长绿化美化观赏期奠定基础。因此，做好园林植物的养护管理工作，不但能有效改善园林植物的生长环境，促进其生长发育，也对发挥其各项功能效益，达到绿化美化的预期效果具有重要意义。

园林植物的养护管理严格来说应包括两方面的内容：①“养护”，即根据各种植物生长发育的需要和某些特定环境条件的要求，及时采取浇水，施肥、中耕除草、修剪，病虫害防治等园艺技术措施。②“管理”，主要指看管维护，绿地保洁等管理工作。

二、养护管理的内容

园林树木养护管理的主要内容包括园林树木的土壤管理、施肥管理，水分管理、光照管理、树体管理，园林树木整形修剪、自然灾害和病虫害及其防治措施，看管围护以及绿地的清扫保洁等。

三、园林绿化养护中常用术语

（1）树冠：树木主干以上集生枝叶的部分。

（2）花蕾期：植物从花芽萌发到开花前的时期。

（3）叶芽：形状较瘦小，前段尖，能发育成枝和叶的芽。

（4）花芽：形状较肥大，略呈圆形，能发育成叶和花序的芽。

（5）不定芽：在枝条上没有固定位置，重剪或受刺激后会大量萌发的芽。

（6）生长势：植物的生长强弱泛指植物生长速度、整齐度、茎叶色泽和分枝的繁茂程度。

（7）行道树：栽植在道路两旁，构成街景的树木。

（8）古树名木：树龄到百年以上或珍贵稀有，具有重要历史价值和纪念意义以及具有重要科研价值的树木。

（9）地被植物：指植株低矮（50 cm 以下），用于覆盖园林地面的植物。

（10）分枝点：乔木主干上开始分出分枝的部位。

（11）主干：乔木或非丛生灌木地面上部与分枝点之间部分，上承树冠，下接根系。

（12）主枝：自主干生出，构成树型骨架的粗壮枝条。

（13）侧枝：自主枝生出的较小枝条。

（14）小侧枝：自侧枝上生出的较小枝条。

（15）春梢：初春至夏初萌发的枝条。

（16）园林植物养护管理：对园林植物采取灌溉、排涝、修剪、防治病虫、防寒、支撑、除草、中耕、施肥等技术措施。

（17）整形修剪：用剪、锯、疏、扎，绑等手段，使植物生长成特定形状的技术措施。

（18）冬季修剪：自秋冬至早春植物休眠期内进行的修剪。

（19）夏季修剪：在夏季植物生长季节进行的修剪。

（20）伤流：树木因修剪或其他创伤，造成伤口处流出大量树液的现象。

（21）短截：在枝条上选留几个合适的芽后将枝条剪短，达到减少枝条、刺激侧枝萌发新梢的目的。

（22）回缩：在树木二年以上生枝条上剪截去一部分枝条的修剪方法。

（23）疏枝：将树木的枝条贴近着生部或地面剪除的修剪方法。

（24）摘心，剪梢：将树木枝条减去顶尖幼嫩部分的修剪方法。

（25）施肥：在植物生长发育过程中，为补充所需各种营养元素而采取的肥料施用措施。

（26）基肥：植物种植或栽植前，施入土壤或坑穴中作为底肥的肥料，多为充分腐熟的有机肥。

（27）追肥：植物种植或栽植后，为弥补植物所需各种营养元素的不足而追加施用的肥料。

（28）病虫害防治：对各种植物病虫害进行预防和治疗的过程。

（29）人工防治病虫害：针对不同病虫害所采取的人工防治方法。主要包括饵料诱杀、热处理、阻截上树、人工捕捉、挖蛹、摘除卵块虫包，刷除虫卵、刺杀蛀干害虫以及结合修剪剪除病虫枝、摘除病叶病梢、刮除病斑等措施。

（30）除草：植物生长期间人工或采用除草剂去除目的植物以外杂草的措施。

（31）灌溉：为调节土壤温度和土壤水分，满足植物对水分的需要而采取的人工引水浇灌的措施。

（32）排涝：排除绿地中多余积水的过程。

（33）返青水：为植物正常发芽生长，在土壤化冻后对植物进行的灌溉。

（34）冻水：为植物安全越冬，在土壤封冻前对植物进行的灌溉。

（35）冠下缘线：由同一道路中每株行道树树冠底部缘线形成的线条。

四、园林绿化树木养护标准

根据园林绿地所处位置的重要程度和养护管理水平的高低，将园林绿地的养护管理分成不同等级，由高到低分别为一级养护管理、二级养护管理和三级养护管理等三个等级。

（1）园林绿化一级养护管理质量标准

①绿化养护技术措施完善，管理得当，植物配置科学合理，达到黄土不露天。

②园林植物生长健壮。新建绿地各种植物两年内达到正常形态。园林树木树冠完整美观，分枝点合适，枝条粗壮，无枯枝死杈；主侧枝分布匀称，数量适宜、修剪科

学合理；内膛疏空，通风透光。花灌木开花及时，株形饱满，花后修剪及时合理。绿篱、色块等修剪及时，枝叶茂密整齐，整形树木造型雅观。行道树无缺株，绿地内无死树。

落叶树新梢生长健壮，叶片形态，颜色正常。一般条件下，无黄叶，焦叶，卷叶，正常叶片保存率在 95% 以上。针叶树针叶宿存 3 年以上，结果枝条在 10% 以下。花坛、花带轮廓清晰，整齐美观，色彩艳丽，无残缺，无残花败叶。草坪及地被植物整齐，覆盖率 99% 以上，草坪内无杂草。草坪绿色期：冷季型草不得少于 300 天，暖季型草不得少于 210 天。

病虫害控制及时，园林树木无蛀干害虫活卵、活虫；园林树木主干、主枝上，平均每 100c ㎡介壳虫的活虫数不得超过 1 头，较细枝条上平均每 30 c ㎡不得超过 2. 头，且平均被害株数不得超过 1%。叶片无虫粪、虫网。虫食叶片每株不得超过 2%。

③垂直绿化应根据不同植物的攀缘特点，及时采取相应的牵引、设置网架等技术措施，视攀缘植物生长习性，覆盖率不得低于 90%。开花的攀缘植物应适时开花，且花繁色艳。

④绿地整洁，无杂挂物。绿化生产垃圾（如树枝、树叶、草屑等）和绿地内水面杂物，重点地区 . 随产随清，其他地区日产日清，及时巡视保洁。

⑤栏杆、园路、桌椅、路灯、井盖和牌示等园林设施完整、安全，维护及时。

⑥绿地完整，无堆物、堆料、搭棚，树干无钉拴刻画等现象。行道树下距树干 2m 范围内无堆物、堆料、圈栏或搭棚设摊等影响树木生长和养护管理的现象。

（2）园林绿化二级养护质量标准

①绿化养护技术措施比较完善，管理基本得当，植物配置合理，基本达到黄土不露天。

②园林植物生长正常。新建绿地各种植物 3 年内达到正常形态。园林树木树冠基本完整。主侧枝分布匀称、数量适宜，修剪合理；内膛不乱，通风透光。花灌木开花及时、正常，花后修剪及时；绿篱、色块枝叶正常，整齐一致。行道树无缺株，绿地内无死树。

落叶树新梢生长正常，叶片大小，颜色正常。在一般条件下，黄叶，焦叶、卷叶和带虫粪、虫网的叶片不得超过 5%，正常叶片保存率在 90% 以上。针叶树针叶宿存 2 年以上，结果枝条不超过 20%。花坛、花带轮廓清晰，整齐美观，适时开花，无残缺。草坪及地被植物整齐一致，覆盖率 95% 以上。除缀花草坪外，草坪内杂草率不得超过 2%。草坪绿色期：冷季型草不得少于 270 天，暖季型草不得少于 180 天。

病虫害控制及时，园林树木有蛀干害虫危害的株数不得超过 1%；园林树木的主干、主枝上平均每 100 cm’介壳虫的活虫数不得超过 2. 头，较细枝条上平均每 30 cm 不得超过 5 头，且平均被害株数不得超过 3%。叶片无虫粪，虫咬叶片每株不得超过 5%。

③垂直绿化应根据不同植物的攀缘特点，采取相应的牵引，设置网架等技术措施，视攀缘植物生长习性，覆盖率不得低于 80%，开花的攀缘植物能适时开花。

④绿地整洁，无杂挂物，绿化生产垃圾（如树枝、树叶、草屑等），绿地内水面杂物应日产日清，做到保洁及时。

⑤栏杆，园路、桌椅、路灯、井盖和牌示等园林设施完整、安全，基本做到维护及时。

⑥绿地完整，无堆物、堆料、搭棚，树干无钉拴刻画等现象。行道树下距树干 2 m 范围内无堆物、堆料、搭棚设摊、圈栏等影响树木生长和养护管理的现象。

（3）园林绿化三级养护质量标准

①绿化养护技术措施基本完善，植物配置基本合理，裸露土地不明显。

园林植物生长正常，新建绿地各种植物 4 年内达到正常形态。园林树木树冠基本正常，修剪及时，无明显枯枝死杈。分枝点合适，枝条粗壮，行道树缺株率不超过 1%，绿地内无死树。落叶树新梢生长基本正常，叶片大小，颜色正常。正常条件下，黄叶、焦叶，卷叶和带虫粪、虫网叶片的株数不得超过 10%，正常叶片保存率在 85% 以上。针叶树针叶宿存 1 年以上，结果枝条不超过 50%。花坛、花带轮廓基本清晰、整齐美观，无残缺。草坪及地被植物整齐一致，覆盖率 90% 以上。除缀花草坪外，草坪内杂草率不得超过 5%。草坪绿色期:冷季型草不得少于 240 天，暖季型草不得少于 160 天。

②病虫害控制比较及时，园林树木有蛀干害虫危害的株数不得超过 3%；园林树木主干、主枝上平均每 100 c ㎡介壳虫的活虫数不得超过 3 头，较细枝条上平均每 30 cm^2 不得超过 8 头，且平均被害株数不得超过 5%。虫食叶片每株不得超过 8%。

③垂直绿化能根据不同植物的攀缘特点，采取相应的技术措施，视攀缘植物生长习性，覆盖率不得低于 70%。开花的攀缘植物能适时开花。

④绿地基本整洁，无明显杂挂物。绿化生产垃圾（如树枝，树叶、草屑等），绿地内水面杂物能日产日清，能做到保洁及时。

⑤栏杆、园路、桌椅、路灯、井盖和牌示等园林设施基本完整，能进行维护。

⑥绿地基本完整，无明显堆物、堆料、搭棚、树干无钉拴刻画等现象。行道树下距树干 2m 范围内无明显的堆物、堆料，圈栏或搭棚设摊等影响树木生长和养护管理的现象。

五、园林植物养护管理工作月历

园林植物的养护管理工作要根据园林植物的生长发育规律、生物学特性以及当地的气候条件进行。因我国地域广阔，各地气候相差悬殊比较大，各地季节变化也比较明显，因此养护工作应根据本地具体情况而定。

工作月历是当地园林部门制定的每月对园林植物进行养护管理的主要内容，具有重要的指导意义，但因全国各地气候差异很大，不同地方的管理措施不同。现以北京和南京的工作月历为例。

第二节　园林植物的土壤管理

一、土壤的概念和形成

土壤是园林植物生长发育的基础，也是其生命活动所需水分和营养的源泉。因此，土壤的类型和条件直接关系园林植物能否正常生长。由于不同的植物对土壤的要求是不同的，栽植前了解栽植地的土壤类型，对于植物种类的选择具有重要的意义。据调查，园林植物生长地的土壤大致有以下几种类型：

（1）荒山荒地

荒山荒地的土壤还未深翻熟化，其肥力低，保水保肥能力差，不适宜直接作为园林植物的栽培土壤，如需荒山造林，则需要选择非常耐贫瘠的园林植物种类，如荆条、酸枣等。

（2）平原沃土

平原沃土适合大部分园林植物的生长，是比较理想的栽培土壤，多见于平原地区城镇的园林绿化区。

（3）酸性红壤

在我国长江以南地区常有红壤土。红壤土呈酸性，土粒细、结构不良。水分过多时，土粒吸水成糊状；干旱时水分容易蒸发散失，土块易变得紧实坚硬，常缺乏氮、磷、钾等元素。许多植物不能适应这种土壤，因此需要改良。例如，增施有机肥、磷肥、石灰，扩大种植面，并将种植面连通，开挖排水沟或在种植面下层设排水层等。

（4）水边低湿地

水边低湿地的土壤一般比较紧实，水分多，但通气不良，而且北方低湿地的土质多带盐碱，对植物的种类要求比较严格，只有耐盐碱的植物能正常生长，如柳树、白蜡树，刺槐等。

（5）沿海地区的土壤

滨海地区如果是沙质土壤，盐分被雨水溶解后就能够迅速排出；如果是黏性土壤，因透水性差，会残留大量盐分。为此，应先设法排洗盐分，如淡水洗盐和增施有机肥等措施，再栽植园林植物。

（6）紧实土壤

城市土壤经长时间的人流践踏和车辆碾压，土壤密度增加，孔隙度降低，导致土壤通透性不良，不利于植物的生长发育。这类土壤需要先进行翻地松土，增添有机质后再栽植植物。

（7）人工土层

如建筑的屋顶花园、地下停车场、地下铁道、地下储水槽等上面栽植植物的土壤一般是人工修造的。人工土层这个概念是针对城市建筑过密现象，而提出的解决土地利用问题的一种方法。由于人工土层没有地下毛细管水的供应，而且土壤的厚度受到限制，土壤水分容量小，因此人工土层如果没有及时的雨水或人工浇水，则土壤会很快干燥，不利于植物的生长。又由于土层薄，受外界温度变化的影响比较大，导致土壤温度变化幅度较大，对植物的生长也有较大的影响。由此可见，人工土层的栽植环境不是很理想。由于上述原因，人工土层中土壤微生物的活动也容易受影响，腐殖质的形成速度缓慢，由此可见人工土层的土壤构成选择很重要。为减轻建筑，特别是屋顶花园负荷和节约成本，要选择保水，保肥能力强，质地轻的材料，例如混合硅石，珍珠岩，煤灰渣、草炭等。

（8）市政工程施工后的场地

在城市中由于施工将未熟化的新土翻到表层，使土壤肥力降低。机械施工、碾压，则会导致土壤坚硬、通气不良。这种土壤一般需要经过一定的改良才能保证植物的正常生长。

（9）煤灰土或建筑垃圾土

煤灰土或建筑垃圾土是在生活居住区产生的废物，如煤灰、垃圾、瓦砾，动植物残骸等形成的煤灰土以及建筑施工后留下的灰槽、灰渣、煤屑、砂石、砖瓦块，碎木等建筑垃圾堆积而成的土壤。这种土壤不利于植物根系的生长，一般需要在种植坑中换上比较肥沃的壤土。

（10）工矿污染地

由于矿山、工厂等排出的废物中的有害成分污染土地，致使树木不能正常生长。此时除选择抗污染能力强的树种外，也可以进行换土，不过换土成本太高。

除以上类型外，还有盐碱土、重黏土、沙砾土等土壤类型。在栽植前应充分了解土壤类型，然后根据具体的植物种类和土壤类型，有的放矢地选择植物种类或改良土壤的方法。

二、园林植物栽植前的整地

整地包括土壤管理和土壤改良两个方面，它是保证园林植物栽植成活和正常生长的有效措施之一。很多类型的土壤需要经过适当调整和改造，才能适合园林植物的生长。不同的植物对土壤的要求是不同的，但是一般而言，园林植物都要求保水保肥能力好的土壤，而在干旱贫瘠或水分过多的土壤上，往往会导致植物生长不良。

（1）整地的方法

园林植物栽植地的整地工作包括适当整理地形、翻地，去除杂物，碎土，耙平，填压土壤等内容，具体方法应根据具体情况进行：

①一般平缓地区的整地

对于坡度在 8° 以下的平缓耕地或半荒地，可采取全面整地的方法。常翻耕 30 cm 深，以利于蓄水保墒。对于重点区域或深根性树种可深翻 50 cm，并增施有机肥以改良土壤。为利于排除过多的雨水，平地整地要有一定坡度，坡度大小要根据具体地形和植物种类而定，如铺种草坪，适宜坡度为 2% ～ -4%。

②工程场地地区的整地

在这些地区整地之前，应先清除遗留的大量灰渣、砂石、砖石、碎木及建筑垃圾等，在土壤污染严重或缺土的地方应换入肥沃土壤。如有经夯实或机械碾压的紧实土壤，整地时应先将土壤挖松，并根据设计要求做地形处理。

③低湿地区的整地

这类地区由于土壤紧实，水分过多，通气不良，又多带盐碱，常使植物生长不良。可以采用挖排水沟的办法，先降低地下水位防止返碱，再行栽植。具体办法是在栽植前一年，每隔 20 m 左右挖一条 1.5 ～ 2.0 m 宽的排水沟，并将挖出的表土翻至一侧培成垄台。经过一个生长季的雨水冲洗，土壤盐碱含量减少，杂草腐烂了，土质疏松，不干不湿，再在垄台上栽植。

④新堆土山的整地

园林建设中由挖湖堆山形成的人工土山，在栽植前要先令其经过至少一个雨季的自然沉降，然后再整地植树。由于这类土山多数不太大，坡度较缓，又全是疏松新土，整地时可以按设计要求进行局部的自然块状调整。

⑤荒山整地

在荒山上整地，要先清理地面，挖出枯树根，搬除可以移动的障碍物。坡度较缓、土层较厚时，可以用水平带状整地法，即沿低山等高线整成带状，因此又称环山水平线整地。在水土流失较严重或急需保持水土，使树木迅速成林的荒山上，则应采用水平沟整地或鱼鳞坑整地，也可以采用等高撩壕整地法。在我国北方土层薄、土壤干旱的荒山上常用鱼鳞坑整地，南方地区常采用等高撩壕整地。

（2）整地时间

整地时间的早晚关系园林栽植工程的完成情况和园林植物的生长效果。一般情况下应在栽植前三个月以上的时期内（最好经过一个雨季）完成整地工作，以便蓄水保墒，并可保证栽植工作及时进行，这一点在干旱地区尤其重要。如果现整现栽，栽植效果将会大受影响。

三、园林植物生长过程中的土壤改良

园林植物生长过程中的土壤改良和管理的目的是，通过各种措施来提高土壤的肥力，改善土壤结构和理化性质，不断供应园林植物所需的水分与养分，为其生长发育创造良好的条件。同时结合其他措施，维持园林地形地貌整齐美观，防止土壤被冲刷和尘土飞扬，增强园林景观效果。

园林绿地的土壤改良不同于农田的土壤改良，不可能采用轮作、休闲等措施，只能采用深翻、增施有机肥、换土等手段来完成，以保持园林植物正常生长几十年至几百年。园林绿地的土壤改良常采用的措施有深翻熟化、客土改良，培土（掺沙）和施有机肥等。

（1）深翻熟化

对植物生长地的土壤进行深翻，有利于改善土壤中的水分和空气条件，使土壤微生物活动增加，促进土壤熟化，使难溶性营养物质转化为可溶性养分，有助于提高土壤肥力。如果深翻时结合增施适当的有机肥，还可改善土壤结构和理化性质，促使土壤团粒结构的形成，增加孔隙度。

对于一些深根性园林植物，深翻整地可促使其根系向纵深发展；对一些重点树种进行适时深耕，可以保证供给其随年龄的增长而增加的水，肥、气，热的需要。采取合理深翻，适量断根措施后，可刺激植物发生大量的侧根和须根，提高吸收能力，促使植株健壮，叶片浓绿，花芽形成良好。深翻还可以破坏害虫的越冬场所，有效消灭地下害虫，减少害虫数量。因此，深翻熟化不仅能改良土壤，而且能促进植物生长发育。

深翻主要的适用对象为片林、防护林、绿地内的丛植树、孤植树下边的土壤。而对一些城市中的公共绿化场所，如有铺装的地方，就不适宜用深翻措施，可以借助其他方式（如打孔法）解决土壤透气、施肥等问题。

①深翻时间

深翻时间一般以秋末冬初为宜。此时，地上部分生长基本停止或趋于缓慢，同化产物消耗减少，并已经开始回流积累。深翻后正值根部秋季生长高峰，伤口容易愈合，容易发出部分新根，吸收和合成营养物质积累在树体内，有利于树木翌年的生长发育；深翻后经过冬季、有利于土壤风化积雪保墒；深翻后经过大量灌水，土壤下沉，土粒与根系进一步密接，有助于根系生长。早春土壤化冻后也可及早进行深翻，此时地上部分尚处于休眠期，根系活动刚开始，生长较为缓慢，伤根后也较易愈合再生（除某些树种外）。由于春季养护管理工作繁忙，劳动力紧张，往往会影响深翻工作的进度。

②深翻深度

深翻深度与地区、土壤种类，植物种类等有关，一般为 60 ~ 100 cm。在一定范围内，翻得越深效果越好，适宜深度最好距根系主要分布层稍深，稍远一些，以促进根系向纵深生长，扩大吸收范围，提高根系的抗逆性。黏重土壤深翻应较深，沙质土壤可适当浅耕。地下水位高时深翻宜浅，下层为半风化的岩石时则宜加深以增厚土层。深层为砾石，应翻得深些，拣出砾石并换好土，以免肥，水淋失。地下水位低，土层厚，栽植深根性植物时则宜深翻，反之则浅。下层有黄淤土，白干土、胶泥板或建筑地基等残存物时深翻深度则以打破此层为宜，以利于渗水。

为提高工作效率，深翻常结合施肥，灌溉同时进行。深翻后的土壤，常维持原来的层次不变，就地耕松掺施有机肥后，再将新土放在下部，表土放在表层。有时为了促使新土迅速熟化，也可将较肥沃的表土放置沟底，而将新土覆在表层。

③深翻范围

深翻范围视植物配置方式确定。如是片林，林带，由于梢株密度较大可全部深翻；如是孤植树，深翻范围应略大于树冠投影范围。深度由根茎向外由浅至深，以放射状逐渐向外进行，以不损伤 1.5 ~ 2 cm 以上粗根为度。为防止一次伤根过多，可将植株周围土壤分成四份，分两次深翻，每次深翻对称的两份。

对于有草坪或有铺装的树盘，可以结合施肥采用打孔的方法松土，打孔范围可适当扩大。而对于一些土层比较坚硬的土壤，因无法深翻，可以采用爆破法松土，以扩大根系的生长吸收范围。由于该法需在公安机关批准后才能应用，且在离建筑物近、有地面铺装或公共活动场所等地不能使用，故该法在园林上应用还比较少。

（2）土壤化学改良

①施肥改良

施肥改良以施有机肥为土，有机肥能增加土壤的腐殖质，提高土壤保水保肥能力，改良熟土的结构，增加土壤的孔隙度，调节土壤的酸碱度，从而改善土壤的水、肥、气、热状况。常用的有机肥有厩肥、堆肥、禽肥、鱼肥、饼肥、人粪尿、土杂肥，绿肥以及城市中的垃圾等，但这些有机肥均需经过腐熟发酵后才可使用。

②调节土壤酸碱度

土壤的酸碱度主要影响土壤养分的转化与有效性、土壤微生物的活动和土壤的理化性质等，因此与园林植物的生长发育密切相关。绝大多数园林植物适宜中性至微酸性的土壤，然而我国许多城市的园林绿地中，南方城市的土壤 pH 值常偏低，北方常偏高。土壤酸碱度的调节是一项十分重要的土壤管理工作。

a. 土壤的酸化处理。土壤酸化是指对偏酸性的土壤进行必要的处理，使其 pH 值有所降低从而适宜酸性园林植物的生长。目前，土壤酸化主要通过施用释酸物质来调节，如施用有机肥料、生理酸性肥料、硫黄等，通过这些物质在土壤中的转化，产生酸性物质，降低土壤的 pH 值。如盆栽园林植物可用 1 : 50 的硫酸铝钾，或 1 ∶ 180 的硫酸亚铁水溶液浇灌来降低盆栽土的 pH 值。

b. 土壤碱化处理。土壤碱化是指往偏酸的土壤中施加石灰、草木灰等碱性物质，使土壤 pH 值有所提高，从而适宜一些碱性园林植物生长。比较常用的是农业石灰，即石灰石粉（碳酸钙粉）。使用时石灰石粉越细越好（生产上一般用 300 ～ 450 目），这样可增加土壤内的离子交换强度，以达到调节土壤 pH 值的目的。

（3）生物改良

①植物改良

植物改良是指通过有计划地种植地被植物来达到改良土壤的目的。其优点是一方面能增加土壤可吸收养分与有机质含量，改善土壤结构，降低蒸发，控制杂草丛生，减少水、土，肥流失与土湿的日变幅，又利于园林植物根系生长；另一方面，是在增加绿化量的同时避免地表裸露，防止尘土飞扬，丰富园林景观。这类地被植物的一般要求是适应性强，有一定的耐阴，耐践踏能力，根系有一定的固氮力，枯枝落叶易于腐熟分解，覆盖面大，繁殖容易，并有一定的观赏价值。常用的种类有五加、地瓜藤、胡枝子、金银花、常春藤、金丝桃、金丝梅、地锦、络石、扶芳藤、荆条、三叶草、马蹄金、苴草，沿阶草、玉簪、羽扇豆、草木椰、香豌豆等，各地可根据实际情况灵活选用。

②动物与微生物改良

利用自然土壤中存在的大量昆虫，原生动物、线虫、菌类等改善土壤的团粒结构，通气状况，促进岩石风化和养分释放，加快动植物残体的分解，有助于土壤的形成和营养物质转化。

利用动物改良土壤，一方面要加强土壤中现有有益动物种类的保护，对土壤施肥，农药使用、土壤与水体污染等要严格控制，为动物创造一个良好的生存环境；另一方面，使用生物肥料，如根瘤菌，固氮菌、磷细菌、钾细菌等，这些生物肥料含有多种微生物，它们生命活动的分泌物与代谢产物，既能直接给园林植物提供某些营养元素、激素类物质，各种酶等，促进树木根系的生长，又能改善土壤的理化性能。

（4）疏松剂改良

使用土壤疏松剂，可以改良土壤结构和生物学活性，调节土壤酸碱度，提高土壤肥力。如国外生产上广泛应用的聚丙烯酰胺，是人工合成的高分子化合物，使用时先把干粉溶于 80℃以上的热水，制成 2% 的母液，再稀释 10 倍浇灌至 5 cm 深的土层中，通过其离子链、氢键的吸引使土壤形成团粒结构，从而优化土壤水、肥、气、热的条件，达到改良土壤的目的，其效果可达 3 年以上。

土壤疏松剂的类型可大致分为有机、无机和高分子三种，其主要功能是膨松土坡，提高置换容量，促进微生物活动；增加孔隙，协调保水与通气性，透水性；使土壤粒子团粒化。目前，我国大量使用的疏松剂以有机类型为主，如泥炭、锯末粉、谷糠、腐叶土，腐殖土，家畜厩肥等，这些材料来源广泛，价格便宜，效果较好，使用时要先发酵腐熟，并与土壤混合均匀。

（5）培土（压土与掺沙）

这种改良的方法在我国南北各地区普遍采用，具有增厚土层，保护根系，增加营养，改良土壤结构等作用。在高温多雨，土壤流失严重的地区或土层薄的地区可以采用培土措施，以促进植物健壮生长。

北方寒冷地区培土一般在晚秋初冬进行，可起保温防冻、积雪保墒的作用。压土掺沙后，土壤经熟化、沉实，有利于园林植物的生长。

培土时应根据土质确定培土基质类型，如土质黏重的应培含沙质较多的疏松肥土甚至河沙；含沙质较多的可培塘泥、河泥等较熟重的肥土和腐殖土。培土量和厚度要适宜，过薄起不到压土作用，过厚对植物生长不利。沙压黏或黏压沙时要薄一些，一般厚度为 5 ~ 10cm，压半风化石块可厚些，但不要超过 15 cm。如连续多年压土，土层过厚会抑制根系呼吸，而影响植物生长和发育。有时为了防止接穗生根或对根系的不良影响，可适当扒土露出根茎。

（6）管理措施改良

①松土透气、控制杂草

松土、除草可以切断土壤表层的毛细管，减少土壤蒸发，防止土壤泛碱，改善土壤通气状况，促进土壤微生物活动和难溶养分的分解，提高土壤肥力。早春松土，可以提高土温，有利于根系生长；清除杂草也可以减少病虫害。

松土，除草的时间，应在天气晴朗或者初晴之后土壤不过干又不过湿时进行，才可获得最大的保墒效果。

②地面覆盖与地被植物

利用有机物或活的植物体覆盖地面，可以减少水分蒸发，减少地表径流，减少杂草生长，增加土壤有机质，调节土壤温度，为园林植物生长创造良好的环境。若在生长季覆盖，以后把覆盖物翻入土中，可增加土壤有机质，改善土壤结构，提高土壤肥力。覆盖的材料以就地取材，经济实用为原则，如杂草、谷草，树叶，泥炭等均可，也可以修剪草坪的碎草用以覆盖。覆盖时间选在生长季节温度较高而较干旱时进行较好，覆盖的厚度以 3 ~ 6 cm 为宜，鲜草约 5-6 cm，过厚会有不利的影响。

除地面覆盖外，还可以用一、二年生或多年生的地被植物如绿豆，黑豆、苜蓿、苕子，猪屎豆、紫云英，豌豆、草木樨，羽扇豆等改良土壤。对这类植物的要求是适应性强、有一定的耐阴力，覆盖作用好、繁殖容易、与杂草竞争的能力强，但与园林植物的矛盾不大，同时还要有一定的观赏或经济价值。这些植物除有覆盖作用之外，在开花期翻入土内，可以增加土壤有机质，也起到施肥的作用。

（7）客土栽培

所谓客土栽培，就是将其他地方土质好、比较肥沃的土壤运到本地来，代替当地土壤，然后再进行栽植的土壤改良方式。此法改良效果较好，但成本高，不利于广泛应用。客土应选择土质好、运送方便，成本低、不破坏或不影响基本农田的土壤，有时为了节约成本，可以只对熟土层进行客土栽植，或者采用局部客土的方式，如只在栽植坑内使用客土。客土也可以与施有机肥等土壤改良措施结合应用。

园林植物在遇到以下情况时需要进行客土栽植：

①有些植物正常生长需要的土壤有一定酸碱度，而本地土壤又不符合要求，这时要对土壤进行处理和改良。例如在北方栽植杜鹃、山茶等酸性土植物，应将栽植区全换成酸性土。如果无法实现全换土，至少也要加大种植坑，倒入山泥，草炭土，腐叶土等并混入有机肥料，以符合对酸性土的要求。

②栽植地的土壤无法适宜园林植物生长的，如坚土、重黏土，沙砾土及被有毒的工业废物污染的土壤等，或在清除建筑垃圾后仍不适宜栽植的土壤，应增大栽植面，全部或部分换入肥沃的土壤。

第三节　园林植物的灌排水管理

水分是植物的基本组成部分，植物体质量的 40% ~ 80% 是由水分组成的，植物体内的一切生命活动都是在水的参与下进行的。只有水分供应适宜，园林植物才能充分发挥其观赏效果和绿化功能。

一、园林植物科学水分管理的意义

（1）做好水分管理，是园林植物健康生长和正常发挥功能与观赏特性的保障

植株缺乏水分时，轻者会植株萎蔫，叶色暗淡，新芽、幼苗，幼花干尖或早期脱落；重者新梢停止生长，枝叶发黄变枯，落叶，甚至整株干枯死亡。水分过多时会造成植株徒长，引起倒伏，抑制花芽分化，延迟开花期，易出现烂花、落蕾、落果现象，甚至引起烂根。

（2）做好水分管理，能改善园林植物的生长环境

水分不但对园林绿地的土壤和气候环境有良好的调节作用，而且还与园林植物病虫害的发生密切相关。如在高温季节进行喷灌可降低土温，提高空气湿度，调节气温，避免强光、高温对植物的伤害；干旱时土壤洒水，可以改善土壤微生物生活环境，促进土壤有机质的分解。

（3）做好水分管理，可节约水资源，降低养护成本

我国是缺水国家，水资源十分有限，而目前的绿化用水大多为自来水，与生产、生活用水的矛盾十分突出。因此，制订科学合理的园林植物水分管理方案，实施先进的灌排技术，确保园林植物对水分需求的同时减少水资源的损失浪费，降低养护管理成本，是我国现阶段城市园林管理的客观需要和必然选择。

二、园林植物的需水特性

了解园林植物的需水特性，是制订科学的水分管理方案、合理安排灌排水工作、适时适量满足园林植物水分需求，确保园林植物健康生长的重要依据。园林植物需水特性主要与以下因素有关：

（1）园林植物种类

不同的园林植物种类，品种对水分需求有较大的差异，应区别对待。一般来说，生长速度快，生长期长，花，果、叶量大的种类需水量较大;反之，需水量较小。因此，通常乔木比灌木，常绿树比落叶树，阳性植物比阴性植物，浅根性植物比深根性植物，中生，湿生植物比旱生植物需要较多的水分。需注意的是，需水量大的种类不一定需常湿，需水量小的也不一定可常干，而且耐旱力与耐湿力并不完全呈负相关关系。如抗旱能力比较强的紫槐，其耐水湿能力也很强。刺槐同样耐旱，却不耐水湿。

（2）园林植物的生长发育阶段

就园林植物的生命周期而言，种子萌发时需水量较大；幼苗期由于根系弱小而分布较浅，抗旱力差，虽然植株个体较小，总需水量不大，但也必须经常保持土壤适度湿润；随着逐渐长大，植株总需水量有所增加，对水分的适应能力也有所增强。

在年生长周期中，生长季的需水量大于休眠期。秋冬季大多数园林植物处于休眠或半休眠状态，即使常绿树种生长也极为缓慢，此时应少浇或不浇水，以防烂根；春季园林植物大量抽枝展叶，需水量逐渐增大；夏季是园林植物需水高峰期，都应根据降水情况及时灌、排水。在生长过程中，许多园林植物都有一个对水分需求特别敏感的时期，即需水临界期，此时如果缺水，将严重影响植物枝梢生长和花的发育，以后即使供给更多的水分也难以补偿。需水临界期因气候及植物种类不同而不同，一般来说，呼吸、蒸腾作用最旺盛时期以及观果类果实迅速生长期都要求有充足的水分。由于相对干旱会促使植物枝条停止伸长生长，使营养物质向花芽转移，因而在栽培上常采用减水，断水等措施来促进花芽分化。如梅花，碧桃、榆叶梅、紫荆等花园木，在营养生长期即将结束时适当浇水，少浇或停浇几次水，能提早和促进花芽的形成和发育，从而达到开花繁茂的观赏效果。

（3）园林植物栽植年限

刚刚栽植的园林植物，根系损伤大，吸收功能减弱，根系在短期内难与土壤密切接触，常需要多次反复灌水才可能成活。如果是常绿树种，有时还需对枝叶喷雾。待栽植一定年限后进人正常生长阶段，地上部分与地下部分间建立了新的平衡，需水的迫切性会逐渐下降，此时不必经常灌水。

（4）园林植物观赏特性

因受水源、灌溉设施、人力，财力等因素限制，实际园林植物管理中常难以对所有植物进行同等的灌溉，而要根据园林植物的观赏特性来确定灌溉的侧重点。一般需水的优先对象是观花植物、草坪、珍贵树种，孤植树、古树，大树等观赏价值高的树木以及新栽植物。

（5）环境条件

生长在不同气候、地形、土壤等条件下的园林植物，其需水状况也有较大差异。在气温高、日照强、空气干燥、风大的地区，叶面蒸腾和植株间蒸发均会加强，园林植物的需水量就大，反之则小。另外，土壤的质地、结构与灌水也密切相关。如沙土，保水性较差，应“小水勤浇”;较黏重土壤保水力强，灌溉次数和灌水量均应适当减少。栽植在铺装地面或游人践踏严重区域的植物，应给予经常性的地上喷雾，以补充土壤水分的不足。

（6）管理技术措施

管理技术措施对园林植物的需水情况有较大影响。一般来说，经过合理的深翻、中耕、并经常施用有机肥料的土壤，其结构性能好，蓄水保墒能力强，土壤水分的有效性高，能及时满足园林植物对水分的需求，因而灌水量较小。

栽培养护工作过程中，灌水应与其他技术措施密切结合，以便于在相互影响下更好地发挥每个措施的积极作用，如灌溉与施肥，除草、培土，覆盖等管理措施相结合，既可保墙，减少土壤水分的消耗，满足植物水分的需求，还可减少灌水次数。

三、园林植物的灌水

（1）灌溉水的水源类型

灌溉水质量的好坏直接影响园林植物的生长，雨水，河水，湖水、自来水、井水及泉水等都可作为灌溉水源。这些水中的可溶性物质、悬浮物质以及水温等各有不同，对园林植物生长的影响也不同。如雨水中含有较多的二氧化碳，氨和硝酸，自来水中含有氯，这些物质不利于植物生长；而井水和泉水的温度较低，直接灌溉会伤害植物根系，最好在蓄水池中经短期增温充气后利用。总之，园林植物灌溉用水不能含有过多的对植物生长有害的有机、无机盐类和有毒元素及其化合物，水温要与气温或地温接近。

（2）灌水的时期

园林植物除定植时要浇大量的定根水外，其灌水时期大体分为休眠期灌水和生长期灌水两种。具体灌水时间由一年中各个物候期植物对水分的要求 . 气候特点和土壤水分的变化规律等决定。

①生长期灌水

园林植物的生长期灌水可分为花前灌水、花后灌水和花芽分化期灌水三个时期。

a. 花前灌水。可在萌芽后结合花前追肥进行，具体时间因地、因植物种类异。

b．花后灌水。多数园林植物在花谢后半个月左右进入新的迅速生长期，此时如果水分不足，新梢生长将会受到抑制，一些观果类植物此时如果缺水则易引起大量落果，影响以后的观赏效果。夏季是植物的生长旺盛期，此期形成大量的干物质，应根据土壤状况及时灌水。

c．花芽分化期灌水。园林植物一般是在新梢生长缓慢或停止生长时，开始花芽分化，此时也是果实的迅速生长期，都需要较多的水分和养分。若水分供应不足，则会影响果实生长和花芽分化。因此，在新梢停止生长前要及时而适量地灌水，可促进春梢生长而抑制秋梢生长，也有利于花芽分化和果实发育。

②休眠期灌水

在冬春严寒干旱，降水量比较少的地区，休眠期灌水非常必要。秋末或冬初的灌水一般称为灌“封冻水”，这次灌水是非常必要的，因为冬季水结冻，放出潜热有利于提高植物的越冬能力和防止早春干旱。对于一些引种或越冬困难的植物以及幼年树木等，灌封冻水更为必要。而早春灌水，不但有利于新梢和叶片的生长，还有利于开花与坐果，同时还可促使园林植物健壮生长，是花繁果茂的关键。

③灌水时间的注意事项

在夏季高温时期，灌水最佳时间是在早晚，这样可以避免水温与土温及气温的温差过大，减少对植物根系的刺激，有利于植物根系的生长。冬季则相反，灌水最好于中午前后进行，这样可使水温与地温温差减小，减少对根系的刺激，也有利于地温的恢复。

（3）灌水量

灌水量受植物种类、品种、砧木、土质、气候条件，植株大小、生长状况等因素的影响。一般而言，耐干旱的植物洒水量少些，如松柏类；喜湿润的植物洒水量要多些，如水杉、山茶、水松等；含盐量较多的盐碱地，每次洒水量不宜过多，灌水浸润土壤深度不能与地下水位相接，以防返碱和返盐；保水保肥力差的土壤也不宜大水灌溉，以免造成营养物质流失，使土壤逐渐贫瘠。

在有条件灌溉时，切忌表土打湿而底土仍然干燥，如土壤条件允许，应灌饱灌足。如已成年大乔木，应灌水令其渗透到 80 ～ 100 cm 深处。洒水量一般以达到土壤最大持水量的 60% ~ 80% 为适宜标准。园林植物的灌水量的确定可以借鉴目前果园灌水量的计算方法，根据土壤的持水量，灌溉前的土壤湿度、土壤容重，要求土壤浸湿的深度，计算出一定面积的灌水量，即：

灌水量 = 灌溉面积 × 要求土壤浸湿深度 × 土壤容重 ×（田间持水量 - 灌溉前土壤湿度）

灌溉前的土壤湿度，每次灌水前均需测定，田间持水量、土壤容重，土壤浸湿深度等项，可数年测定一次。为了更符合灌水时的实际情况，用此公式计算出的灌水量，可根据具体的植物种类、生长周期、物候期以及日照、温度、干旱持续的长短等因素进行或增或减的调整。

（4）灌水方法和灌水顺序

正确的灌水方法可有利于使水分分布均匀，节约用水，减少土壤冲刷，保持土壤的良好结构，并充分发挥灌水效果。随着科学技术的发展，灌水方法不断改进，正朝着机械化、自动化方向发展，使灌水效率和灌水效果均大幅度提高。

①灌水方法

a. 地上灌水。地上灌水包括人工浇灌、机械喷灌和移动式喷灌等。

人工浇灌，虽然费工多、效率低，但在山地等交通不便，水源较远、设施较差等情况下，也是很有效的灌水方式。人工浇灌用于局部灌溉，灌水前应先松土，使水容易渗透，并做好穴（深 15 ~ 30 cm），灌溉后要及时疏松表土以减少水分蒸发。

机械喷灌，是固定或拆卸式的管道输送和喷灌系统，一般由水源、动力机械，水泵、输水管道及喷头等部分组成，目前已广泛用于园林植物的灌溉。喷灌是一种比较先进的灌水方法，其优点主要有：

——基本避免产生深层渗漏和地表径流，一般可节水 60% ~ 70%。

——减少对土壤结构的破坏，可保持原有土壤的疏松状态，另外对土壤平整度的要求不高，地形复杂的山地亦可采用。

——有利于调节小气候，减少低温。

——节省劳动力，工作效率高。

但是喷灌也有其不足之处：

——有可能加重某些园林植物感染白粉病和其他真菌病害的发生程度。

——有风时，尤其风力比较大时喷灌，会造成灌水不均匀，且会增加水分的损失。

——喷灌设备价格和管理维护费用较高，会增加前期投资，使其应用范围受到一定限制。

移动式喷灌，一般是由洒水车改建而成，在汽车上安装储水箱，水泵、水管及喷头组成一个完整的喷灌系统，与机械喷灌的效果相似。由于其具有机动灵活的优点，常用于城市街道绿化带的灌水。

b. 地面灌水。这是效率较高的灌水方式，水源有河水、井水、塘水、湖水等，可进行大面积灌溉。

c．地下灌水。地下灌水是借助埋设在地下的多孔管道系统，使灌溉水从管道的孔眼中渗出，在土壤毛细管作用下，向周围扩散浸润植物根区土壤的灌溉方法。地下灌水具有蒸发量小、节约用水、保持土壤结构和便于耕作等优点，但是要求设备条件较高，在碱性土壤中应注意避免“泛碱”。

②灌水顺序

园林植物由于干旱需要灌水时，由于受灌水设备及劳动力条件的限制，要根据园林植物缺水的程度和急切程度，按照轻重缓急合理安排灌水顺序。一般来说，新栽的植物、小苗、观花草本和灌木，阔叶树要优先灌水，长期定植的植物、大树、针叶树可后灌；喜水湿、不耐干旱的先灌，耐旱的后灌；因为新植植物、小苗，观花草本和灌木及喜水湿的植物根系较浅，抗旱能力较差；阔叶树类蒸发量大，其需水多，所以要优先灌水。

四、园林植物的排水

园林植物的排水是防涝的主要措施。其目的是为了减少土壤中多余的水分以增加土壤中空气的含量，促进土壤空气与大气的交流，提高土壤温度，激发好气性微生物的活动，加快有机物质的分解，改善植物的营养状况，使土壤的理化性状得到改善。

排水不良的土壤经常发生水分过多而缺乏空气，迫使植物根系进行无氧呼吸并积累乙醇造成蛋白质凝固，引起根系生长衰弱以致死亡；土壤通气不良会造成嫌气微生物活动促使反硝化作用发生，从而降低土壤肥力；而有些土壤，如黏土中，在大量施用硫酸铵等化肥或未腐熟的有机肥后，若遇土壤排水不良，这些肥料将进行无氧分解，从而产生大量的一氧化碳、甲烷、硫化氢等还原性物质，严重影响植物地下部分与地上部分的生长发育。因此排水与灌水同等重要，特别是对耐水力差的园林植物更应及时排水。

（1）需要排水的情况

在园林植物遇到下列情况之一时，需要进行排水：

①园林植物生长在低洼地区，当降雨强度大时汇集大量地表径流而又不能及时渗透，形成季节性涝湿地。

②土壤结构不良，渗水性差，特别是有坚实不透水层的土壤，水分下渗困难，形成过高的假地下水位。

③园林绿地临近江河湖海，地下水位高或雨季易遭淹没，形成周期性的土壤过湿。

④平原或山地城市，在洪水季节有可能因排水不畅，形成大量积水。

在一些盐碱地区，土壤下层含盐量高，不及时排水洗盐，盐分会随水位的上升而到达表层，造成土壤次生盐渍化，很不利植物生长。

（2）排水方法

园林植物的排水是一项专业性基础工程，在园林规划和土建施工时应统筹安排，建好畅通的排水系统。园林植物的排水常见有以下几种。

①明沟排水

在园林规划及土建施工时就应统筹安排，明沟排水是在园林绿地的地面纵横开挖浅沟，使绿地内外联通，以便及时排除积水。这是园林绿地常用的排水方法，关键在于做好全园排水系统。操作要点是先开挖主排水沟、支排水沟，小排水沟等，在绿地内组成一个完整的排水系统，然后在地势最低处设置总排水沟。这种排水系统的布局多与道路走向一致，各级排水沟的走向最好相互垂直，但在两沟相交处最好成锐角（45° ~ 60° ）相交，以利于排水流畅，防止相交处沟道阻塞。

此排水方法适用于大雨后抢排积水，地势高低不平不易出现地表径流的绿地排水视水情而定，沟底坡度一般以 0.2% ~ 0.5% 为宜。

②暗沟排水

暗沟排水是在地下埋设管道形成地下排水系统，将低洼处的积水引出，使地下水降到园林植物所要求的深度。暗沟排水系统与明沟排水系统基本相同，也有干管、支管和排水管之别。暗沟排水的管道多由塑料管、混凝土管或瓦管做成。建设时，各级管道需按水力学要求的指标组合施工，以确保水流畅通，防止淤塞。

此排水方法的优点是不占地面，节约用地，并可保持地势整齐，便利交通，但造价较高，一般配合明沟排水应用。

③滤水层排水

滤水层排水实际就是一种地下排水方法，一般用于栽植在低洼积水地以及透水性极差的土地上的植物，或是针对一些极不耐水的植物在栽植之初就采取的排水措施。其做法是在植物生长的土壤下层填埋一定深度的煤渣、碎石等透水材料，形成滤水层，并在周围设置排水孔，遇积水就能及时排除。这种排水方法只能小范围使用，起到局部排水的作用。如屋顶花园，广场或庭院中的种植地或种植箱，以及地下商场、地下停车场等的地上部分的绿化排水等，都可采用这种排水方法。

④地面排水

地面排水又称地表径流排水，就是将栽植地面整成一定的坡度（一般在 0.1% ~ 0.3%，不要留下坑洼死角），保证多余的雨水能从绿地顺畅地通过道路，广场等地面集中到排水沟排走，从而避免绿地内植物遭受水淹。这种排水方法既节省费用又不留痕迹，是目前园林绿地使用最广泛、最经济的一种排水方法。不过这种排水方法需要在场地建设之初，经过设计者精心设计安排，才能达到预期效果。

第四节 园林植物的养分管理

一、施肥的意义和作用

养分是园林植物生长的物质基础，养分管理是通过合理施肥来改善与调节园林植物营养状况的管理工作。

园林植物多为生长期和寿命较长的乔灌木，生长发育需要大量养分。而且园林植物多年长期生长在同一个地方，根系所达范围内的土壤中所含的营养元素（如氮、磷、钾以及一些微量元素）是有限的，吸收时间长了，土壤的养分就会减低，不能满足植株继续生长的需要。尤其是植株根系会选择性吸收一些营养元素，更会造成土壤中这类营养元素的缺乏。此外，城市园林绿地中的土壤常经严重的践踏，土壤密实度大，密封度高，水气矛盾增加，会大大降低土壤养分的有效构成。同时由于园林植物的枯枝落叶常被清理掉，导致营养物质循环的中断，易造成养分的贫乏。如果植株生长所需营养不能及时得到补充，势必造成营养不良，轻则影响植株正常生长发育，出现黄叶，焦叶，生长缓慢、枯枝等现象，严重时甚至衰弱死亡。

因此，要想确保园林植物长期健康生长，只有通过合理施肥，增强植物的抗逆性，延缓衰老，才能达到枝繁叶茂的最佳观赏目的。这种人工补充养分或提高土壤肥力，以满足园林植物正常生活需要的措施，称为“施肥”。通过施肥，不但可以供给园林植物生长所必需的养分，而且还可以改良土壤理化性质，特别是施用有机肥料，可以提高土壤温度，改善土壤结构，使土壤疏松并提高透水，通气和保水能力，有利于植物的根系生长；同时还为土壤微生物的繁殖与活动创造有利条件，进而促进肥料分解，有利于植物生长。

二、园林植物的营养诊断

园林植物的营养诊断是指导施肥的理论基础，是将植物矿物质营养原理运用到施肥管理中的一个关键环节。根据营养诊断结果进行施肥，是园林植物科学化养护管理的一个重要标志，它能使园林植物施肥管理达到合理化、指标化和规范化。

（1）造成园林植物营养贫乏症的原因

引起园林植物营养贫乏症的具体原因很多，主要包括以下几点：

①土壤营养元素缺乏

这是引起营养贫乏症的主要原因。但某种营养元素缺乏到什么程度会发生营养贫乏症是一个复杂的问题，因为不同植物种类，即使同种的不同品种、不同生长期或不同气候条件都会有不同表现，所以不能一概而论。理论上说，每种植物都有对某种营养元素要求的最低限位。

②土壤酸碱度不合适

土壤 pH 值影响营养元素的溶解度，即有效性。有些元素在酸性条件下易溶解，有效性高，如铁、硼、锌、铜等，其有效性随 pH 值降低而迅速增加；另一些元素则相反，当土壤 pH 值升高至偏碱性时，其有效性增加，如钼等。

③营养成分的平衡

植物体内的各营养元素含量保持相对的平衡是保持植物体内正常代谢的基本要求，否则会导致代谢紊乱，出现生理障碍。一种营养元素如果过量存在常会抑制植物对另一种营养元素的吸收与利用。这种现象在营养元素间是普遍存在的，当其作用比较强烈时就会导致植物营养贫乏症的发生。生产中较常见的有磷—锌、磷—铁、钾—镁、氮—钾、氮—硼、铁—锰等。因此在施肥时需要注意肥料间的选择搭配，避免某种元素过多而影响其他元素的吸收与利用。

④土壤理化性质不良

如果园林植物因土壤坚实，底层有隔水层、地下水位太高或盆栽容器太小等原因限制根系的生长，会引发甚至加剧园林植物营养贫乏症的发生。

⑤其他因素

其他能引起营养贫乏症的因素有低温，水分，光照等。低温一方面可减缓土壤养分的转化，另一方面也削弱植物根系对养分的吸收能力，所以低温容易促进营养缺乏症的发生。雨量多少对营养缺乏症的发生也有明显的影响，主要表现为土壤过旱或过湿而影响营养元素的释放、流失及固定等，如干旱促进缺硼、钾及磷症，多雨容易促发缺镁症等。光照也影响营养元素吸收，光照不足对营养元素吸收的影响以磷最严重，因而在多雨少光照而寒冷的大气条件下，植物最易缺磷。

（2）园林植物营养诊断的方法

园林植物营养诊断的方法包括土壤分析，叶样分析、形态诊断等。其中，形态诊断是行之有效且常用的方法，它是通过根据园林植物在生长发育过程中缺少某种元素时，其形态上表现出的特定的症状来判断该植物所缺元素的种类和程度，此法简单易行，快速，在生产实践中很有实用价值。

①形态诊断法

植物缺乏某种元素，在形态上会表现某一症状，根据不同的症状可以诊断植物缺少哪一种元素。工作人员采用该方法要有丰富的经验积累，才能准确判断。该诊断法的缺点是滞后性，即只有植物表现出症状才能判断，不能提前发现。以下是常见植物缺素症状表现：

a．氮。当植物缺氮时，叶子小而少，叶片变黄。缺氮影响光合作用使苗木生长缓慢、发育不良。而氮素过量也会造成苗木疯长，苗本延缓和幼微枝条木质化，易受病虫危害和遭冻害。

b. 磷。植物缺磷时，地上部分表现为侧芽退化，枝梢短，叶片变为古铜色或紫红色。叶的开张角度小，紧夹枝条，生长受到抑制。磷对根系的生长影响明显，缺磷时根系发育不良，短而粗。苗木缺磷症状出现缓慢，一旦出现再补救，则为时已晚。

c. 钾。植物缺钾表现为生长细弱，根系生长缓慢；叶尖，叶缘发黄，枯干。钾对苗木体内氨基酸合成过程有促进作用，因而能促进植物对氮的吸收。

d. 钙。缺钙影响细胞壁的形成，细胞分裂受阻而发育不良，表现为根粗短、弯曲、易枯萎死亡；叶片小，淡绿色，叶尖边缘发黄或焦枯；枝条软弱，严重时嫩梢和幼芽枯死。

e. 镁。镁是叶绿素的重要组成元素，也是多种酶的活化剂。植物缺镁时，叶片会产生缺绿症。

f. 铁。铁参与叶绿素的合成，也是某些酶和蛋白质的成分，还参与植物体内的代谢过程。缺铁时，嫩叶叶脉间的叶肉变为黄色。

g．锰。锰能促进多种酶的活化，在植物体代谢过程中起重要作用。缺锰常引起新叶叶脉间缺绿，有黄色或灰绿色斑点，严重时呈焦灼状。

h．锌。锌参与植物体内生长素的形成，对蛋白质的形成起催化作用。缺锌时表现为叶子小，多斑，易引起病害。

i. 硼。硼能促进碳水化合物的运输与代谢。缺硼时表现为枯梢、小枝丛生，叶片小，果实畸形或落果严重。

②综合诊断法

植物的生长发育状况一方面取决于某一养分的含量，另一方面还与该养分与其他养分之间的平衡程度有关。综合诊断法是按植物产量或生长量的高低分为高产组和低产组，分析各组叶片所含营养物质的种类和数量，计算出各组内养分浓度的比值，然后用高产组所有参数中与低产组有显著差别的参数作为诊断指标，再用与被测植物叶片中养分浓度的比值与标准指标的偏差值评价养分的供求状况。

该方法可对多种元素同时进行诊断，而且从养分平衡的角度进行诊断，符合植物营养的实际，该方法诊断比较准确，但不足之处是需要专业人员的分析、统计和计算，应用受到限制。

三、园林植物合理施肥的原则

（1）根据园林植物在不同物候期内需肥的特性

一年内园林植物要历经不同的物候期，如根系活动、萌芽、抽梢、长叶、休眠等。在不同物候期园林植物的生长重心是不同的，相应的所需营养元素也不同，园林植物体内营养物质的分配，也是以当时的生长重心为重心的。因此在每个物候期即将来临之前，及时施入当时生长所需要的营养元素，才能使植物正常生长发育。

在一年的生长周期内，早春和秋末是根系的生长旺盛期，需要吸收一定数量的磷，根系才能发达，伸入深层土壤。随着植物生长旺盛期的到来需肥量逐渐增加，生长旺盛期以前或以后需肥量相对较少，在休眠期甚至不需要施肥。在抽梢展叶的营养生长阶段，对氮元素的需求量大。开花期与结果期，需要吸收大量的磷、钾肥及其他微量元素，植物开花才能鲜艳夺目，果实充分发育。总的来说，根据园林植物物候期差异，具体施肥有萌芽肥、抽梢肥、花前肥、壮花稳果肥以及花后肥等。

就园林植物的生命周期而言，一般幼年期，尤其是幼年的针叶类树种生长需要大量的氮肥，到成年阶段对氮元素的需要量减少；对处于开花、结果高峰期的园林植物，要多施些磷钾肥；对古树、大树等树龄较长的要供给更多的微量元素，以增强其对不良环境因素的抵抗力。

园林植物的根系往往先于地上部分开始活动，早春土壤温度较低时，在地上部分萌发之前，根系就已进入生长期，因此早春施肥应在根系开始生长之前进行，才能满足此时的营养物质分配重心，使根系向纵深方向生长。故冬季施有机基肥，对根系来年的生长极为有利；而早春施速效性肥料时，不应过早施用，以免养分在根系吸收利用之前流失。

（2）园林植物种类不同，需肥期各异

园林绿地中栽植的植物种类很多，各种植物对营养元素的种类要求和施用时期各不相同，而观赏特性和园林用途也影响其施肥种类、施肥时间等。一般而言，观叶、赏形类园林植物需要较多的氮肥，而观花，观果类对磷、钾肥的需求量较大。如孤赏树、行道树、庭荫树等高大乔木类，为了使其春季抽梢发叶迅速，增大体量，常在冬季落叶后至春季萌芽前期间施用农家肥，饼肥，堆肥等有机肥料，使其充分熟化分解成宜吸收利用的状态，供春季生长时利用，这对于属于前期生长型的树木，如白皮松、黑松、银杏等特别重要。休眠期施基肥，对于柳树、国槐、刺槐、悬铃木等全期生长型的树木的春季抽枝展叶也有重要作用。

对于早春开花的乔灌木，如玉兰，碧桃、紫荆、榆叶梅、连翘等，休眠期施肥对开花也具有重要的作用。这类植物开花后及时施入以氮为主的肥料可有利于其枝叶形成，为来年开花结果打下基础。在其枝叶生长缓慢的花芽形成期，则施入以磷为主的肥料。总之，以观花为主的园林植物在花前和花后应施肥，以达到最佳的观赏效果。

对于在年中可多次抽梢、多次开花的园林植物，如珍珠梅，月季等，每次开花后应及时补充营养，才能使其不断抽枝和开花，避免因营养消耗太大而早衰。这类植物一年内应多次施肥，花后施入以氮为主的肥料，既能促生新梢，又能促花芽形成和开花。若只施氮肥容易导致枝叶徒长而梢顶不易开花的情况出现。

（3）根据园林植物吸收养分与外界环境的相互关系

园林植物吸收养分不仅取决于其生物学特性，还受外界环境条件如光、热、气，水、土壤溶液浓度等的影响。

在光照充足、温度适宜，光合作用强时，植物根系吸肥量就多；如果光合作用减弱，由叶输导到根系的合成物质减少了，则植物从土壤中吸收营养元素的速度也会变慢。同样当土壤通气不良或温度不适宜时，就会影响根系的吸收功能，也会发生类似上述的营养缺乏现象。土壤水分含量与肥效的发挥有着密切的关系。土壤干旱时施肥，由于不能及时稀释导致营养浓度过高，植物不能吸收利用反遭毒害，所以此时施肥有害无利。而在有积水或多雨时施肥，肥分易淋失，会降低肥料利用率。因此，施肥时期应根据当地土壤水分变化规律、降水情况或结合灌水进行合理安排。

另外，园林植物对肥料的吸收利用还受土壤的酸碱反应的影响。当土壤呈酸性反应时，有利于阴离子的吸收（如硝态氮）；当呈碱性反应时，则有利于阳离子的吸收（如铵态氮）。除了对营养吸收有直接影响外，土壤的酸碱反应还能影响某些物质的溶解度，如在酸性条件下，能提高磷酸钙和磷酸镁的溶解度；而在碱性条件下，则降低铁、硼和铝等化合物的溶解度，从而也间接地影响植物对这些营养物质的吸收。

（4）根据肥料的性质施肥

施用的肥料的性质不同，施肥的时期也有所不同。一些容易淋失和挥发的速效性肥或施用后易被土壤固定的肥料，如碳酸氢铵，过磷酸钙等，为了获得最佳施肥效果，适宜在植物需肥期稍前施入；而一些迟效性肥料如堆肥、厩肥、圈肥，饼肥等有机肥料，因需腐烂分解、矿质化后才能被吸收利用，故应提前施用。

同一肥料因施用时期不同会有不同的效果。如氮肥或以含氮为主的肥料，由于能促进细胞分裂和延长，促进枝叶生长，并利于叶绿素的形成，故应在春季植物展叶，抽梢，扩大冠幅之际大量施入；秋季为了使园林植物能按时结束生长，应及早停施氮肥，增施磷钾肥，有利于新生枝条的老化，准备安全越冬。再如磷钾肥，由于有利于园林植物的根系和花果的生长，故在早春根系开始活动至春夏之交，园林植物由营养生长转向生殖生长阶段应多施入，以保证园林植物根系、花果的正常生长和增加开花量，提高观赏效果。同时磷钾肥还能增强枝干的坚实度，提高植物抗寒，抗病的能力，因此在园林植物生长后期（主要是秋季）应多施以提高园林植物的越冬能力。

四、园林植物的施肥时期

在园林植物的生产与管理中，施肥一般可分基肥和追肥。施用的要点是基肥施用的时期要早，而追肥施用得要巧。

（1）基肥

基肥是在较长时期内供给园林植物养分的基本肥料，主要是一些迟效性肥料，如堆肥、厩肥、圈肥、鱼肥、血肥以及农作物的秸秤．树枝、落叶等，使其逐渐分解，提供大量元素和微量元素供植物在较长时间内吸收利用。

园林植物早春萌芽、开花和生长，主要是消耗体内储存的养分。如果植物体内储存的养分丰富，可提高开花质量和坐果率，也有利于枝繁叶茂、增加观赏效果。园林植物落叶前是积累有机养分的重要时期，这时根系吸收强度虽小，但是持续时间较长，地上部制造的有机养分主要用于储藏。为了提高园林植物的营养水平，我国北方一些地区，多在秋分前后施入基肥，但时间宜早不宜晚，尤其是对观花，观果及从南方引种的植物更应早施，如施得过迟，会使植物生长停止时间推迟，降低植物的抗寒能力。

秋施基肥正值根系秋季生长高峰期，由施肥造成的伤根容易愈合并可发出新根。如果结合施基肥能再施工部分速效性化肥，可以增加植物体内养分积累，为来年生长和发芽打好物质基础。秋施基肥．由于有机质有充分的时间腐烂分解，可提高矿质化程度，来春可及时供给植物吸收和利用。另外增施有机肥还可提高土壤孔隙度，使土壤疏松，有利于土壤积雪保墙，防止冬春土壤干旱，并可提高地温，减少根际冻害的发生。

春施基肥，因有机物没有充分时间腐烂分解，肥效发挥较慢，在早春不能及时供给植物根系吸收，而到生长后期肥效才发挥作用，往往会造成新梢二次生长，对植物生长发育不利。特别是不利于某些观花，观果类植物的花芽分化及果实发育。因此，若非特殊情况（如由于劳动力不足秋季来不及施）最好在秋季施用有机肥。

（2）追肥

追肥又叫补肥，根据植物各生长期的需肥特点及时追肥，以调解植物生长和发育的矛盾。在生产上，追肥的施用时期常分为前期追肥和后期追肥。前期追肥又分为花前追肥、花后追肥和花芽分化期追肥。具体追肥时期与地区，植物种类、品种等因素有关，并要根据各物候期特点进行追肥。对观花、观果植物而言，花后追肥与花芽分化期追肥比较重要，而对于牡丹，珍珠梅等开花较晚的花木，这两次肥可合为一次。由于花前追肥和后期追肥常与基肥施用时期相隔较近，条件不允许时也可以不施，但对于花期较晚的花木类如牡丹等开花前必须保证追肥一次。

五、肥料的用量

园林植物施肥量包括肥料中各种营养元素的比例和施肥次数等数量指标。

（1）影响施肥量的因素

园林植物的施肥量受多种因素的影响，如植物种类树种习性、树体大小，植物年龄、土壤肥力，肥料的种类，施肥时间与方法以及各个物候期需肥情况等，因此难以制定统一的施肥量标准。

在生产与管理过程中，施肥量过多或不足，对园林植物生长发育均有不良影响。据报道、植物吸肥量在一定范围内随施肥量的增加而增加，超过一定范围，随着施肥量的增加而吸收量下降。施肥过多植物不能吸收，既造成肥料的浪费，又可能使植物遭受肥害；而施肥量不足则达不到施肥的目的。因此，园林植物的施肥量既要满足植物需求，又要以经济用肥为原则。以下情况可以作为确定施肥量的参考。

①不同的植物种类施肥量不同。不同的园林植物对养分的需求量是不一样的，如梧桐、梅花、桃、牡丹等植物喜肥沃土壤，需肥量比较大；而沙棘，刺槐、悬铃木，火棘、臭椿、荆条等则耐瘠薄的土壤，需肥量相对较少。开花、结果多的应较开花、结果少得多施肥，长势衰弱的应较生长势过旺或徒长的多施肥。不同的植物种类施用的肥料种类也不同，如以生产果实或油料为主的应增施磷钾肥。一些喜酸性的花木，如杜鹃、山茶、栀子花、八仙花（绣球花）等，应施用酸性肥料，而不能施用石灰、草木灰等碱性肥料。

②根据对叶片的营养分析确定施肥量。植物的叶片所含的营养元素量可反映植物体的营养状况，所以近 20 年来，广泛应用叶片营养分析法来确定园林植物的施肥量。用此法不仅能查出肉眼见得到的缺素症状，还能分析出多种营养元素的不足或过剩，以及能分辨两种不同元素引起的相似症状，而且能在病症出现前及早测知。

另外，在施肥前还可以通过土壤分析来确定施肥量，此法更为科学和可靠。但此法易受设备、仪器等条件的限制，以及由于植物种类、生长期不同等因素影响，所以比较适合用于大面积栽培的植物种类比较集中的生产与管理。

（2）施肥量的计算

关于施肥量的标准有许多不同的观点。在我国一些地方，有以园林树木每厘米胸径 0.5 kg 的标准作为计算施肥量依据的。但就同一种园林植物而言，化学肥料、追肥、根外施肥的施肥浓度一般应分别较有机肥料、基肥和土壤施肥要低些，而且要求也更严格。一般情况下，化学肥料的施用浓度一般不宜超过 1% ~ 3%，而叶面施肥多为 0.1% ~ 0.3%，一些微量元素的施肥浓度应更低。

随着电子技术的发展，对施肥量的计算也越来越科学与精确。目前园林植物的施肥量的计算方法常参考果树生产与管理上所用的计算方法。通过下面的公式能精确地计算施肥量，但前提是先要测定出园林植物各器官每年从土壤中吸收各营养元素的肥量，减去土壤中能供给的量，同时还要考虑肥料的损失。

施肥量 =(园林植物吸收肥料元素量—土壤供给量)/ 肥料利用率

此计算方法需要利用计算机和电子仪器等先测出一系列精确数据，然后再计算施肥量，由于设备条件的限制和在生产管理中的实用性与方便性等原因，目前在我国的园林植物管理中还没有得到广泛应用。

六、施肥的方法

根据施肥部位的不同，园林植物的施肥方法主要有土壤施肥和根外施肥两大类。

（1）土壤施肥

土壤施肥就是将肥料直接施入土壤中，然后通过植物根系进行吸收的施肥，它是园林植物主要的施肥方法。

土壤施肥深度由根系分布层的深浅而定，根系分布的深浅又因植物种类而异。施肥时应将肥料施在吸收根集中分布区附近，才能被根系吸收利用，充分发挥肥效，并引导根系向外扩展。从理论上讲，在正常情况下，园林植物的根系多数集中分布在地下 10 ~ 60 cm 深范围内，根系的水平分布范围多数与植物的冠幅大小相一致，即主要分布在冠幅外围边缘垂直投影的圆周内，故可在冠幅外围与地面的水平投影处附近挖掘施肥沟或施肥坑。由于许多园林树木常常经过造型修剪，其冠幅大大缩小，导致难以确定施肥范围。在这种情况下，有专家建议，可以将离地面 30 cm 高处的树干直径值扩大 10 倍，以此数据为半径、树干为圆心，在地面画出的圆周边即为吸收根的分布区，该圆周附近处即为施肥范围。

一般比较高大的园林树木类土壤施肥深度应在 20 ~ 50 cm 左右，草本和小灌木类相应要浅一些。事实上，影响施肥深度的因素有很多，如植物种类树龄，水分状况、土壤和肥料种类等。一般来说，随着树龄增加，施肥时要逐年加深，并扩大施肥范围，以满足树木根系不断扩大的需要。一些移动性较强的肥料种类（如氮素）由于在土壤中移动性较强，可适当浅施，随灌溉或雨水渗入深层；而移动困难的磷、钾等元素，应深施在吸收根集中分布层内，直接供根系吸收利用，减少土壤的吸附，充分发挥肥效。

目前生产上常见的土壤施肥方法有全面施肥，沟状施肥和穴状施肥等，爆破施肥法也有少量应用。

①全面施肥

分洒施与水施两种。洒施是将肥料均匀地洒在园林植物生长的地面，然后再翻入土中，其优点是方法简单、操作方便、肥效均匀，但不足之处是施肥深度较浅，养分流失严重，用肥量大，并易诱导根系上浮而降低根系抗性。此法若与其他施肥方法交替使用则可取长补短，充分发挥肥料的功效。

水施是将肥料随洒水时施入，施入前，一般需要以根基部为圆心，内外 30 ~ 50 cm 处作围堰，以免肥水四处流溢。该法供肥及时，肥效分布均匀，既不伤根系又保护耕作层土壤结构，肥料利用率高，节省劳力，是一种很有效的施肥方法。

②沟状施肥

沟状施肥包括环状沟施、放射状沟施和条状沟施，其中环状沟施方法应用较为普遍。环状沟施是指在园林植物冠幅外围稍远处挖环状沟施肥，一般施肥沟宽 30 ~ 40 cm，深 30 ~ 60cm。该法具有操作简便，肥料与植物的吸收根接近便于吸收、节约用肥等优点，但缺点是受肥面积小，易伤水平根，多适用于园林中的孤植树。放射状沟施就是从植物主干周围向周边挖一些放射状沟施肥，该法较环状沟施伤根要少，但施肥部位常受限制。条状沟施是在植株行间或株间开沟施肥，多适用于苗圃施肥或呈行列式栽植的园林植物。

③穴状施肥

穴状施肥与沟状施肥方法类似，若将沟状施肥中的施肥沟变为施肥穴或坑就成了穴状施肥。栽植植物时栽植坑内施入基肥，实际上就是穴状施肥。目前穴状施肥已可机械化操作：把配制好的肥料装入特制容器内，依靠空气压缩机通过钢钻直接将肥料送入到土壤中，供植物根系吸收利用。该方法快速省工，对地面破坏小，特别适合有铺装的园林植物的施肥。

④爆破施肥

爆破施肥就是利用爆破时产生的冲击力将肥料冲散在爆破产生的土壤缝隙中，扩大根系与肥料的接触面积。这种施肥法适用于土层比较坚硬的土壤，优点是施肥的同时还可以疏松土壤。目前在果树的栽培中偶有使用，但在城市园林绿化中应用须谨慎，事前须经公安机关批准，且在离建筑物近、有店铺及人流较多的公共场所不应使用。

（2）根外施肥

目前生产上常用的根外施肥方法有叶面施肥和枝干施肥两种。

①叶面施肥

叶面施肥是指将按一定浓度配制好的肥料溶液，用喷雾机械直接喷雾到植物的叶面上，通过叶面气孔和角质层的吸收，再转移运输到植物的各个器官。叶面施肥具有简单易行 . 用肥量小，吸收见效快，可满足植物急需等优点，避免了营养元素在土壤中的化学或生物固定。该施肥方式在生产上应用较为广泛，如在早春植物根系恢复吸收功能前，在缺水季节或不使用土壤施肥的地方，均可采用此法。同时，该方法也特别适合用于微量元素的施肥以及对树体高大，根系吸收能力衰竭的古树、大树的施肥；对于解决园林植物的单一营养元素的缺素症，也是一种行之有效的方法。但是需要注意的是，叶面施肥并不能完全代替土壤施肥，二者结合使用效果会更好。

叶面施肥的效果受多种因素的影响，如叶龄，叶面结构、肥料性质、气温、湿度、风速等。一般来说，幼叶较老叶吸收速度快，效率高，叶背较叶面气孔多，利于渗透和吸收，因此，应对叶片进行正反两面喷雾，以促进肥料的吸收。肥料种类不同，被叶片吸收的速度也有差异。据报道，硝态氮，氮化镁喷后 15s 进入叶内，而硫酸镁需 30 s，氯化镁需 15 min，氯化钾需 30min，硝酸钾需 1 h，铵态氮需 2 h 才进入叶内。另外，喷施时的天气状况也影响吸收效果。试验表明，叶面施肥最适温度为 18 ~ 25 ℃，因而夏季喷施时间最好在上午 10；00 以前和下午 16：00 以后，以免气温高，溶液很快浓缩，影响喷肥效果或导致肥害。此外，在湿度大而无风或微风时喷施效果好，可避免肥液快速蒸发降低肥效或导致肥害。

在实际的生产与管理中，喷施叶面肥的喷液量以叶湿而不滴为宜。叶面施肥液适宜肥料含量为 1% ~ 5%，并尽量喷复合肥，可省时、省工。另外，叶面施肥常与病虫害的防治结合进行，此时配制的药物浓度和肥料浓度比例至关重要。在没有足够把握的情况下，溶液浓度应宁淡勿浓。为保险起见，在大面积喷施前需要做小型试验，确定不引起药害或肥害再大面积喷施。

②枝干施肥

枝干施肥就是通过植物枝、茎的韧皮部来吸收肥料营养，它吸肥的机理和效果与叶面施肥基本相似。枝干施肥有枝下涂抹，枝干注射等方法。

涂抹法就是先将植物枝干刻伤，然后在刻伤处加上含有营养元素的团体药棉，供枝干慢慢吸收。

注射法是将肥料溶解在水中制成营养液，然后用专门的注射器注入枝干。目前已有专用的枝干注射器，但应用较多的是输液方式。此法的好处是避免将肥料施入土壤中的一系列反应的影响和固定、流失，受环境的影响较小，节省肥料，在植物体急需补充某种元素时用本法效果较好。注射法目前主要用于衰老的古树、大树、珍稀树种，树桩盆景以及大树移栽时的营养供给。

另外美国生产的一种可埋入枝干的长效固体肥料，通过树液湿润药物来缓慢地释放有效成分，供植物吸收利用，有效期可保持 3 ~ 5 年，主要用于行道树的缺锌，缺铁、缺锰等营养缺素症的治疗。

第五节　园林植物的其他养护管理

园林植物能否生长良好，并尽快发挥其最佳的观赏效果或生态效益，不仅取决于工作人员是否做好土，水、肥管理，而且取决于能否根据自然环境和人为因素的影响，进行相应的其他养护管理，为不同年龄阶段和不同环境下的园林植物创造适宜的生长环境，使植物体长期维持较好的生长势。因此，为了让园林植物生长良好，充分展现其观赏特性，应根据其生长地的气候条件，做好各种自然灾害的防治工作，对受损植物进行必要的保护和修补，使之能够长久地保持花繁、叶茂、形美的园林景观。同时管理过程中应制定养护管理的技术标准和操作规范，使养护管理做到科学化、规范化。

一、冻害

冻害主要指植物因受低温的伤害而使细胞和组织受伤，甚至死亡的现象。

（1）植物冻害发生的原因

影响植物冻害发生的原因很复杂。从植物本身来说，植物种类、株龄、生长势，当年枝条的长度及休眠与否都与该植物是否受冻有密切关系；从外界环境条件来说，气候、地形、水体、土壤，栽培管理等也可能与植物是否受冻有关。因此当植物发生冻害时，应从多方面分析，找出主要原因，提出有针对性的解决办法。

①抗冻性与植物种类的关系

不同的植物种类甚至不同的品种，其抗冻能力不一样。如樟子松比柏松抗冻，油松比马尾松抗冻；同是秋后的秋子梨比白梨和沙梨抗冻。又如原产长江流域的梅品种就比广东的黄梅抗寒。

②抗冻性与组织器官的关系

同一植物的不同器官，同一枝条的不同组织，对低温的忍耐能力不同。如新梢、根茎、花芽等抗寒能力较弱，叶芽形成层耐寒力强，而髓部抗寒力最弱。抗寒力弱的器官和组织，对低温特别敏感，因此这些组织和器官是防寒管理的重点。

③抗冻性与枝条成熟度的关系

枝条的成熟度愈大，其抗冻能力愈强。枝条充分成熟的标志主要是：木质化的程度高，含水量减少，细胞液浓度增加，积累淀粉多。在降温来临之前，如果还不能停止生长且未能进行抗寒锻炼的植株，容易遭受冻害。为此，在秋季管理时要注意适当控肥控水，让植物及时结束生长，促进枝条成熟，增强植株抗冻能力。

④抗冻性与枝条休眠的关系

冻害的发生与植物的休眠和抗寒锻炼有关，一般处在休眠状态的植株抗寒力强，植株休眠愈深，抗寒力愈强。植物体的抗寒能力是在秋天和初冬期间逐渐获得的，这个过程称为“抗寒锻炼”，一般植物要通过抗寒锻炼才能获得抗冻能力。到了春季，抗冻能力又逐渐趋于丧失，这一丧失过程称为“锻炼解除”。

植物春季解除休眠的早晚与冻害发生有密切关系。解除休眠早的，受早春低温威胁较大；休眠解除较晚的，可以避开早春低温的威胁。因此，冻害的发生往往不在绝对温度最低的休眠期，而常在秋末或春初时发生。因此，园林植物的越冬能力不仅表现在对低温的抵抗能力，而且还表现在休眠期和解除休眠期后，对综合环境条件的适应能力。

⑤冻害与低温来临时状况的关系

当低温到来的时期早又突然，而植物体本身未经抗寒锻炼，管理者也没有采取防寒措施时，就很容易发生冻害。每日极端最低温度愈低，植物受冻害的程度就越大；低温持续的时间越长，植物受害愈大；降温速度越快，植物受害就越重。此外，植物受低温影响后，如果温度急剧回升，则比缓慢回升受害严重。

⑥引起冻害发生的其他因素

除以上因素外，地势、坡向，植物离水源的远近，栽培管理水平都会影响植物是否受冻或受冻害的程度。

（2）园林植物冻害的表现

园林植物在遭受冻害后，不同的组织和器官往往有不同的表现，这是生产管理中判断植物是否受冻害以及受冻害轻重的重要依据。

①花芽

花芽是植物体上抗寒力较弱的器官，花芽冻害多发生在春季回暖时期，腋花芽较顶花芽的抗寒力强。花芽受冻后，内部变褐色，初期从表面上只看到芽鳞松散，不易鉴别，到后期则芽不萌发，干缩枯死。

②枝条

枝条的冻害与其成熟度有关。成熟的枝条，在休眠期后形成层最抗寒，皮层次之，而木质部、髓部最不抗寒。随受冻程度加重，髓部、木质部先后变色，严重受冻时韧皮部才受伤，如果形成层受冻变色则枝条就失去了恢复能力，但在生长期则以形成层抗寒力最差。

幼树在秋季因雨水过多徒长，停止生长较晚，枝条生长不充实，易加重冻害。特别是成熟不良的先端对严寒敏感，常首先发生冻害，轻者髓部变色，较重时枝条脱水干缩，严重时枝条可能冻死。

多年生枝条发生冻害，常表现为树皮局部冻伤，受冻部分最初稍变色下陷，不易发现，如果用刀挑开，可发现皮部已变褐；以后逐渐干枯死亡，皮部裂开和脱落。但是如果形成层未受冻，则可逐渐恢复。

③枝杈和基角

枝杈或主枝基角部分进入休眠较晚，位置比较隐蔽，输导组织发育不好，通过抗寒锻炼较迟，因此遇到低温或昼夜温差变化较大时，易引起冻害。树杈冻害有多种表现：有的受冻后皮层变褐色，而后干枝凹陷；有的树皮呈块状冻坏；有的顺主干垂直冻裂形成劈枝。主枝与树干的基角愈小，枝杈基角冻害也愈严重。这些表现随冻害的程度和树种、品种而有所不同。

④主干

主干受冻后有的形成纵裂，一般称为“冻裂”现象，树皮成块状脱离木质部。一般生长过旺的幼树主干易受冻害，这些伤口极易发生腐烂病。

形成冻裂的主要原因是由于气温突然急剧下降到零下，树皮迅速冷却收缩，致使主干组织内外张力不均，导致自外向内开裂或树皮脱离木质部。树干“冻裂”常发生在夜间，随着气温的变暖，冻裂处又可逐渐愈合。

⑤根茎和根系

在一年中根茎停止生长最迟，进入休眠期最晚，而解除休眠和开始活动又较早，因此在温度骤然下降的情况下，根茎未能很好地通过抗寒锻炼，同时近地表处温度变化又剧烈，因而容易引起根茎的冻害。根茎受冻后，树皮先变色，以后干枯，可发生在局部，也可能成环状，根茎冻害对植株危害很大，严重时会导致整株死亡。

根系无休眠期，所以根系较其地上部分耐寒力差。但根系在越冬时活动力会明显减弱，故其耐寒力较生长期略强一些。根系受冻后表现为变褐，皮部易与木质部分离。一般粗根比细根耐寒力强，近地面的粗根由于地温低，较下层根系易受冻；新栽的植株或幼龄植株因根系细小而分布又浅，易受凉害，而大树则抗寒力相当强。

（3）园林植物冻害的防治

我国气候类型比较复杂，园林植物种类繁多，分布范围又广，而且常有寒流侵袭，因此，经常会发生冻害。冻害对园林植物威胁很大，轻者冻死部分枝干，严重时会将整棵大树冻死，如 1976 年 3 月初昆明市低温将 30 ~ 40 年生的桉树冻死。植物局部受冻以后，常常引起溃疡性寄生菌寄生的病害，使生长势大大衰弱，从而造成这类病害和冻害的恶性循环。有些植物虽然抗寒力较强，但花期容易受冻害，影响观赏效果。因此，预防冻害对园林植物正常功能的发挥及通过引种丰富园林植物的种类具有重要的意义。为了做好园林植物冻害的预防工作，在园林的生产与管理中需要注意以下几个方面：

①在园林绿地植物配置时，应该因地制宜，多用乡土植物

在园林绿地的建设中，因地制宜地种植抗寒力强的乡土植物，在小气候条件比较好的地方种植边缘树种，这样可以大大减少越冬防寒的工作量，同时注意栽植防护林和设置风障，改善小气候条件预防和减轻冻害。

②加强栽培管理，提高抗寒性

加强栽培管理（尤其重视后期管理）有助于植物体内营养物质的储备，提高抗寒能力。在生产管理过程中，春季应加强肥水供应，合理应用排灌和施肥技术，促进新梢生长和叶片增大，提高光合效能，增加植物体内营养物质的积累，保证植株健壮；管理后期要及时控制灌水和排涝，适量施用磷钾肥，勤锄深耕，促使枝条及早结束生长，有利于组织充实，延长营养物质的积累时间，从而能更好地进行抗寒锻炼。

此外，管理过程中结合一些其他管理措施也可以提高植株的抗寒能力，如夏季适期摘心，促进枝条及早成熟；冬季修剪，减少冬季蒸发面积；人工落叶等。同时，在整个生长期必须加强对病虫害的防治，减少病虫害的发生，保证植株健壮也是提高植株抗寒能力的重要措施。

③加强植物体保护，减少冻害

对植物体保护的方法很多，一般的植物种类可用浇“封冻水”防寒。为了保护容易受凉的种类，可采用--些其他防寒措施，如全株培土、根茎培土（高 30 ~ 50 cm），箍树，枝干涂白、主干包草，搭风障，北面培月牙形土堆等；对一些低矮的植物，还可以用搭棚、盖草帘等方法防寒。以上的防治措施应在冬季低温来临之前完成，以免低温突袭造成冻害。在特别寒冷干旱的地区，也可以在植物的周围堆雪以保持温度恒定，避免寒潮引起大幅降温而使植株受冻，早春也可起到增湿保摘作用。

④加强受冻植株的养护管理，促其尽快恢复生长势

植物受冻后根系的吸收、输导，叶的蒸腾、光合作用以及梢株的生长等均遭到破坏，因此受冻后植物的护理对其后期的恢复极为重要。为此，植物受冻后应尽快地采取措施，恢复其输导系统，治愈伤口，缓和缺水现象，促进休眠芽萌发和叶片迅速增大。受冻后再恢复生长的植物常表现出生长不良，因此首先要对这部分植株加强管理，保证前期的水肥供应，亦可以早期追肥和根外追肥，补给养分。

受冻植株要适当晚剪和轻剪，让其有充足时间恢复。对明显受冻枯死部分要及时剪除，以利伤口愈合；对于受冻不明显的部位不要急于修剪，待春天发芽后再做决定。受冻造成的伤口要及时治疗，应喷白或涂白预防日灼，并做好防治病虫害和保叶工作。对根茎受冻的植株要及时嫁接或根接，以免植株死亡。树皮受冻后成块脱离木质部的要用钉子钉住或进行嫁接补救。

以上措施只是植物受冻后的一些补救措施，并不能从根本上解决园林植物受冻的问题。最根本的办法是加强引种驯化和育种工作，选育优良的抗寒园林植物种类。

二、霜害

（1）霜冻的形成原因及危害特点

在生长季节里由于急剧降温，水汽凝结成霜使梢体幼嫩部分受冻称为霜害。我国除台湾与海南岛的部分地区外，由于冬春季寒潮的侵袭，均会出现零度以下的低温。在早秋及晚春寒潮入侵时，常使气温急剧下降，形成霜害。一般纬度越高，无霜期越短；在同一纬度上，我国西部无霜期较东部短。另外小地形与无霜期有密切关系，一般坡地较洼地，南坡较北坡、靠近大水面的较无大水面的地区无霜期长，受霜冻威胁较轻。

在我国北方地区，晚霜较早霜具有更大的危害性。因为从萌芽至开花期，植物的抗寒能力越来越弱，甚至极短暂的零度以下温度也会给幼微组织带来致命的伤害。在这一时期，霜冻来临越快，则植物越容易受害，且受害也越重。春季萌芽越早的植物，受霜冻的威胁也超大，如北方的杏树开花比较早，最易遭受霜害。

霜冻会严重地影响园林植物的正常生长和观赏效果，轻则生长势减弱，重者会全

株死亡。早春萌芽时受霜后，嫩芽和嫩枝会变褐色，鳞片松散而干枯在枝上。如花期受霜冻，由于雌蕊最不耐寒，轻者将雌蕊和花托冻死，但花朵能正常开放；重者会将雄蕊冻死，花瓣受冻变枯，脱落。幼果受霜冻，轻则幼胚变褐，果实仍保持绿色，以后逐渐脱落；重则全果变褐色，很快脱落。

（2）防霜措施

针对霜冻形成的原因和危害特点采取的防霜措施应着重考虑以下几个方面：增加或保持植物周围的热量，促使上下层空气对流，避免冷空气积聚，推迟植物的萌动期以增加对霜冻的抵抗力等。

①推迟萌动期，避免霜害

利用药剂和激素或其他方法使园林植物推迟萌动（延长植株的休眠期），因为推迟萌动和延迟开花，可以躲避早春“田春寒”的霜冻。例如，乙烯利、青鲜素、萘乙酸钾盐水（250 ~ 500 mg/kg）在萌芽前后至开花前灌洒植株上，可以抑制萌动；在早春多次灌返浆水或多次喷水降低地温，如在萌芽前后至开花前灌水 2 ~ 3 次，一般可延迟开花 2 ~ 3 天；在管理上也可结合病虫害的防治用涂白减少植株对太阳热能的吸收，使温度升高较慢，此法可延迟发芽开花 2~3 天，能防止植株遭受早春的霜冻。

②改变小气候条件以防霜冻

在早春，园林植物萌芽、开花期间，根据气象台的霜冻预报及时采取防护措施，可以有效保护园林植物免受霜冻或减轻霜冻，具体方法有以下几种：

a. 喷水法。在将发生霜害的黎明前后，利用人工降雨或喷雾设备向植物体上喷水，可以有效防止霜冻。因为水温比植物周围的气温高，水滴冷凝结时会放出潜热，同时还可提高近地表层的空气湿度，减少地面辐射热的散失，因而起到了提高气温、防止霜冻的效果。此法的缺点主要是对设备条件要求较高，但随着喷灌技术的改进与提高，此法仍是可行的。

b. 熏烟法。我国早在 1400 年前所发明的熏烟防霜法，因简单易行有效，至今仍在国内外各地广为应用。根据当地气象预报，事先在园内每隔一定距离设置发烟堆（用稻秆、草类或锯末等，也可用专门配制的防霜烟雾剂），于凌晨及时点火发烟，形成烟幕。由于熏烟能减少土壤热量的辐射散发，同时烟粒吸收湿气，使水汽凝结放出热量提高温度，从而保护植物免受霜害。但在多风天气或降温到 -3℃以下时，则此法效果不好。

c. 吹风法。在霜冻来临前利用大型吹风机加强空气流通，将冷气吹散，可以起到防霜效果。此法的缺点是需要大功率的设备，且在需要防护面积很大时，难以实现。因此在条件有限时，可以用此法对幼苗、名贵花木，抵抗能力差的边缘种类等进行重点防护。

d. 加热法。利用加热器提高气温是现代防霜技术先进而有效的方法。在园区内每隔一定距离放置加热器，在霜冻要来临时点火加温，使下层空气变暖上升，上层原来温度较高的空气下降，在园区周围形成一个暖气层。加热器在园区内的摆放以数量多而每个加热器放热量小为原则，可以做到既保护植物不受损害，又不致浪费太大。

③根外追肥

为了提高园林植物抗霜冻的能力，也可以在早春植物萌动前后，用合适的肥料浓度喷洒枝干，进行根外追肥。因为根外追肥能增加细胞浓度，提高抗霜冻能力，效果很好。

④霜后的管理工作

在霜冻发生后，人们往往忽视植物受冻后的管理工作，这是不对的。因为霜后如果采取积极的管理措施，可以减轻危害，特别是对一些花灌木和果树类，如及时采取叶面喷肥以恢复树势等措施，可以减少因霜害造成的损失，夺回部分产量。

三、风害

在多风地区，园林植物常发生风害，出现偏冠和偏心现象。偏冠会给园林植物的整形修剪带来困难，影响其功能的发挥；偏心的植物易遭受冻害和日灼，影响其正常发育。我国北方冬春季节多大风天气，又干旱少雨，此期的大风易使植物损失过多的水分，造成枝条干梢或枯死，又称“抽梢”现象。春季的旱风，常将新梢嫩叶吹焦，花瓣吹落，缩短花期，不利于扬粉受精。夏秋季我国东南沿海地区的园林植物又常遭受台风袭击，常使枯叶折损干枯不断，甚至整株吹倒，尤其是阵发性大风，对高大植物的破坏性更大。

（1）影响园林植物风害发生的因素

①植物生物学特性

a. 植物特性。有的植物如刺槐等具有根系浅，树体高大、枝叶密集等特点，它们往往抗风能力弱；相反，一些具有深根、矮干、枝叶稀疏坚韧特点的种类，如垂柳、乌桕等则抗风性较强。

b. 树枝结构。一般髓心大，机械组织不发达、生长迅速而枝叶茂密的树种，容易受风害，且受害也较重；相反则不易受风害。另外，一些易受虫蛀的树种主干最易风折，健康的树木一般是不易遭受风折的。

②植物所处环境条件

园林植物由于其所处环境条件不同，其抗风能力也是不一样的。如行道树，如果风向与街道平行，风力汇集成为风口，风压增加，风害会随之加大；而同样的情况下在其他位置则受害要轻些。又如，绿地的局部因地势低凹，排水不畅，雨后绿地积水，造成雨后土壤过于松软，如遇风害，会加重风害的危害。另外，不同的土壤质地受风害的程度也不一样，如绿地为偏沙土，煤渣土或石砾土等，因结构差，土层薄，植物的抗风能力就差；如绿地为壤土或偏黏土等，则抗风能力就强。

③经营管理措施

a. 苗木质量。苗木移栽时，特别是大树移植，如果根盘起得小，则会因树身过大易遭风害，所以大树移植时一定要立支柱。在风大地区，移栽大树也应立支柱，以免被吹歪。因此苗木移栽时要按规定起苗，起的根盘不可小于规定尺寸。

b. 栽植方式。苗木栽植时株行距要适度，让根系能自由扩展，增强植株的抗风能力。如栽植株行距过密，根系发育不好，如果护理再跟不上，则会容易受风害的危害。

c. 栽植技术。在多风地区应适当加大栽植坑，让根系充分伸展，如果用小坑栽植，植物会因根系不舒展，发育不好，重心不稳而易遭风害。

（2）风害的防治

尽管由于诸多因素会导致园林植物风害的发生，但是通过适当的栽培与管理措施，风害也是可以预防和减轻的。

①栽培管理措施

在种植设计时要注意在风口、风道等易遭风害的地方选择抗风种类和品种，并适当密植，修剪时采用低干矮冠整形。此外，要根据当地特点，设置防护林，可降低风速，减少风害损失。在生产管理过程中，应根据当地实际情况采取相应防风措施。如排除积水，改良栽植地的土壤质地，培育健壮苗木，采取大穴换土，适当深植，使根系往深处延伸。合理修剪控制树形，定植后及时设立支柱，对结果多的植株要及早吊枝或顶枝，对幼树和名贵树种设置风障等，可有效地减少风害的危害。

②加强对受害植株的维护管理

对于遭受过大风危害，折枝、伤害树冠或被刮倒的植物，要根据受害情况及时进行维护。对被刮倒的植物要及时顺势培土，扶正，修剪部分或大部分枝条，并立支杆，以防再次吹倒。对裂枝要顶起吊枝，捆紧基部创面，或涂激素药膏促其愈合。加强肥水管理，促进树势的恢复。对难以补救或没有补救价值的植株应淘汰掉，秋后或早春重新换植新植株。

四、雪害（冰挂）

积雪本身对园林植物一般无害，但常常会因为植物体上积雪过多而压裂或压断枝干。如 1976 年 3 月初和 2000 年 2 月中旬，昆明市大雪将许多园林树木的主枝压断，将竹子压倒；2003 年初冬北京及华北一些地区的一场大雪，将许多大树的大枝压弯，压断，许多园林树木，如国槐、悬铃木、柳树、杨树等受到不同程度的伤害，造成重大经济损失。同时因融雪期气温不稳定，积雪时融时冻交替出现、冷却不均也易引起雪害。因此在多雪地区，应在大雪来临前对植物主枝设立支柱，枝叶过密的还应进行疏剪；在雪后应及时将被雪压倒的枝株或枝干扶正，振落积雪或采用其他有效措施防止雪害。

第六节　园林植物的保护和修补

园林植物的主干和骨干枝上，往往因病虫害、冻害、日灼及机械损伤等造成伤口，对这些伤口如不及时保护，治疗、修补，经过长期雨水侵蚀和病菌寄生，易造成内部腐烂形成空洞。有空洞的植株尤其是高大的树木类，如果遇到大风或其他外力，则枝干非常容易折断。另外，园林植物还经常受到人为的有意无意的损坏，如种植土被长期践踏得很坚实，在枝干上刻字留念或拉枝、折枝等不文明现象，这些都会对园林植物的生长造成很大的影响。因此，对园林植物的及时保护和修补是非常重要的养护措施。

一、枝干伤口的治疗

对园林植物枝干上的伤口应及时治疗，以免伤口扩大。如是因病、虫，冻害、日灼或修剪等造成的伤口，应首先用锋利的刀刮净，削平伤口四周，使皮层边缘呈弧形，然后用药剂（2% ~ 5% 硫酸铜液，0.1% 的升汞溶液、石硫合剂原液）消毒。对由修剪造成的伤口，应先将伤口削平然后涂以保护剂。选用的保护剂要求容易涂抹，黏着性好，受热不融化，不透雨水，不腐蚀植物体，同时又有防腐消毒的作用，如铅油等。大量应用时也可用黏土和鲜牛粪加少量的石硫合剂的混合物作为涂抹剂，如用含有 0.01% ~ 0.1% 的植物生长调节剂 α- 萘乙酸涂剂，会更有利于伤口的愈合。

如果是由于大风使枝干断裂，应立即捆缚加固，然后消毒剂保护剂。如有的地方用两个半弧圈做成铁箍加固断裂的枝干，为了避免损伤树皮，常用柔软物做垫，用螺栓连接，以便随着干径的增粗而放松；也有的用带螺纹的铁棒或螺栓旋入枝干，起到连接和夹紧的作用。对于由于雷击使枝干受伤的植株，应及时将烧伤部位锯除并涂保护剂。

二、补树洞

园林树木因各种原因造成的伤口长久不愈合，长期外露的木质部会逐渐腐烂，形成树洞，严重时会导致树木内部中空，树皮破裂，一般称为“破肚子”。由于树干的木质部及髓部腐烂，输导组织遭到破坏，因而影响水分和养分的正常运输及储存，严重削弱树势，导致枝干的坚固性和负载能力减弱，树体寿命缩短。为了防止树洞继续扩大和发展，要及时修补树洞。

（1）开放法

如果树洞不深或树洞过大都可以采用此法，如无填充的必要，可按伤口治疗方法处理。如果树洞能给人以奇特之感，可留下来做观赏，此时可将洞内腐烂木质部彻底清除，刮去洞口边缘的死组织直至露出新的组织为止，用药剂消毒并涂防护剂，同时改变洞形，以利排水，也可以在树洞最下端插入排水管，以后经常检查防水层和排水情况，防护剂每隔半年左右重涂一次。

（2）封闭法

树洞经处理消毒后，在洞口表面钉上板条，以油灰和麻刀灰封闭（油灰是用生石灰和熟桐油以 1 ： 0.35 调制，也可以直接用安装玻璃用的油灰，俗称腻子），再涂以白灰乳胶，颜料粉面，以增加美观，还可以在上面压树皮状纹或钉上一层真树皮。

（3）填充法

填充法修补树洞是用水泥和小石砾的混合物，填充材料必须压实。为便于填充物与植物本质部连接，洞内可钉若干电镀铁钉，并在洞口内两侧挖一道深约 4 cm 的凹槽。填充物从底部开始，每 20 ~ 25 cm 为一层，用油毡隔开，每层表面都向外倾斜，以利于排水。填充物边缘不应超出木质部，以便形成层形成的愈伤组织覆盖其上。外层可用石灰、乳胶、颜色粉涂抹。为了增加美观和富有真实感，可在最外面钉一层真树皮。

现在也有用高分子化合材料环氧树脂、固化剂和无水乙醇等物质的聚合物与耐腐朽的木材（如侧柏木材）等材料填补树洞。

三、吊枝和顶枝

顶枝法在园林植物上应用较为普通，尤其是在古树的养护管理中应用最多，而吊枝法在果园中应用较多。大树或古树如倾斜不稳或大枝下垂时，需设立柱支撑，立柱可用金属、木桩、钢筋混凝土材料等做成。支柱的基础要做稳固，上端与树干连接处应有适当形状的托杆和托碗，并加软垫，以免损害树皮。设立的支柱要考虑美观并与环境谐调。如有的公园将立柱漆成绿色，并根据具体情况做成廊架式或篱架式，效果就很好。

四、涂白

园林植物枝干涂白，目的是防治病虫害，延迟萌芽，也可避免日灼危害。如在果树生产管理中，桃树枝干涂白后较对照花期能推迟 5 天，可有效避开早春的霜冻危害。因此，在早春容易发生霜冻的地区，可以利用此法延迟芽的萌动期，避免霜冻。又如紫薇比较容易发生病虫害，管理中应用涂白，可以有效防治病虫害的发生。再如杨柳树，国槐、合欢易遭蛀虫的等树种涂白，可有效防治蛀干害虫。

涂白剂的常用的配方是：水 10 份，生石灰 3 份，石硫合剂原液 0.5 份，食盐 0.5 份，油脂（动植物油均可）少许。配制时先化开石灰，倒入油脂后充分搅拌，再加水拌成石灰乳，最后放入石硫合剂及盐水，为了延长涂白的有效期，可加黏着剂。

五、桥接与补根

植物在遭受病虫，冻伤、机械损伤后，皮层受到损伤，影响树液上下流通，会导致树势削弱。此时，可用几条长枝连接受损处，使上下连通，有利于恢复生长势。具体做法为：削掉坏死皮层，选枝干上皮层完好处，在枝干连接处（可视为砧木）切开和接穗宽度一致的上下接口，接穗稍长一点，也将上下两端削成同样斜面插入枝干皮层的上下接口中，固定后再涂保护剂，促进愈合。桥接方法多用于受损庭院大树及古树名木的修复与复壮的养护与管理。

补根也是桥接的一种方式，就是将与老树同种的幼树栽植在老树附近，幼树成活后去头，将幼树的主干接在老树的枝干上，以幼树的根系为老树提供营养，达到老树复壮的目的。一些古树名木，在其根系大多功能减迟，生长势减弱时可以用此法对其复壮。

总的来说，园林植物的保护应坚持“防重于治”的原则。平时做好各方面的预防工作，尽量防止各种灾害的发生，同时做好宣传教育工作，避免游客不文明现象的发生。对植物体上已经造成的伤口，应及早治愈，防止伤口扩大。

第七章　园林植物的养护管理

第一节　园林植物的整形修剪

整形修剪是园林植物栽培中重要的养护管理措施。整形与修剪是两个不同的概念，整形是指将植物体按其习性或人为意愿整理或盘曲成各种优美的形状与姿态，使普通的植物提高观赏价值，产生其他植物达不到的观赏效果。修剪是指将植物器官的某一部分疏除或截去，达到调节树木生长势与复壮更新的目的。而整形除盘曲枝条外，还需通过修剪调节枝条长度、数量来实现，因此，整形离不开修剪，修剪是实现整形的手段之一。故生产上将二者合称整形修剪。

一、整形修剪的目的和作用

（一）整形修剪的目的

1. 控制树木体量不使生长过大

园林绿地中种植的花木其生存空间有限，只能在建筑物旁、假山、漏窗及池畔等地生长，为与环境协调，必须控制植株高度和体量等。屋顶和平台上种植的树木，由于土层浅，空间小，更应使植株常年控制在一定的体量范围内，不使它们越长越大。宾馆、饭店内的室内花园中，栽培的热带观赏植物，应压低树高缩小树冠，才适宜室内栽植。这些都必须通过修剪才能达到。

2. 促使树木多开花结实

已进入花期的花灌木，为保证年年花朵繁茂，秋实累累，必须合理和科学地修剪。此外，一些花灌木可通过修剪达到控制花期或延长花期的目的。

3. 使衰老的植株或枝条更新复壮

树木衰老后，树冠出现空秃，开花量和枝条生长量减少，可通过修剪刺激枝干皮层内的隐芽和不定芽萌发，形成粗壮的、年轻的枝条，取代老株或老枝，达到恢复树势、更新复壮的目的。

4. 改善透光条件，提高抗逆能力

树木枝条年年增多，叶片拥挤，互相遮挡阳光，树冠内膛光照不足，通风不良，极易诱发病虫害。通过修剪适当疏枝，增加树冠内膛的通风、透光度，一方面使枝条生长健壮，另一方面降低冠内相对湿度，提高树木的抗逆能力和减少病虫害的发生概率。

5. 控制枝条的伸长方向

使树冠偏于一侧或造成各种艺术造型，以供观赏。如临水式、垂悬式、塔式和各种几何图案式。

（二）修剪的作用

1. 修剪对树木生长的双重作用

修剪的对象，主要是各种枝条，但其影响范围并不限于被修剪的枝条本身，还对树木的整体生长有一定的作用。

局部促进作用：一个枝条被剪去一部分后，可以使被剪枝条的生长势增强，这是由于修剪后减少了枝芽数量，改变了原有营养和水分的分配关系，使养料集中供给留下的枝芽生长。同时修剪改善了树冠内膛的光照与通风条件，提高了叶片的光合效能，使局部枝芽的营养水平有所提高，从而加强了局部的生长势。

整体抑制作用：修剪对树木的整体生长有抑制作用，在于修剪后减少了部分枝条，树冠相对缩小，叶量及叶面积减少，光合作用制造的碳水化合物量少。同时，修剪造成的伤口，愈合时也要消耗一定的营养物质。所以修剪使树体总的营养水平下降，树木总生长量减少。

修剪时应全面考虑其对树木的双重作用，是以促为主还是以抑为主，应根据具体的情况而定。

2. 修剪对开花结果的作用

修剪能调节营养生长和生殖生长的关系，生长是开花的基础，只有在良好的生长前提下，树木才能开花结实。但如果营养生长过旺，消耗的营养物质太多，积累过少，开花困难。在开花过多、营养消耗太大的情况下生长会受到抑制将引起早衰。合理的修剪能使生长与生殖取得平衡。

3. 修剪对树体内营养物质含量的影响

修剪后，枝条生长强度改变，是树体内营养物质含量变化的一种形态上的表现。树木修剪后，短剪后的枝条及其抽生的新梢中的含氮量和含水量增加，碳水化合物含量相对减少。这种变化随修剪程度波动，重剪则变化大。这种营养物质含量的变化，在生长初期极为明显，随着枝条的老熟，氮的含量逐渐平衡，这与短剪后单枝生长势只在修剪当年增强是一致的。从全树的枝条看，氮、磷、钾的含量也因修剪后根系生长受抑制、吸收能力削弱而减少，所以修剪越重对树体生长的削弱作用越大。为了减少修剪造成的养分损失，应尽量在树体内含养分最少的时期进行修剪。一般冬季修剪应在秋季落叶后，养分回流到根部和枝干贮藏时及春季萌芽前树液尚未上升时进行为宜。

二、树木枝芽生长特性与整形修剪的关系

（一）树木芽的特性与修剪

1. 芽的类别

（1）依着生的位置分为顶芽、侧芽和不定芽

顶芽在形成的第二年萌发，侧芽第二年不一定萌发，不定芽多在根茎处发生。

（2）依芽的性质分为叶芽、花芽和混合芽

叶芽萌发成枝，花芽萌发开花，混合芽萌发后既生花序又生枝叶。

（3）依芽的萌发情况分为活动芽和休眠芽

活动芽于形成的当年或第二年即可萌发。这类芽往往生长在枝条的顶端或是近顶端的几个腋芽。休眠芽第二年不萌发，以后可能萌发或一生处于休眠。休眠芽的寿命长短因树种而异。

2. 芽异质性

芽在形成的过程中，由于树体内营养物质和激素的分配差异和外界环境条件的不同，使同一个枝条上不同部位的芽在质量上和发育程度上存在差异，这种现象称为芽的异质性。在生长发育正常的枝条上，一般基部及近基部的芽，春季抽枝发叶时，由于当时叶面积小叶绿素含量低，光合作用强度与效率不高，碳素营养积累少，加之春季气温较低，芽的发育不健壮、瘦小。

随着气温的升高，叶面积很快扩大，同化作用加强，树体营养水平提高。枝条中部的芽，发育得较为充实。枝条顶部或近顶部的几个侧芽，是在树木枝条生长缓慢后，营养物质积累较多的时期形成的，芽多充实饱满，故基部芽不如中部芽。

3. 芽在修剪中的作用

不定芽、休眠芽常用来更新复壮老树或老枝。休眠芽长期休眠，发育上比一般芽年轻，用其萌发出的强壮旺盛的枝条代替老树，便可达到更新复壮的目的。侧芽可用来控制或促进枝条的长势及伸展方向，方便整形。

芽的质量直接影响着芽的萌发和萌发后新梢生长的强弱，修剪中利用芽的异质性来调节枝条的长势、平衡树木的生长和促进花芽的形成萌发。生产中为了使骨干枝的延长枝发出强壮的枝头，常在新梢的中上部饱满芽处进行剪辑。对生长过强的个别枝条，为限制旺长，在弱芽处下剪抽生弱枝，缓和树势。为平衡树势，扶持弱枝常利用饱满芽当头，能抽生壮枝，使枝条由弱转强。总之，在修剪中合理地利用芽的异质性，才能充分发挥修剪的应有作用。

（二）树木枝条生长习性与修剪

1. 枝条的类型

依枝条的性质分为营养枝与开花结果枝。在枝条上只着生叶芽，萌发后只抽生枝叶的为营养枝。营养枝根据生长情况又分为发育枝、徒长枝、叶丛枝和细弱枝。发育枝，枝条上的芽特别饱满，生长健壮，萌发后可形成骨干枝，扩大树冠，可培育成开花结果枝。徒长枝，一般多由休眠芽萌发而成，生长旺盛，节间长，叶大而薄，组织比较疏松，木质化程度较差，芽较瘦小，在生长过程中消耗营养物质多，常常夺取其他枝条的养分和水分，影响其他枝条的生长。故一般发现后立即剪掉，只有在需要用来进行复壮或填补树冠空缺时才加以保留和培养利用。叶丛枝，年生长量很小，顶芽为叶芽，无明显的腋芽，节间极短可转化为结果枝。细弱枝，多生长在树冠内膛阳光不足的部位，枝细小而短，叶小而薄。

依枝条抽生时间及老熟程度分为春梢、夏梢和秋梢。在春季萌发长成的枝条称为春梢；由春梢顶端的芽在当年继续萌发而成的枝叫夏梢；秋季雨水、气温适宜还可由夏梢顶部抽生秋梢。新梢落叶后到第二年春季萌发前称为一年生枝，着生一年生枝或新梢的枝条叫二年生枝，当年春季萌发，当年在新梢上开花的枝条称为当年生枝条。

萌芽力是指一年生枝条上芽萌发的能力；成枝力是指一年生枝上芽萌发抽生成长枝的能力。

2. 树木的分枝方式

单轴式分枝。枝的顶芽具有生长优势，能形成通直的主干或主蔓，同时依次发生侧枝；侧枝又以同样方式形成次级侧枝。这种有明显主轴的分枝方式叫单轴式分枝（或总状式分枝），如银杏、水杉、云杉、冷杉、松柏类、雪松、银桦、杨等。

合轴式分枝。枝的顶芽经一段时期生长以后，先端分化成花芽或自枯，而由邻近的侧芽代替延长生长，以后又按上述方式分枝生长。这样就形成了曲折的主轴，这种分枝方式叫合轴式分枝，如成年的桃、杏、李、榆、核桃、苹果、梨等。

假二叉分枝。具对生芽的植物，顶芽自枯或分化为花芽，由其下对生芽同时萌枝生长所接替，形成叉状侧枝，以后如此继续，其外形上似二叉分枝，因此叫假二叉分枝。这种分枝式实际上是合轴分枝的另一种形式，如丁香、梓树、泡桐等。

树木的分枝方式不是一成不变的。许多树木年幼时呈总状分枝，生长到一定树龄后，就逐渐变为合轴或假二叉分枝。因而在幼青年树上，可见到两种不同的分枝方式，如玉兰等可见到总状分枝式与合轴分枝式及其转变痕迹。了解树木的分枝习性，对研究观赏树形、整形修剪、选择用材树种、培育良材等都有重要意义。

3. 顶端优势

同一枝上顶芽或位置高的芽抽生的枝条生长势最强，向下生长势递减。它是枝条背地性生长的极性表现，又称极性强。顶端优势也表现在分枝角度上。枝条越直立，顶端优势表现越强；枝条越下垂，顶端优势越弱。另外也表现在树木中心干生长势要比同龄主枝强；树冠上部枝比下部的强。一般乔木都有较强的顶端优势，越是乔化的树种，其顶端优势也越强：反之则弱。

4. 干性

植物的干性是指中心主干强弱程度和持续时间的长短。顶端优势明显的树种，中心干强而持久。凡中心干坚硬，能长期处于优势生长者，叫干性强。这是乔木的共性，即枝干的中轴部分比侧生部分具有明显的相对优势。

5. 层性

主枝在中心主干上的分布或二级侧枝在主枝上的分布形成明显的层次。

层性是顶端优势和芽的异质性共同作用的结果。一般顶端优势强而成枝力弱的树种层性明显。代表性树木乔木位于中心干上的顶芽（或伪顶芽）萌发成一强壮中心干的延长枝和几个较壮的主枝及少量细弱侧生枝；基部的芽多不萌发，而成为隐芽。同样在主枝上，以与中心干上相似的方式，先端萌生较壮的主枝延长枝和萌生几个自先端至基部长势递减之侧生枝。其中有些能变成次级骨干枝；有些较弱枝，生长停止早，节间短，单位长度叶面积大，生长消耗少，累积营养物多，因而易成花，成为树冠中的开花、结实部分。多数树种的枝基，或多或少都有些未萌发的隐芽。从整个树冠来看，在中心干和骨干枝上几个生长势较强的枝条和几个生长弱的枝以及几个隐芽一组组地交互排列，就形成了骨干枝分布的成层现象。有些树种的层性，一开始就很明显，如油松等；而有些树种则随树龄增大，弱枝衰亡，层性逐渐明显起来，如苹果、梨等。具有层性的树冠，有利于通风透光。但层性又随中心干的生长优势和保持年代而变化。树木进入壮年之后，中心干的优势减弱或失去优势，层性也就消失。不同树种的层性和干性强弱不同。裸子植物中的银杏、松属的某些种以及枇杷、核桃、杉等层性最为明显。而柑橘、桃等由于顶端优势弱，层性与干性均不明显。顶端优势强弱与保持年代长短，表现为层性明显与否。干性强弱是构成树冠骨架的重要生物学依据。干性与层性对研究园林树形及其整形修剪，都有重要意义。

三、观赏树木常用的树形及修剪依据

（一）观赏树木常用的树形

1. 自然式修剪的树形

各个树种因分枝习性、生长状况不同，形成了各式各样的树冠形式。在保持树木原有的自然冠形基础上适当修剪，称自然式修剪。自然式修剪能体现园林的自然美。自然式的树形有如下几种：

塔形（圆锥形）：单轴分枝的植物形成的树冠之一，有明显的中心主干，如雪松、水杉、落叶松等应用最广。

圆柱形：单轴分枝的植物形成的树冠之一。中心主干明显，主枝长度从下至上相差甚小，故植株上下几乎同粗。如龙柏、铅笔柏、蜀桧等常用的修剪方式。

圆球形：合轴分枝的植物形成的冠形之一，如元宝枫、樱花、杨梅、黄刺玫等。

卵圆形：壮年的桧柏、加杨等。

垂枝形：有一段明显主干，所有枝条似长丝垂悬，如龙爪槐、垂柳、垂枝榆、垂枝桃等。

拱枝形：主干不明显，长枝弯曲成拱形，如迎春、金钟、连翘等。

丛生形：主干不明显，多个主枝从基部萌蘖而成，如贴梗海棠、棣棠、玫瑰、山麻杆等。

匍匐形：枝条匍地生长，如偃松、铺地柏等。

2. 整形式修剪的树形

根据园林观赏的需要，将植物树冠修剪成各种特定形式。由于修剪不是按树冠生长规律进行，生长一定时期后造型会被破坏，需要经常不断地整形修剪，比较费工费时耗资。整形修剪的树形有以下几种：

杯状形：有一段主干，树冠为（三股六杈十二枝）中心空如杯的形式。整齐美观，又解决了与上方线路的矛盾，故城市行道树常用此树形。

开心形：无中心主干或中心主干低，三个主枝向四周延伸，中心开展但不空。

圆球形：树冠修剪成圆球形，如大叶黄杨、紫薇、侧柏等。

动物、亭、台等形状：将植株整形修剪成各种仿生图像、亭台楼阁等。

几何图案形：常将绿篱修剪成梯形、矩形、杯形、半圆形等。

（二）整形修剪的依据

观赏树木的修剪原则是以轻为主，轻重结合，既考虑观赏的需要，又要考虑树势的平衡，防止早衰和利于更新复壮，最大限度地延长观赏年限，做到当前与长远相结合。园林中树木种类很多，各自的生长习性不同，冠形各异，具体到每一株树木应采用什么样的树形和修剪方式，应根据树木的分枝习性、观赏功能及环境条件等综合考虑。

1. 根据树种的生长习性考虑

选择修剪整形方式，首先应考虑植物的分枝习性、萌芽力和成枝力的大小、修剪伤口的愈合能力等因素。萌芽力、成枝力及伤口愈合能力强的树种，称之为耐修剪植物，反之称为不耐修剪植物。九里香、黄杨、悬铃木、海桐等耐修剪植物，其修剪的方式完全可以根据组景的需要及与其他植物的搭配要求而定。不耐修剪的植物，如桂花、玉兰等，以维护自然冠形为宜，只轻剪，少疏剪。

2. 根据树木在园林中的功能需要决定

园林中种植的众多植物都有其自身的功能和栽植目的，整形修剪时采用的冠形和方法因树而异。观花植物应修剪成开心形和圆球形，使其花团锦簇；观叶、观形植物应以自然为宜，让其枝繁叶茂。游人众多的主景区或规则式园林中，修剪整形应当精细，并进行各种艺术造型，使园林景观多姿多彩、新颖别致、生机盎然，发挥出最大的观赏功能以吸引游人。在游人较少的地区，或在以古朴自然为主格调的游园和风景区中，应当采用粗剪的方式，保持植物粗犷、自然的树形，使游人身临其境，有回归自然的感觉，可尽情领略自然风光。

3. 根据周围环境考虑

园林植物的修剪整形，还应考虑植物与周围环境的协调、和谐，要与附近的其他园林植物、建筑物的高低、外形、格调相一致，组成一个相互衬托、和谐完整的整体。另外，还应根据当地的气候条件，采用不同的修剪方法。

4. 根据树龄树势决定

不同年龄的植株应采用不同的修剪方法。幼龄期植株应围绕如何扩大树冠，形成良好的树冠而进行适当的修剪。盛花时期的壮年植株，要通过修剪来调节营养生长及生殖生长的关系，防止不必要的营养消耗，促使分化更多的花芽。观叶类植物，在壮年期的修剪只是保持其丰满圆润的冠形，不能发生偏冠或出现空缺现象。生长逐渐衰弱的老年植株，应通过回缩、重剪刺激休眠芽萌发，发出壮枝代替衰老的大枝，以达到更新复壮的目的。

5. 根据修剪反应决定

同一树上枝条生长的位置、枝条的性质、长势和姿态不同，修剪程度不同，则修剪后树木的反应也不同，修剪效果就不同。所以修剪时，应顺其自然，做到恰如其分。

四、观赏植物整形修剪的基本技术

（一）整形修剪的时期

一般来说，园林植物的修剪可以在以下两个时期进行：第一，冬季（休眠期）修剪；第二，夏季（生长期）修剪。

冬季修剪又叫休眠期修剪（一般在 12 月至翌年 2 月）。耐寒力差的树种最好在早春进行，以免伤口受风寒之害。落叶树一般在冬季落叶到第二年春季萌发前进行。冬季修剪对观赏树木树冠的形成、枝梢生长、花果枝形成等有很大影响。

夏季修剪又叫生长期修剪（一般在 4 月至 10 月）。从芽萌动后至落叶前进行，也就是说，新梢停止生长前进行。具体修剪的日期还应根据当地气候条件及树种特性而定。一年内多次抽梢开花的树木，花后及时修去花梗，使抽生新枝、开花不断，延长了观赏期，如紫薇、月季等观花植物。草本花卉为使株形饱满，抽花枝多，进行摘心。树木嫁接后，用抹芽、除蘖达到促发侧枝、抑强扶弱的目的，均在生长期内进行。观叶、观姿态的树木，随时发现扰乱树形的枝条要随时剪去。

（二）园林植物修剪的程序

概括地说，为“一知、二看、三剪、四拿、五处理、六保护”。一知是修剪人员必须知道修剪的质量要求、目的及操作规范。二看，对每株树看清先剪什么，后剪哪些，做到心中有数。三剪，按操作规范和质量要求进行修剪。四拿，及时拿走修剪下的枝条，清理现场。五处理，及时处理掉剪下的带有病虫的枝条（如烧毁、深埋等）。六保护，采取保护性措施。如修剪直径 2 cm 以上的大树时，截口必须削平，在截口处涂抹防腐剂、封蜡等。

（三）修剪方法与作用

1. 短截（剪）

即剪去一年生枝梢的一部分。

作用：增加枝梢密度；缩短枝轴和养分运输距离，利于促进生长和复壮更新；改变枝梢的角度和方向、改变顶端优势，调节主枝平衡；控制树冠和枝梢。

按剪口芽的质量、剪留长度、修剪反应可分为轻短剪、中短剪、重短剪、极重短剪等。

轻短剪：只剪去枝条顶端部分，留芽较多，剪口留较壮的芽。剪后可提高萌芽力，抽生较多的中、短枝条，对剪口下的新梢刺激作用较弱，单枝的生长量减弱，但总生长量加大；发枝多，母枝加粗快，可缓和新梢生长势。

中短剪：在枝梢的中上部饱满芽处短剪，留芽较轻短剪少，剪后对剪口下部新梢的生长刺激作用大，形成长、中枝较多，母枝加粗生长快。

重短剪：在枝梢的下部短剪，一般只在剪口留 1 ~ 2 个稍壮芽，其余为瘦芽。留芽更少，截后刺激作用大，常在剪口附近抽 1 ~ 2 个壮枝，其余由于芽的质量差，一般发枝很少或不发枝，故总生长量较少，多用于结果枝组。

极重短剪：又称留撅修剪、短枝型修剪。在春梢基部 1 ~ 2 个瘪芽（或弱芽）处剪，修剪程度重，留芽少且质量差，剪后多发 1 ~ 2 个中、短枝，可削弱枝势，降低枝位。多用于处理竞争枝，培养短枝型结果枝。

2. 缩剪（回缩）

短剪多年生枝条，或在多年生枝条上短剪。

一般修剪量大。刺激较重，缩剪后母枝的总生长量减少了（即对母枝有较强的削弱作用），缩短了根叶距离，能促进剪口后部的枝条生长和潜伏芽的萌发抽枝，有更新复壮的作用。多用于枝组和骨干枝的更新和控制树冠、控制辅养枝等。

3. 疏剪（疏删）

把枝条（包括一年生或多年生枝条）从基部剪去。疏剪可去除病虫枝、干枯枝、无用徒长枝、过密交叉枝等。疏剪能改善通风透光条件，提高叶片光合作用，增加养分的积累，有利于植物的生长及花芽的分化。疏剪对全树起削弱生长势作用，伤口以上枝条生长势相对削弱，但伤口以下枝条生长势相对增强，这就是所谓的“抑上促下”作用。疏去大枝要分年逐步进行，否则会因伤口过多而削弱树势。疏枝要掌握从基部剪除，不留残桩且伤口面尽量小的原则。园林中绿篱和球形树短截修剪后，会造成枝条密生，树冠内枯死枝、光杆枝过多，所以要与疏剪相结合。

4. 长放（甩放、缓放、甩条子）

利用单枝生长势逐年减弱的特性，对部分长势中等的枝条长放不剪，保留大量的枝叶。利于营养物质的积累，能促进花芽形成，使旺枝或幼树提早开花、结果。

5. 曲枝

即改变枝梢的方向。一般是加大与地面垂直线的夹角，直至水平、下垂或向下弯曲，也包括向左右改变方向或弯曲，撑、拉、吊枝等。

6. 环剥、环割

环剥是将枝干的韧皮部剥去一环。环割、倒贴皮、大扒皮都属于这一类。枝干缚缢，也有类似作用。

7. 除萌

剪除无用或有碍主干枝生长的芽。如月季、牡丹、花石榴等的脚芽。

8. 摘心、剪梢

生长季节中剪除新梢、嫩梢顶尖的技术措施（如腊梅夏季生长时摘心，可促进养分积累，冬季多开花）。剪梢即在生长季节中，将生长过旺枝条的一般木质化新梢先端剪除，主要是调整树木主枝和侧枝关系。

9. 扭梢和拿枝软化

在生长季内，将生长过旺的枝条，特别是着生在枝背上的旺枝，在中上部扭曲下垂称为扭梢，将新梢折伤不折断则为折梢。二者都是伤骨不伤皮，目的是阻止水分、养分向生长点输送，削弱枝条长势，利于短花枝的形成，如碧桃。

五、不同植物的修剪方法

（一）行道树的修剪

可分为以下几种方法：有中央领导干树木的修剪；无中央领导干树木修剪；常绿乔木的修剪。

1. 有中央领导干树木的修剪

此类树木栽植在无架空线路的路旁。（1）确定分枝点。在栽植前进行，一般确定在 3 m 左右，苗木小时可适当降低高度，随树木生长而逐渐提高分枝点高度，同一街道行道树的分枝点必须整齐一致。（2）保持主尖。要保留好主尖顶芽，如顶芽破坏，在主尖上选一壮芽，剪去壮芽上方枝条，除去壮芽附近的芽，以免形成竞争主尖。（3）选留主枝。一般选留主枝最好下强上弱，主枝与中央领导枝成 40° ～ 60° 的角，且主枝要相互错开，全株形成圆锥形树冠。

2. 无中央领导干树木的修剪

此类树木一般种植在架空线路下的路旁。（1）确定分枝点。有架空线路下的行道树，分枝点高度为 2 m 至 2.5 m，不超过 3 m。（2）留主枝。定干后，应选 3 个至 5 个健壮分枝均匀的侧枝作为主枝，并短截 10 ～ 20 cm，除去其余的侧枝，所有行道树最好上端整齐，这样栽植后整齐。（3）剥芽。树木在发芽时，常常是许多芽同时萌发，这样根部吸收的水分和养分不能集中供应所留下的芽子，这就需要剥去一些芽，以促使枝条发育，形成理想的树形。在夏季，应根据主枝长短和苗木大小进行剥芽。第一次每主枝一般留 3 ～ 5 个芽，第二次定芽 2 ～ 4 个。

3. 常绿乔木的修剪

（1）培养主尖。对于多主尖的树木，如桧柏、侧柏等应选留理想主尖，对其余的进行 2 ～ 3 次回缩，就可形成一个主尖。如果主尖受伤，扶直相邻比较健壮的侧枝进行培养。像雪松等轮生枝条，选一健壮枝，将一轮中其他枝回缩，再将其下一轮枝轻短剪，就培养出一新主尖。（2）整形。对树冠偏斜或树形不整齐的可截除强的主枝，留弱的主枝进行纠正。（3）提高分枝点。行道树长大后要每年删除，删除时要上下错开，以免削弱树势。

（二）花灌木的修剪

1. 新栽花灌木的修剪

保持内高外低，成半球形。疏枝应外密内稀，以利于通风透光。为减少损耗养分，一般都要进行重剪。对于有主干的（如碧桃等）应保留 3 ～ 5 个主枝，主枝要中短截，主枝上侧枝也要进行中短截。修剪后要使树冠保持开展、整齐和对称。对于无主干（如紫荆、连翘、月季等）多从地表处发出许多枝条，应选 4 ～ 5 枝分布均匀、健壮的作为主枝，其余的齐根剪去。

2. 养护中灌木的修剪

对栽植多年的灌木，通过养护使其保持美观、整齐、通风透光，以利于生长。

3. 开花灌木的修剪

早春开花的灌木，如榆叶梅、迎春、连翘、碧桃等，花芽是上一年形成的，应在花后轻短截。夏季开花的，如百日红、石榴、夹竹桃、月季等，要在冬季休眠期重短截。一年多次开花的，花后及时修剪，促发新枝，使其开花不断。观叶、观姿态的，随时剪去扰乱树形的枝条。

规则式修剪或特殊造型的，及时进行定型修剪和维护修剪，使其保持最佳的观赏形态。

（三）绿篱的修剪

按照高度不同，绿篱可分为绿墙、高绿篱、中绿篱及矮绿篱。绿墙高 1.8 m 以上，能够完全遮挡住人们的视线；高绿篱高 1.2 ~ 1.6 m，人的视线可以通过，但人不能跨越；中绿篱高 0.6 ~ 1.2 m，有很好的防护作用，最为常用；矮绿篱：高在 0.5 m 以下。

根据人们的不同要求，绿篱可修剪成不同的形式。

梯形绿篱：这种篱体横断面上窄下宽，有利于地基部侧枝的生长和发育，不会因得不到光照而枯死稀疏。

矩形绿篱：这种篱体造型比较呆板，顶端容易积雪而受压变形，下部枝条也不易接收到充足的光照，以致部分枯死而稀疏。

圆顶绿篱：这种篱体适合在降雪量大的地区使用，便于积雪向地面滑落，防止积雪将篱体压变形。

自然式绿篱：一些灌木或小乔木在密植的情况下，如果不进行规整式修剪，常长成自然形态。

绿篱修剪的时期，要根据不同的树种和不同生长发育时期灵活掌握。

对于常绿针叶树种绿篱，因为它们每年新梢萌发得早，应在春末夏初之际完成第一次修剪，同时可以获得扦插材料。立秋以后，秋梢开始旺盛生长，这时应进行第二次全面修剪，使株丛在秋冬两季保持整齐划一，并在严冬到来之前完成伤口愈合。对于大多数阔叶树种绿篱，在春、夏、秋季都可根据需要随时进行修剪。为获得充足的扦插材料，通常在晚春和生长季节的前期或后期进行。用花灌木栽植的绿篱不大可能进行规整式的修剪，修剪工作最好在花谢以后进行，这样既可防止大量结实和新梢徒长而消耗养分，又能促进新的花芽分化，为来年或以后开花做好准备。定植后的修剪。定植时按规定高度、宽度用手剪剪去多余部分，对于主干粗大的，注意不要使主枝劈裂，然后再用绿篱机修剪整齐。养护期修剪。一般用绿篱机修剪，方便快捷又省力。但每次不要剪得太轻，否则形状不易控制。修剪期间。对于女贞、黄杨、刺柏篱一年要 8 ~ 10 次。对于玫瑰、月季、黄刺玫绿篱应在花后修剪。对各种植物造型要经常修剪。修剪要求高度一致，三面（两侧与上平面）平直、棱角分明。

（四）藤本类修剪

1. 棚架式

栽植后要就地重截，可发强壮主蔓，牵引主蔓于棚架上，如紫藤、木香等。对主干上主枝，仅留 2 ～ 3 个作辅养枝。夏季对辅养枝摘心，促使主枝生长。以后每年剪去干枯枝、病虫枝、过密枝。

2. 附壁式

如爬墙虎、凌霄、五叶地锦等植物，只需重剪短截后，将藤蔓引于墙面，每年剪去干死枝、病虫枝即可。

（五）大树的整形修剪

大树整形修剪的目的：

一是保持大树的自然态势。为了促进或抑制树势，使树冠均衡美观，对衰老枝、弱枝、弯曲枝进行修剪，可促进其萌发生命力旺盛的、强壮的和通直的新枝，达到更新复壮、加强树势的目的。相反，对过强的枝条也可用修剪方法，削弱其长势，使树冠内的枝条均衡分布。

二是创造和培养非自然的植物体貌。控制枝条的方向，体现设计理念，满足观赏要求。

三是改善通风透光条件。剪去枯枝、伤枝、病枝、虫枝，使树冠通风透光，光合作用得到加强，减少病虫害的发生。

四是将不利于植物生长的部分剪除，特别是萌蘖条和徒长枝。

五是为了展示树木诱人的树干，将乔木和大灌木下部枝条剪除，在每年休眠期，采用截顶强修剪，促使萌发旺盛的新枝，以最大限度地显露其美丽的树干。

六是调节营养生长与生殖生长关系。以观花、观果为主的树木，通过对枝条的修剪，调节树体的营养生长与生殖生长的矛盾，使营养物质合理分配，促进发芽，提早开花结果，克服观果树木的大小年现象，保持观赏效果。

七是调节矛盾，减少伤害。剪去阻碍交通信号及来往车辆的枝条，增进人们的安全感。

（六）常见树木修剪方法

1. 乔木类

（1）樱花

多采用自然开心形。定干后选留一个健壮主枝，春季萌芽前短截，促生分枝，扩大树冠，以后在主枝上选留 3 ～ 4 个侧枝，对侧枝上的延长枝每年进行短截，使下部多生中、长枝。侧枝上的中长枝以疏剪为主，留下的枝条以缓放不剪，使中下部产生短枝开花。每年要对内膛细枝、病枯枝疏剪，改善通风透光条件。

（2）雪松

树干的上部枝要去弱留强，去下垂枝，留平斜向上枝。回缩修剪下部的重叠枝、平行枝、过密枝，在主干上间隔 50 cm 左右组成一轮主枝。主干上的主枝一般要缓放不短截。

（3）水杉

以自然式修剪为主，只对枯死枝、病虫枝进行修剪，其他树枝任其自然生长。

（4）紫叶李

定干后，主干上留 3 ~ 5 个主枝，均匀分布。冬季短截主枝上的延长枝，剪口留外芽，以便扩大树冠。生长期注意控制徒长枝，或疏除或摘心。

（5）碧桃

多采用自然开心形，主枝 3 ~ 5 个，在主干上呈放射状斜生，利用摘心和短截的方法，修剪主枝，培养各级侧枝，形成开花枝组。一般以发育中等的长枝开花最好，应尽量保留，使其多开花，但在花后一定要短截。长花枝留 8 ~ 12 个芽，中华枝留 5 ~ 6 个芽，短花枝留 3 ~ 4 个芽。注意剪口留叶芽，花束枝上无侧生叶芽的不要短截，过密的可以疏掉。树冠不宜过大，成年后要注意回缩修剪，控制均衡各级枝的长势。对于枯死枝、下垂衰老枝、病虫枝等要随时修剪。

（6）白蜡

主要采用高主干的自然开心形。在分支点以上，选留 3 ~ 5 个健壮的主枝，主枝上培养各级侧枝，逐渐使树冠扩大。

（7）法桐

以自然树形为主，注意培养均匀树冠。行道树，要保留直立性领导干，使各枝条分布均匀，保证树冠周正；步行道内树枝不能影响行人步行时正常的视线范围；非机动车道内也要注意枝叶距离地面的距离，要注意夏季修剪，及时除蘖。黄连木。修剪外围枝、下垂枝、密生枝、交叉枝、重叠枝、病虫枝等，以改善光照、透风等。

（8）合欢

以自然树形为主，在主干上选留 3 个生长健壮、上下错落的枝条作为主枝，冬季对主枝进行短截，在各主枝上培养几个侧枝，也是彼此错落分布，各级分枝力求有明显的从属关系。随着树冠的扩大，就可以以自然树形为主，每年只对竞争枝、徒长枝、直立枝、过密的侧枝、下垂枝、枯死枝、病虫枝进行常规修剪。

（9）栾树

冬季进行疏枝短截，使每个主枝上的侧枝分布均匀，方向合理。短截 2 ~ 3 个侧枝，其余全部剪掉，短截长度 60 cm 左右，这样 3 年时间可以形成球形树冠。每年冬季修剪掉干枯枝、病虫枝、交叉枝、细弱枝、密生枝。如果主枝过长要及时修剪，对于主枝背上的直立徒长枝要从基部剪掉，保留主枝两侧一些小枝。

（10）女贞

定干后，以促进中心主枝旺盛生长，形成强大主干的修剪方式为主，对竞争枝、徒长枝、直立枝进行有目的地修剪。同时，挑选适宜位置的枝条作为主枝进行短截，短截要从下而上，逐个缩短，使树冠下大上小，经过 3 ～ 5 年，可以每年只对下垂枝、枯死枝、病虫枝进行常规修剪，其他枝条任其自然生长。

（11）五角枫

自然树形为主，任其自然生长，只对枯死枝、病虫枝进行修剪。

（12）广玉兰

修剪过于水平或下垂的主枝，维持枝间平衡关系。夏季随时剪除根部萌蘖枝，各轮主枝数量减少 1 ～ 2 个。主干上，第一轮主枝剪去朝上枝，主枝顶端附近的新枝注意摘心，降低该轮主枝及附近枝对中心主枝的竞争力。对于枯死枝、下垂衰老枝、病虫枝等要随时修剪。

（13）龙爪槐

要注意培养均匀树冠，夏季新梢长到向下延伸的长度时，及时剪梢或摘心，剪口留上芽，使树冠向外扩展。冬季以短截为主，适当结合疏剪，在枝条拱起部位短截，剪口芽选择向上、向外的芽，以扩大树冠。对于枯死枝、下垂衰老枝、病虫枝等要随时修剪。

（14）西府海棠

在主干上选留 3 ～ 5 个主枝，其余的枝条全剪掉，主枝上留外芽和侧芽，以培养侧枝，而后逐年逐级培养各级侧枝，使树冠不断扩大。同时对无利用价值的长枝重短截，以利形成中短枝，形成花芽。成年树修剪时应注意剪除过密枝、病虫枝、交叉枝、重叠枝、枯死枝，对徒长枝疏除或重短截，培养成枝组，对细弱的枝组要及时进行回缩复壮。对于枯死枝、下垂衰老枝、病虫枝等要随时修剪。

2. 灌木类

（1）紫荆

每年秋季落叶后，修剪过密过细枝条，可以促进花芽分化，保证来年花繁叶茂。花后，对树丛中的强壮枝摘心、剪梢，要留外侧芽，避免夏季修剪。紫荆可在 3 ～ 4 年生老枝上开花。

（2）紫薇

可以对树形不好的植株剪掉重发，新发的树冠长势旺盛、整齐，落叶后对枝条分布进行调整，使树冠匀称美观。生长季节对第一次花后的枝条进行短截，可以促成二次开花。

（3）丁香

选 4 ～ 5 个强壮主枝错落分布，短截主枝，留侧芽，并将对生的另一个芽剥掉，过密的枝可以早一些疏掉。花后剪去前一年枝留下的二次枝，花芽可以从该枝先端长出。

（4）木槿

木槿 2 ~ 3 年生老枝仍可发育花芽、开花，可以剪去先端，留 10 cm 左右，多年生老树需重剪复壮。如需要低矮树冠，可以进行整体的立枝短截，粗大枝也可短剪，重新发枝成形。

（5）石榴

隐芽萌发力非常强，一旦经过重修剪刺激，就会萌发隐芽。对衰老枝条的更新比较容易，修剪要注意去掉对生芽中的一个，注意及时除掉萌蘖、徒长枝、过密枝以及衰老枯萎枝条。夏季对需要保留的当年生枝条摘心处理，促使生长充实；冬季将各主枝剪掉 1/3 ~ 1/2，以扩张树冠。

（6）红瑞木

落叶后适当修剪，保持良好树形。生长季节摘除顶心，促进侧枝形成。过老的枝条要注意更新，在秋季将基部留 1 ~ 2 芽，其余全部剪去，第二年可萌发新枝。4 月进行整形修剪为宜，因为这时萌芽力强，可长出新枝。夏季应摘心防止徒长。如秋季修剪，新枝已停止生长，萌芽慢，会使树木生长势变弱。

（7）贴梗海棠

在幼时不强剪，在成形后，要注意对小侧枝的修剪，使基部隐芽逐渐得以萌发成枝，使花枝离侧枝近。若想扩大树冠，可以将侧枝先端剪去，留 1 ~ 2 个长枝，待长到一定长度后再短截，直到达到要求大小。对生长 5 ~ 6 年的枝条可进行更新复壮。

（8）榆叶梅

花后将花枝进行适度短截，剪去残花枝，对纤细的弱枝、病虫枝、徒长枝进行疏剪或短截。对多年生老枝应进行疏剪，以更新复壮。

（9）金银木

花后短截开花枝，促发新枝及花芽分化，秋季落叶后，适当疏剪整形。经 3 ~ 5 年利用徒长枝或萌蘖枝进行重剪，长出新枝代替老枝。

（10）锦带花

花开于 1 ~ 2 年生枝上，在早春修剪时，只需剪去枯枝和老弱枝条，不需短剪。3 年以上老枝剪去，促进新枝生长。

（11）连翘

连翘花后至花芽分化前应及时修剪，去除弱、乱枝及徒长枝，使营养集中供给花枝。秋后，剪除过密枝，适当剪去花芽少、生长衰老的枝条。3 ~ 5 年应对老枝进行疏剪，更新复壮 1 次。对于整形苗木，可以根据整形需要进行修剪。

（12）黄刺玫

花后剪除残花和部分老枝。秋季落叶后，对徒长枝条进行短剪，疏剪枯枝、病虫枝、过密枝，适当剪去花芽少、生长衰老的枝条。多年生的老植株，适当疏剪过密枝、内膛枝。每 3 ~ 5 年，应对老枝进行疏剪，更新复壮 1 次。

（13）棣棠

花大多开在新枝顶端，花前只宜疏剪，不可短截。为促使多开花，应在花后疏剪老枝、密枝，如发现有枝条梢部枯死，可随时从根部剪除，以免蔓延。

（14）珍珠梅

花后剪除花序，落叶后剪除老枝、病虫枝及弱枝。

（15）月季

分冬剪和夏剪，冬剪在落叶后进行，要适当重剪，注意留取分布均匀的壮枝 4 ~ 6 个，离地高 40 ~ 50 cm。夏季修剪要注意，在第一批花后，将花枝于基部以上 10 ~ 20 cm 或枝条充实处留一健壮腋芽剪断，使第二批花开好；第二批花后，仍要继续留壮去弱，促进继续开花。

（16）迎春

可以在 5 月剪去强枝、杂乱枝，6 月剪去新梢，留基部 2 ~ 3 节左右，以集中养分供应花芽分化。对过老枝条应重剪更新，拔除基部过多萌蘖。

（17）紫叶小檗

幼苗定植时应进行轻度修剪，以促使多发枝条，有利于成形。每年入冬至早春前，对植株进行适当修整，疏剪过密枝、徒长枝、病虫枝、过弱的枝条，保持枝条分布均匀成圆球形。花坛中群植的紫叶小檗，修剪时要使中心高些，边缘的植株顺势低一点，以增强花坛的立体感。栽植过密的植株，3 ~ 5 年应重修剪 1 次，以达到更新复壮的目的。

（18）大叶黄杨

根据整形需要进行修剪，一年中反复多次进行外露枝修剪，形成丰满形状。每年剪去树冠内的病虫枝、过密枝、细弱枝，使冠内通风透光。老球形树更新复壮修剪时，选定 1 ~ 3 个上下交错生长的主干，其余全部剪除。第二年春，则可从剪口下萌发出新芽。待新芽长出 10 cm 左右时，再按球形树要求，选留骨干枝，剪除不合要求的新枝。为促使新枝多生分枝，早日形成需要的形状，在生长季节应对新枝多次修剪。

（19）火棘

一年中最好要剪三次，分别在 3 月 ~ 4 月强剪，保持观赏树形；6 月 ~ 7 月可剪去一半新芽；9 月 ~ 10 月剪去新生枝条。在生长两年后的长枝上短枝多，花芽也多，根据造型需要，剪去长枝先端，留基部 20 ~ 30 cm 就可以，达到控制树形的目的。平时注意徒长、过密和枯枝的修剪。

（20）海桐

6 月进行整形修剪为宜，因为这时萌芽力强，可长出新枝。夏季应摘心防止徒长。如秋季修剪，新枝已停止生长，萌芽慢，会使树木生长势变弱。

（21）金叶女贞

每年入冬至早春前，对植株进行适当修整，疏剪过密枝、徒长枝、病虫枝、过弱的枝条，保持枝条分布均匀成圆球形。花坛中群植的金叶女贞，修剪时要使中心高些，边缘的植株顺势低一点，以增强花坛的立体感。栽植过密的植株，3 ~ 5 年应重修剪 1 次，以达到更新复壮的目的。作为绿篱时，生长季节适时修剪，保持整体美观。

（22）枸骨

一般不作修剪，如果修剪，可剪成单干圆头型、多干丛状型、矮化型等。

（23）桂花

自然的桂花枝条多为中短枝，每枝先端生有 4 ~ 8 片叶，在其下部则为花序。枝条先端往往集中生长 4 ~ 6 个中小枝，每年可剪去先端 2 ~ 4 个花枝，保留下面 2 个枝条，以利来年长 4 ~ 12 个中短枝，树冠仍向外延伸。每年对树冠内部的枯死枝、重叠的中短枝等进行疏剪，以利通风透光。对过长的主枝或侧枝，要找其后部有较强分枝的进行缩剪，以利复壮。开花后至翌年 3 月，将拥挤的枝剪除即可。要避免在夏季修剪。

3. 藤木类

（1）蔷薇

以冬季修剪为主，宜在完全停止生长后进行，过早修剪容易萌生新枝而遭受冻害。修剪时首先将过密枝、干枯枝、徒长枝、病虫枝从基部剪掉，控制主蔓枝数量，使植株通风透光。主枝和侧枝修剪应注意留外侧芽，使其向左右生长。修剪当年生的未木质化新枝梢，保留木质化枝条上的壮芽，以便抽生新枝。夏季修剪，作为冬剪的补充，应在 6 月 ~ 7 月进行，将春季长出的位置不当的枝条，从基部剪除或改变其生长的方向，短截花枝并适当留生长枝条，以增加翌年的开花量。

（2）紫藤

定植后，选留健壮枝做主藤干培养，剪去先端不成熟部分，剪口附近如有侧枝，剪去 2 ~ 3 个，以减少竞争，也便于将主干藤缠绕于支柱上。分批除去从根部发生的其他枝条。主干上的主枝，在中上部只留 2 ~ 3 枚芽作 2 ~ 3 个辅养枝。主干上除发生一强壮中心主枝外，还可以从其他枝上发生 10 余个新枝，辅养中心主枝。第二年冬，对架面上中心主枝短截至壮芽处，以期来年发出强健下部主枝，选留两个枝条作第二、第三主枝进行短截。全部疏去主干下部所留的辅养枝。以后每年冬季，剪去枯死枝、病虫枝、互相缠绕过分的重叠枝。一般小侧枝，留 2 ~ 3 枚芽短截，使架面枝条分布均匀。

（3）凌霄

定植后修剪时，首先适当剪去顶部，促使地下萌发更多的新枝。选一健壮的枝条做主蔓培养，剪去先端未死但已老化的部分。疏剪掉一部分侧枝，保证主蔓的优势，然后进行牵引使其附着在支柱上。主干上生出的主枝只留 2 ~ 3 个，其余的全部剪掉。

春季，新枝萌发前进行适当修剪，保留所需走向的枝条。夏季，对辅养枝进行摘心，抑制其生长，促使主枝生长。第二年冬季修剪时，可在中心主干的壮芽上方处进行短截。从主干两侧选 2 ~ 3 个枝条作主枝，同样短截留壮芽，留部分其他枝条作为辅养枝。冬春，萌芽前进行 1 次修剪，理顺主、侧蔓，剪除过密枝、枯枝，使枝叶分布均匀。

（4）金银花

栽植 3 ~ 4 年后，老枝条适当剪去枝梢，以利于第二年基部腋芽萌发和生长。为使枝条分布均匀、通风透光，在其休眠期间要进行 1 次修剪，将枯老枝、纤细枝、交叉枝从基部剪除。早春，在金银花萌动前，疏剪过密枝、过长枝和衰老枝，促发新枝，以利于多开花。金银花一般一年开两次花。当第一批花谢后，对新枝梢进行适当摘心，以促进第二批花芽的萌发。如果作藤木栽培，可将茎部小枝适当修剪，待枝干长至需要高度时，修剪掉根部和下部萌蘖枝。如果作篱垣，只需将枝蔓牵引至架上，每年对侧枝进行短截，剪除互相缠绕枝条，让其均匀分布在篱架上即可。

（5）常春藤

及时摘除组织顶芽，使组织增粗，促进分枝。随时剪除过密枝、徒长枝。

（6）地锦

栽种时要对干枝进行中修剪或短截，成活后将藤蔓引到墙面，及时剪掉过密枝、干枯枝和病虫枝，使其均匀分布。

（7）扶芳藤

一般较少修剪，栽后第 4 ~ 6 年，保留主枝、侧枝，剪去徒长枝、病虫枝等即可。

第二节　古树名木的养护管理

一、古树名木的概念

中华人民共和国国家城市建设局 1982 年 3 月 30 日的文件规定：古树一般指树龄在百年以上的大树；名木是指稀有、名贵或具有历史价值和纪念意义的树木。

《中国大百科全书》农业卷“古树名木”的定义是：“树龄在百年以上，在科学和文化艺术上具有一定价值，形态奇特或珍稀濒危的树木。”

二、古树名木的评定标准及管理

（一）古树名木的评定标准

我国各省有各自的古树名木评定标准。一般古树名木依据其在历史、经济、科研、观赏等方面的不同价值分为三级：

一级：1. 存活 500 年以上；

2. 在近代具有特殊史学价值；

3. 由国家元首或政府首脑种植或赠送的；

4. 由本地选育成功的具有国际先进水平的第一代珍贵稀有品种；

5. 在本地发现并经鉴定列为新种，并具有国际影响的标本树。

二级：1. 存活 300 ~ 500 年；

2. 由古今中外著名人士赠送、种植、题咏过的树；

3. 在当地名胜景点起点缀作用；

4. 由本地选育成功的具有国内先进水平的第一代珍贵稀有品种；

5. 在本地发现并经鉴定列为新种，并具有国际影响的标本树；

6. 符合古树名木鉴定标准两条或两条以上。

三级：凡不够一、二级的，但够上一般古树名木条件之一的列为三级保护。

（二）古树名木的分级管理

一级古树名木的档案材料，要抄报国家和省、市、自治区城建部门备案。

二级古树名木的档案材料，由所在地城建、园林部门和风景名胜区管理机构保存、管理，并抄报省、市、自治区城建部门备案。

各地城建、园林部门和风景名胜区管理机构要对本地区所有古树名木进行挂牌，标明管理编号、树种名、学名、科、属、树龄、管理级别及单位等。

三、古树名木的价值

中国是文明古国，古树名木种类之多，树龄之长，数量之大，分布之广，名声之显赫，影响之深远，均为世界罕见。

我国现存的古树，有的已逾千年。它历经沧桑，饱经风霜，经过战争的洗礼和世事变迁的漫长岁月，依然生机盎然，为祖国灿烂的文化和壮丽山河增添不少光彩。保护和研究古树，不仅因为它是一种独特的自然和历史景观，而且因为它是人类社会历史发展的佐证者。它对于研究古植物、古地理、古水文和古历史文化都有重要的科学价值。

古树名木是历史的见证。我国的古树名木不仅在横向上分布广阔，而且在纵向上跨越数朝历代，具有较高的树龄。如我国传说中的周柏、秦松、汉槐、隋梅、唐杏（银杏）等，均可作为历史的见证。

古树名木是历代陵园、名胜古迹的佳景之一。古树名木苍劲古雅，姿态奇特，高大挺拔，使千万中外游客流连忘返。如北京天坛公园的“九龙柏”、香山公园的“白松堂”、陕西黄陵“轩辕庙”内的“皇帝手植柏”和“挂甲柏”等都堪称世界无双，把祖国山河装扮得更加美丽多娇。

古树对于研究树木生理具有特殊意义。树木的生长周期很长，相比之下人的寿命却短得多。对它的生长、发育、衰老、死亡的规律，我们无法用跟踪的方法加以研究。古树的存在就把树木生长、发育在时间上的顺序展现为空间上的排列，我们可将处于不同年龄阶段的树木作为研究对象，从中发现该树种从生到死的总规律。

古树对于树种规划有很大的参考价值。古树多为乡土树种，对当地气候和土壤条件有很强的适应性，因此，古树是树种规划的最好依据。

四、古树名木的养护管理

任何树木都要经历生长、发育、衰老、死亡等过程。也就是说，树木的衰老、死亡是客观规律。但是可以通过人为的措施延缓衰老死亡进程，使树木最大限度地为人类造福。为此有必要探讨古树衰老的原因，以便有效地采取措施。

（一）古树名木衰老的原因

1. 树木自身因素

由于树种遗传因素的影响，树种不同，其寿命长短、发育进程、对外界不利环境条件的抗性以及再生能力等，均会有所不同。

2. 土壤密实度过高

古树因姿态奇特，树形美观，或是具有神奇传说，往往吸引大量的游客，树下地面受到频繁践踏，土壤板结，密实度增高，透气性降低，造成土壤环境恶化，对树木的生长十分不利。

3. 树干周围铺装面过大

有些地方用水泥砖或其他材料铺装，仅留很小的树盘，影响了地下与地上部分的气体交换，使古树根系处于透气性极差的环境中。

4. 土壤理化性质恶化

近些年来，有不少人在公园古树林中搭建帐篷，开各式各样的展销会、演出会或是成为居民日常锻炼身体的场所，这不仅使该地土壤密实度增高，同时还造成各种污染，有些地方还因增设临时厕所而造成土壤含盐量增加。

5. 根部的营养不足

有些古树栽在奠基土上，植树时只在树坑中垫了好土，树木长大后，根系很难向坚硬的土中生长，由于根系活动范围受到限制，营养缺乏，致使树木早衰。

6. 人为的损害

由于各种各样原因，在树下乱堆东西（如建筑材料、水泥、石灰、沙子等），特别是石灰，堆放不久树就会受害致死。有的还在树上乱画、乱刻、乱钉钉子，使树体受到严重破坏。

7. 病虫害

常因古树高大、防治困难而失管，或因防治失当而造成更大的危害。所以，古树病虫害应以综合防治增强树势为主，用药要谨慎。

8. 自然灾害

雷击雹打，雨涝风折，都会大大削弱树势。

以上原因使古树生长的基本条件恶化，不能满足树木对生态环境的要求，树体如再受到破坏摧残，古树就会很快衰老以致死亡。

（二）古树名木的养护管理

1. 古树名木的调查、登记、存档

古树名木是记载一个国家、一个民族发展的活史书，也是记录一个地区千百年来气象、水文、地质、植被演变的活化石，是进行科学研究的宝贵资料，应该建立健全其资源档案。因此，必须对古树名木进行全面仔细的调查。调查内容主要有树种、树龄、树高、冠幅、胸径、生长势、生长地的环境条件以及对观赏和研究的作用、养护措施，还应搜集有关历史和其他资料。

在调查、分级的基础上进行分级养护管理，各级古树名木均应设永久性标牌，编号造册，并采取加栏、加强保护管理等措施。

2. 古树名木的一般性养护管理措施

（1）支撑、加固

古树由于年代久远，树体衰老，会出现主干中空、主枝死亡、树体倾斜，故常需支撑、加固。方法：用钢管呈棚架式支撑，钢管下端用混凝土基加固；干裂的树干用扁钢箍起。

（2）设围栏、堆土、筑台

游人容易接近古树的地方，要设围栏进行保护，围栏一般要距树干 3 ~ 4 m。凡人流密度大，树木根系延伸较长者，围栏外地面要作透气铺装。在古树干基堆土或筑台，可起保护作用，也有防涝效果。

（3）立标志、设宣传栏

安装标志，标明树种、树龄、等级、编号，明确养护管理负责单位。设立宣传栏，既需就地介绍古树名木的重大意义与现况，又需集中宣传教育、发动群众保护古树名木。

（4）加强肥水管理

在树冠投影外 1 m 以内至投影半径 1/2 以外的范围内进行环状深翻，增强土壤通气。肥料的种类以长效肥为主，夏季速生期增施速效肥，施肥后要加强灌水，以提高肥效。

（5）防病防虫、补洞治伤、防止自然灾害

遇到病虫危害要尽快防治。

对于各种原因造成的伤口，应当用锋利的刀刮净削平四周，使皮层边缘呈弧形，再用消毒剂消毒（常用消毒药剂有：2% ~ 5% 硫酸铜溶液、0.1% 升汞溶液、5 度石硫合剂等），最后涂抹保护剂（桐油、接蜡、沥青）。

修补树洞的方法有三种：开放法、封闭法和填充法

开放法。树洞不深或无填充的必要时，可将洞内腐烂木质部彻底清除，刮去洞口边缘的死组织，直至露出新组织为止，用药剂消毒，并涂防护剂。同时改变洞形，以利排水，也可以在树洞最下端插入排水管。以后需经常检查防水层和排水情况，防护剂每隔半年左右重涂一次。

封闭法。对较窄树洞，可在洞口表面覆以金属薄片，待其愈合后嵌入树体。也可将树洞经处理消毒后，在洞口表面钉上板条，以油灰和麻刀灰封闭，再涂以白灰乳胶，颜料粉面，以增加美观，还可以在上面压树皮状纹或钉上一层真树皮。

填充法。填充物最好是水泥和小石砾的混合物，也可用沥青与沙的混合物或聚氨酯泡沫材料。填充材料必须压实，为加强填料与木质部连接，洞内可钉若干电镀铁钉，并在洞口内两侧挖一道深约 4 cm 的凹槽。

填充物从底部开始，每 20 ~ 25 cm 为一层用油毡隔开，每层表面都向外略斜，以利排水，填充物边缘应不超过木质部，使形成层能在它上面形成愈伤组织。外层用石灰、乳胶涂抹，为了美观且富有真实感，还可在最外面钉一层真树皮。

（6）设避雷针

高大的树木容易遭受雷击，被雷击后，严重影响树形和树势，甚至导致死亡，所以，古树应加避雷针。如果遭受雷击，应立即将伤口刮平，涂上保护剂，并堵好树洞。

（7）整形修剪

以少整枝、少短截，轻剪、疏剪为主，基本保持原有树形为原则，以利通风透光，减少病虫害。必要时也要适当重剪，促进更新、复壮。

五、古树名木的复壮技术

古树复壮是运用科学合理的养护管理技术，使原本衰弱的古树重新恢复正常生长、延续其生命的措施。当然必须指出的是，古树复壮技术的运用是有前提的，它只对那些虽说老龄、生长衰弱，但仍在其生物寿命极限之内的树木个体有效。

1. 深耕松土

其主要方法是在树干周围深翻土壤，范围比树冠稍大，深度要求在 40 cm 以上。园林假山上不能深耕时，要观察根系走向，用松土结合客土、覆土保护根系。

2. 开挖土壤通气孔

在古树林中挖地井，深 1 m，四壁用砖砌成 40 cm × 40 cm 的孔洞，上覆铁栅，使之成为古树根系透气的“窗口”。

3. 埋条法

在古树根系范围挖放射沟和环形长沟，填埋适量的树枝、腐叶土、熟土等有机材料来改善土壤的通气性以及肥力条件。每条沟长 120 cm，宽 40 ~ 70 cm，深 80 cm。沟内先垫放 10 cm 厚的松土，再把剪好的树枝捆成捆，平铺一层，每捆直径 20 cm 左右，上撒少量松土，同时施入粉碎的酱渣和尿素，每沟施麻酱渣 1 kg、尿素 50 g。为补充磷肥可放少量的动物骨头和贝壳等物，覆土 10 cm 后放第二层树枝，最后覆土踏平。如果株行距大，也可采用长沟埋条。沟宽 70 ~ 80 cm，深 80 cm，长 200 cm 左右，然后分层埋条施肥，覆盖踏平。应注意埋条处的地面不能低，以免积水。

4. 地面铺梯形砖或草皮

以改变土壤表面受人为践踏的情况，使土壤保持与外界进行正常的水气交换。在铺梯形砖和地被植物之前土壤先施入有机肥，随后在表面上铺置上大下小的特制梯形砖、带孔的或有空花条纹的水泥砖。砖与砖之间不勾缝，留有通气道，下面用砂衬垫，同时还可以在埋树条的上面铺设草坪或地被植物，并围栏杆禁止游人践踏。

5. 加塑料

耕锄松土时埋入聚苯乙烯发泡材料（可利用包装用的废料），撕成乒乓球大小，数量不限，以埋入土中不露出土面为宜。聚苯乙烯分子结构稳定，目前无分解它的微生物，故不刺激植物根系，渗入土中后，土壤容重减轻，气相比例提高，有利于根系生长。

6. 挖壕沟

一些名山大川中的古树，由于所处地位特殊不易截留水分，常受旱灾，可以在上方距树 10 m 左右处的缓坡地带沿等高线挖水平壕沟，深到风化的岩石层，平均为 1.5 m，宽 2 ~ 3 m，长 7.5 m，向外沿翻土，筑成截留雨水的土坝，底层填入嫩枝、杂草、树叶等，拌入表土。这种土坝在正常年份可截留雨水，同时待填充物腐烂以后，可形成海绵状的土层，更多地蓄积水分，使古树根系长期处于湿润状态。

7. 换土

在树冠投影范围内，对大的主根部分进行换土，挖土深 0.5 m（随时将暴露出来的根用浸湿的草袋子盖上），以原来的旧土与沙土、腐叶土、锯末、少量化肥混合均匀之后填埋其上。可同时挖深达 4 m 的排水沟，下层填以大卵石，中层填以碎石和粗砂，上面以细砂和园土填平，以排水顺畅。

第三节　地被植物栽培养护

一、地被植物的概念、特点

（一）概念

地被植物是指某些有一定观赏价值，铺设于大面积裸露平地、坡地，适于阴湿林下和林间隙地等各种环境条件，覆盖地面的多年生草本和低矮丛生、枝叶密集、偃伏性、半蔓性的灌木以及藤本植物。简单地说是指覆盖于地表的低矮的植物群。在植物种类上，不仅包括多年生低矮草本和蕨类植物，还有一些适应性强的低矮、匍匐型的灌木和藤本植物。

（二）地被植物的生物学特点

（1）覆盖力强，适应能力强，种植以后不需经常更换，能够保持连年持久不衰；（2）生长期长，多年生，绿叶期长；（3）高矮适度，耐修剪；（4）适应性、抗逆性强；（5）容易繁殖，生长迅速，管理粗放；（6）有较高观赏价值和经济价值。

（三）地被植物的景观特点

（1）种类丰富，观赏性多样；（2）丰富季相变化；（3）烘托和强调园林主景点；（4）协调元素，与草坪相似；（5）装饰立面，掩饰基础，减少水土流失；（6）环境效益显著，养护管理简单。

二、地被植物的分类

（一）按覆盖物的性质分

1. 活地被植物

低矮，生长致密，覆盖地面，以丰富层次、增添景色。

2. 死地被植物

无生命的死有机物层，植物凋落的枯枝、落叶、花、果、树皮等，粉碎后的树皮、碎木片、枯枝、落叶等。保护土层不被冲刷，避免尘土飞扬；控制杂草滋生；吸湿保土，增加局部空气湿度；腐烂后转化养分，代替施肥。

（二）按地被植物种类区分

1. 草本地被植物

有一、二年生的，还有多年生宿根、球根类草本，如鸢尾、葱兰、麦冬、水仙、石蒜、二月兰等。自播能力强，连作萌生，持续不断。

2. 藤本地被植物

藤本植物具有蔓生性、攀缘性及耐阴性的特点，常用于垂直绿化，高速路、公路及立交桥护坡绿化。常见的有铁线莲、常春藤、络石、爬山虎、迎春、探春、地锦、山葡萄、金银花等。

3. 蕨类地被植物

蕨类植物分布广泛，特别适合在温暖湿润处生长。在草坪植物、乔灌木不能良好生长的阴湿环境里，蕨类植物是最好的选择。常见的有石松、贯众、钱线蕨、凤尾蕨、肾石蕨、波士顿蕨、乌毛蕨等。

4. 矮竹地被植物

用于绿地假山、岩石中间，易管理。常用的如凤尾竹、翠竹、箬竹、金佛竹等。

5. 矮生灌木地被植物

亚灌木植株矮小、分枝众多且枝叶平展，丛生性强，呈匍匐状态，铺地速度快，枝叶的形状和色彩富有变化，有的还有鲜艳的果实，且易于修剪造型。常见的有十大功劳、小叶女贞、金叶女贞、紫叶小檗、杜鹃、八角金盘、铺地柏、六月雪、枸骨等。

6. 香味地被植物

如紫茉莉、茉莉、栀子。可用于观花、观果、闻香。

（三）按景观效果分

1. 常绿地被

一年四季都能生长，保持全绿，没有明显的落叶休眠期，如铺地柏、石菖蒲、麦冬类、常春藤、土麦冬、沿阶草、吉祥草等。

2. 落叶地被

秋冬季落叶或枯萎，第二年再发芽生长，抗寒性较强，如花叶玉簪、蛇莓、草莓、平枝栒子（观花，观果，观枝叶）等。

3. 观花地被

低矮，花期长，花色艳丽，繁茂，花期观赏为主，如金鸡菊、二月兰、红花酢浆草、地被菊、花毛茛。花叶兼美，如石蒜类、水仙花。常年开花，如蔓长春花、蔓性天竺葵等。

4. 观叶地被

终年翠绿，有特殊的叶色与叶姿，如常春藤类、蕨类、菲白竹、玉带草、八角金盘、连线草、马蹄金等。

（四）按配植的环境分

1. 空旷地被

空旷地光照充足，气候较干燥，应选用阳性植物。观花类的，如美女樱、常夏石竹、福禄考、太阳花等。

2. 林缘、疏林地被

林缘、疏林地属半阴环境，可根据不同的蔽荫程度选用不同的阴性植物，如二月兰、石蒜、细叶麦冬、蛇莓等。

3. 林下地被

林下荫浓、湿润，应选阴生植物，如玉簪、虎耳草、桃叶珊瑚等。

4. 坡地地被

土坡、河岸边，坡度较大、地层薄，应选抗性强，根系发达，蔓延迅速的植被，用以防冲刷、保水土，如小冠花、苔草、莎草等。

5. 岩石地被

山石缝间、岩石园，干旱、贫瘠、环境严酷，应选耐旱、耐瘠，旱生结构的植被，如常春藤、爬山虎、石菖蒲、野菊花等。

（五）按生态习性分

1. 喜光耐践踏型

栽植在路边、坡脚等处，如马蔺等。

2. 较喜光型

宜作花坛、树坛的边饰点缀，如萱草、鸢尾等。

3. 耐半阴型

宜栽植在疏林或林缘，如偃松、金银花等。

4. 耐浓阴型

宜栽植在密林下，如沿阶草、宝贵草等。

5. 喜阴湿型

宜在水边、湿地栽植，如唐菖蒲等。

6. 耐干旱瘠薄型

宜在干旱少雨或灌溉不便的、土质瘠薄的地方栽植，如石蒜、百里香等。

7. 喜酸型

适宜在酸性土壤中生长，如水栀子等。

8. 耐盐碱型

可在盐碱土壤中生长，如扫帚草等。

三、地被植物的选择标准

地被植物在园林绿化中所具有的功能决定了地被植物的选择标准。一般来说地被植物的筛选应符合以下标准：(1)多年生，植株低矮，一般分为 30 cm 以下、50 cm 左右、70 cm 左右三种；(2)全部生育期在露地栽培，绿叶期较长，绿叶期不少于 7 个月；(3)生长迅速、繁殖容易、管理粗放，能用多种方式繁殖，且成活率高；(4)适用性强、抗逆性强、无毒、无异味；(5)花色丰富、持续时间长、观赏性好、覆盖力强、耐修剪。

四、地被植物的繁殖

为了大面积地覆盖地表，成片种植地被植物，一般要求采用简易粗放的繁殖和种植方法。目前我国各地常用的方法主要有以下几种：

(一)自播法

指具有较强的自播覆盖能力的地被植物，一般它们的种子成熟落地，就能自播繁殖，更新复苏。播种一次后可年年自播，且繁殖力很强。

我国地被植物资源丰富，具有较好自播能力的种类较多，如二月兰、紫茉莉、诸葛菜、大金鸡菊、白花三叶草、地肤等，蛇莓、鸡冠花、凤仙花、藿香蓟、半支莲等也具有一定的自播能力。地被植物自播繁衍，管理粗放，绿化效果显著，很受人们欢迎。

(二)直接撒播种子法

直接撒播种子是目前地被植物栽培中常用的一种方法。它不仅省工省事，且易扩大栽培面积。种子可直播的植物可在平整的土地上撒播，出苗整齐、迅速、密植很容易覆盖地面，如菊花脑等。

(三)营养繁殖法

地被植物中有很多种类可采用营养器官繁殖的方法来扩大地被的栽培面积，常用方法有：分株分根法，如萱草、菲白竹、箬竹、麦冬、石菖蒲、沿阶草、万年青、吉祥草、宿根鸢尾等；分植鳞茎法，石蒜、葱兰、韭兰、水仙、白苏、酢浆草、白芨等；营养枝扦插法，常春藤、络石、菊花脑、垂盆草等。

(四)育苗移栽法

在种子不足、扦条短缺或者出苗不均匀时可采用此法。可先育苗后成片移往种植地，如美女樱、福禄考等。

五、地被植物的养护管理

（一）水分管理

大部分野生地被植物具有很强的抗旱性，当给予适当的水分供应时会表现得长势更好、更健壮。这种“适当”的程度需要经过一部分相关的实验摸索总结，否则充足的水分供应会增加养护工作量，如增加修剪频次，甚至病虫害的发生。当年繁殖的小型观赏和药用地被植物，应每周浇透水 2 ~ 4 次，以水渗入地下 10 ~ 15 cm 处为宜。浇水应在上午 10 时前和下午 4 时后进行。

（二）施肥

地被植物生长期内，应根据各类植物的需要，及时补充肥力。常用的施肥方法是喷施法，因此法适合于大面积使用，又可在植物生长期进行。此外，亦可在早春、秋末或植物休眠期前后，结合加土进行施肥，对植物越冬很有利。还可以因地制宜，充分利用各地的堆肥、厩肥、饼肥及其他有机肥料。施用有机肥必须充分腐熟、过筛，施肥前应将地被植物的叶片剪除，然后将肥料均匀撒施。

（三）修剪平整

一般低矮类型品种，不需经常修剪，以粗放管理为主。但对开花地被植物，少数残花或花茎高的，须在开花后适当压低，或者结合种子采收适当整修。

（四）防止斑秃

与草坪管理一样，在地被植物大面积的栽培中，也忌讳出现斑秃。因此，一旦出现，要立即检查原因，如土质欠佳，要采取换土措施，并以同类型的地被进行补充，恢复美观。

（五）更新复苏

在地被植物养护管理中，常因各种不利因素，成片地出现过早衰老。此时应根据不同情况，对表土进行刺孔，使其根部土壤疏松透气，同时加强肥水。对一些观花类的球根及鳞茎等宿根地被，须每隔 3 ~ 5 年进行分根翻种，否则也会引起自然衰退。

（六）地被群落的配置调整

地被植物栽培期长，但并非一次栽植后一成不变。除了有些品种能自行更新复壮外，均需从观赏效果、覆盖效果等方面考虑，人为进行调整与提高，实现最佳配置。

首先，注意花色协调，宜醒目，忌杂乱。如在绿茵似毯的草地上适当种植些观花地被，其色彩容易协调，例如低矮的紫花地丁、黄花蒲公英等。又如在道路或草坪边缘种上香雪球、太阳花，则显得高雅、醒目。其次，注意绿叶期和观花期的交替衔接。

如观花地被石蒜、忽地笑等，它们在冬季只长叶，夏季只开花，而四季常绿的细叶麦冬周年看不到花。如能在成片的麦冬中，增添一些石蒜、忽地笑，则可达到互相补充的目的。

六、地被景观设计原则

（一）适时、适地选择种类品种

根据当地气候、土壤、光照等条件，选择乡土植物、野生植物，能减少养护费用，达到事半功倍的效果。

（二）遵循植物群落学规律

乔木、灌木、地被适宜群落组合。景观效果互补，生物习性和生态习性互补。深根性乔木加浅根系地被，林下耐阴植物混栽，避免弱肉强食，自然淘汰。

（三）和谐统一的艺术规律

①本身观赏性与环境协调：大空间，枝叶大；小空间，细叶。②混栽配置种类宜少不宜多：本身季相变化大，太多易显杂乱。③观赏性状互补：生长期与休眠期互补，观花、观叶互相衬托。

七、地被植物的应用价值

地被植物是园林绿化的主要组成部分，在园林绿化中起着重要的作用。首先，能增加植物层次、丰富园林景观，给人们提供优美舒适的环境；其次，由于叶面积系数的增加，在减少尘埃与细菌的传播、净化空气、降低气温、改善空气湿度等保健方面具有不可替代的作用；再次，能保持水土，护坡固堤，防止水土流失，减少和抑制杂草生长；最后，因可选用的植物品种繁多，有不少种类如麦冬、万年青、白芨、留兰香、金针菜等都是药用、香料的天然原料，在不妨碍园林功能的前提下，还可以增加经济收益。

第八章 园林植物病虫害防治

第一节 园林植物主要病害及防治

一、白粉病

白粉病属真菌病害主要发生在叶两面，一般叶面多于叶背，初时叶两面出现白色稀疏的粉斑，后逐渐增多，融合成片，似绒毛状，严重的布满全叶，后期斑上出现黑色小点，造成叶片枯萎脱落，影响树木生长。

防治方法：结合修剪，剪除病枝、病叶并集中烧毁，减少病菌来源；选择抗病耐病品种；树木发病时喷洒 50% 多菌灵可湿性粉剂 800—1000 倍液或 50% 硫黄胶悬剂 3000 倍液或 70% 甲基托布津可湿性粉剂 800 倍液或 25% 粉锈宁可湿性粉剂 1000—1500 倍液进行防治。

二、黑斑病

真菌病害。主要危害植物叶片，也可危害嫩枝、花梗和叶柄，初期呈褐色放射性病斑，边缘明显，斑上有黑色小点，严重时叶片枯萎脱落，影响生长。

防治方法：秋冬季剪除病枝、病叶并集中烧毁；注意整形修枝，保持透光通气，增强树势，提高抗病能力；树木展叶时喷洒 50% 多菌灵可湿性粉剂 500—1000 倍液或 70% 甲基托布津、75% 百菌清 1000 倍液或 80% 代森锌 500 倍液，7—10 天 1 次，连续喷洒 2—3 次进行防治。

三、褐斑病

真菌性病害。夏季发生，秋季危害严重。主要危害植物叶片，从植物下部叶片开始发病，逐渐向上蔓延。初期病斑为圆形或椭圆形，紫褐色，后变成黑色，边界明显，严重时多数病斑可连成片，使叶片枯黄脱落，影响开花和生长。

防治方法：清除病枝、病叶并集中烧毁，减少病菌来源；喷洒50%多菌灵可湿性粉剂500倍液或0.5%—1%波尔多液或25%百菌清500倍液或50%代森锌铵1000—1500倍液，7—10天1次，连续喷洒2—3次进行防治。

四、黄化病

指植物叶面均匀地变为黄白色。黄化病多发生在夏季，分生理性和病理性两种。生理性黄化病病因很多，较为常见的是缺铁性黄化，一般不需用药，通过加强栽培管理、合理施肥等措施可以防治；病理性黄化病是病原微生物侵入植物的根系、叶片或其他组织引起的叶片黄化，并能扩大蔓延。

防治方法：病理性黄化病可通过选育抗病品种，培育无病苗木；及时防治叶蝉、蚜虫、介壳虫等病源传播害虫；发病时可采用四环素、黄龙宝药肥等药剂进行防治。

五、锈病

真菌性病害。主要危害植物叶片和芽，树木开始展叶后发病，到初夏开始蔓延，在树木叶片上形成橘黄色或黄褐色粉状孢子堆，使树木枝叶失绿变黄，病斑隆起明显，严重时整株树叶枯死，花蕾干瘪脱落。

防治方法：结合修剪，清除诱病枝叶并集中烧毁或深埋，减少侵染来源；在生长季节喷洒25%粉锈宁1500—2000倍液或敌锈钠250—300倍液或波美3°—4°石硫合剂或65%代森锌可湿性粉剂500—600倍液或75%氧化萎锈灵3000倍液防治。

六、烟煤病

一般是由蚜虫和介壳虫等危害诱发的。受害树木叶片的表面上覆盖一层病菌的菌丝，形成黑色的“烟煤”层，阻碍了植株正常的光合作用及气体交换，影响树木生长发育。

防治方法：及时防治蚜虫、介壳虫等病源昆虫：发现树木发病后，用清水擦洗患病枝叶并喷洒50%多菌灵500—800倍液进行防治。

七、白绢病

亦称菌核性根腐病和菌核性苗枯病。通常发生在苗木的根茎部或茎基部。在潮湿环境下，受害的根茎表面、茎基部或近地表覆有白色绢丝状菌丝体，后期形成很多油菜籽状的小菌核，并由白色逐渐变为淡黄色至黄褐色，最后变茶褐色，菌丝向下延伸至根部引起根腐。苗木受害后，生长不良，叶片变小变黄，枝梢缩短，严重时枝叶凋萎，导致全株枯死。

防治方法：铲除病株及周围土壤，并洒 70% 五氯硝基苯或生石灰处理土壤；也可用 70% 甲基托布津 500—800 倍液或 50% 多菌灵 500—800 倍液浇灌植株茎基部及周围土壤。

八、立枯病

病菌浸染幼苗根部和茎基部，病部下陷萎缩，呈黑褐色，造成苗木倒伏或出现立枯症状，多发生在梅雨季节。

防治方法：及时拔除病株并集中烧毁；或用 1% 福尔马林消毒土壤；或用 70% 五氯硝基苯粉剂和 80% 代森锌可湿性粉剂等量混合处理土壤；发病初期用 50% 福尔马林液或 50% 代森铵 300—400 倍液或 70% 甲基托布津可湿性粉剂 1000 倍液浇灌根部防治。

九、细菌性软腐病

细菌性病害。主要危害植物的球根、叶柄、叶片等组织，先侵染叶片，出现水浸状病斑，后蔓延至叶柄和球根，软腐黏滑并有恶臭味，严重时植株萎蔫死亡。

防治方法：摘除病叶，拔除病株，减少浸染来源；加强管理，保持通风透光，增施磷、钾肥，提高植株抗性；及时防治地下害虫；发病时及时用链霉素或土霉素 2000—2500 倍液或敌克松 600—800 倍液喷施或浇灌病株及根际土壤。

十、炭疽病

炭疽病是园林植物主要病害，常危害植物叶片，有时也危害嫩枝、茎和果实。发病初期叶片上出现圆形、椭圆形红褐色小斑点，后扩展成深褐色圆形病斑，中间部分由灰褐色转为灰白色，边缘呈紫褐色或暗绿色，最后病斑变成黑褐色，并产生轮纹状排列的小黑点；严重时一张叶片上有 10 个以上病斑，后期病斑可形成穿孔，病叶易脱落，严重时降低观赏价值，甚至引起植株死亡。炭疽病主要危害大叶黄杨、石榴、非洲茉莉、紫荆、广玉兰、海棠、泡桐、米兰等园林植物。

防治方法：剪除发病枝叶、清理枯枝败叶及时烧毁；清理圃地，保持通风透光，增施磷、钾肥，提高植株抗病性；发病前可用 80% 代森锌可湿性粉剂 700—800 倍液、75% 百菌清 500 倍液防治；发病后，可喷施 75% 百菌清可湿性粉剂 600 倍液、25% 苯菌灵乳油 900 倍液、50% 炭福美可湿性粉剂 500 倍液、50% 退菌特 800—1000 倍液，W 天左右 1 次，连续喷施 3—4 次，能较好防治。

十一、溃疡病

溃疡病是园林树木常见病害，多发生于主干和枝条上，有腐烂和枝枯两种类型。腐烂型：发病初期出现水浸状病斑，梭形、近圆形、椭圆形或不规则矩形，暗灰色，后失水下陷，颜色变浅，发病组织迅速坏死，皮层变软腐烂，用手挤压有褐色液体渗出，具酒糟味。当病害不断扩大，环绕树干一周后，病斑上部主干枯死，其皮层腐烂，纤维分离如麻丝。枝枯型：比较少见，发生在树枝，病部初呈暗灰色，后迅速扩展，待环绕枝条后即发生枝枯，后期病部散生黑色至灰白色疹状小突起。

防治方法：发病前可在主干上喷洒 40% 多菌灵胶悬剂 50 倍液或 2：2：100 波尔多液或 75% 甲基托布津可湿性粉剂 100 倍液防治；发病后刮除病斑至健康树皮，然后涂上述药剂；亦可在病部用利刀纵横深刻几刀后，涂渗透性强的药剂，如 10% 碱水或 50% 退菌特可湿性粉剂 500 倍液等。

第二节　园林植物主要虫害及防治

一、地老虎类

全国各地皆有分布，夜间活动，白天潜伏。常为害约 10 cm 高的幼苗，切断幼苗根茎，造成幼苗死亡。

防治方法：育苗可用 600 倍敌百虫液浇灌苗床；也可用 50 g90% 晶体敌百虫加 5 kg 饵料（鲜草或炒香的饼肥等）拌匀制成毒饵，于傍晚撒施于寄主植物根际附近进行诱杀；或在早春地老虎产卵后，幼虫开始大量孵化时，及时清除圃地杂草，集中堆沤，可减少地老虎的危害。

二、金龟子

昼伏夜出，有趋光性，是危害苗木根部的主要地下害虫，其幼虫蛴螬咬食植株根系；成虫严重发生时会吃光植株幼叶、嫩茎。

防治方法：幼虫蛴螬危害时，可用 1% 敌百虫液、50% 敌敌畏乳油或 40% 辛硫磷乳油 800 倍液在傍晚时浇灌苗木根部后用清水冲洗，效果较好；防治幼、成虫为害，也可用 40% 氧化乐果 1：1 水溶液环涂树干（环宽 10 cm）；成虫为害可喷洒 40% 氧化乐果 1000 倍液或 800—1000 倍敌百虫液；育苗时可结合整地每亩施 2—3 kg2.5% 敌百虫粉剂或呋喃丹防治；还可利用成虫的趋光性，采用黑光灯诱杀。

三、蝼蛄类

以成虫和幼虫啃食刚发芽的种子、幼苗根系和近表土的嫩茎，或在表土层钻洞，使幼苗根系与土壤分离而枯死。

防治方法：播种时用乐果（40% 乐果乳剂 500 g，水 12.5—20 kg）药液进行拌种后播种；或将 40% 乐果乳剂或 90% 敌百虫晶体用热水化开（500 g 药对水 5 kg），拌入已经炒香的麦、豆饼或米糠中做成毒饵，傍晚时撒在苗床上，诱杀蝼蛄；也可结合整地每亩施 2—3kg2.5% 敌百虫粉剂或呋喃丹防治蝼蛄。

四、介壳虫

小型昆虫，常集聚在树叶或花蕾上吸取汁液，造成树叶枯萎甚至整株死亡。

防治方法：少量可用药棉蘸水抹去或用刷子人工刷除，再喷药治疗；当雌虫为害时，木本植物可用刀先刻伤基部表皮，再涂抹 40% 久效磷等内吸性药剂，使植株将药吸收后将虫毒死，草本植物可直接涂在植株茎部；也可喷施 40% 氧化乐果 1000—2000 倍液（加入适量柴油和中性洗衣粉有利药性发挥），或 20% 杀灭菊酯 1500—2000 倍液，一般半月喷施 1 次，连喷 3 次，效果较好。

五、红蜘蛛（叶蟠）

幼虫和成虫吸取植物组织内汁液，受害叶片失绿受损，叶面出现密集细小的灰黄点或斑块，严重时叶片枯黄掉落，甚至因树叶掉光而造成树木死亡。

防治方法：剪除受害枝叶集中烧毁；也可用大量水冲洗病株或用 40% 三氯杀螨醇 1000—1500 倍液、35% 杀螨特 1500 倍液、15% 扫螨净 1500—2000 倍液喷施防治。

六、蚜虫

蚜虫常积聚在新叶、嫩芽和花蕾上，刺入植物组织内吸取汁液，造成被害部位出现黄斑或黑斑，受害叶片皱曲、脱落，花蕾萎缩或畸形生长，严重时植株死亡。

防治方法：保护瓢虫、草蛉等天敌；或用黄色塑料板涂重油诱黏；也可用 25% 鱼藤精 1000 倍液喷雾、洗衣粉 300 倍液、灭蚜松（灭蚜灵）1000—1500 倍液、40% 硫酸烟精 800—1200 倍液喷施防治。

七、白粉虱

幼虫和成虫常积聚在花卉叶片背面，吸取叶片汁液，造成叶片枯黄脱落。

防治方法：及时修剪、疏枝，保持通风透光；发现受害时及时剪除受害枝叶集中烧毁；可悬挂黄色黏板，捕杀成虫；或用 80% 敌敌畏 1000—1500 倍液，并加入适量洗衣粉或 20% 杀灭菊酯 2500 倍液喷施；10 天左右喷施 1 次，连施 3—5 次即可。

八、天牛类

主要有星天牛、咖啡灰天牛、诱色粒间天牛、菊天牛、桑天牛等，多产卵于树木主干及主枝树皮的缝隙中，幼虫孵化后蛀入树干木质部为害，影响木材材质，造成树枝枯萎或折断。主要为害柳树、杨树、国槐、法桐、女贞等。

防治方法：在虫孔内插入磷化锌毒签或磷化铝药片，并结合修剪，除去被害的枯死枝和枯死木，并集中烧毁；也可用螺丝刀插入虫孔，刺死幼虫；或从虫孔注射 80% 敌敌畏或 40% 氧化乐果 20—50 倍液后用黏泥封口，将虫孔密封毒杀幼虫；还可喷施 5% 西维因粉剂或 90% 敌百虫 1000 倍液杀灭成虫或人工捕杀成虫。

九、刺蛾类

主要有褐刺蛾、黄刺蛾、扁刺蛾、褐边绿刺蛾等，啃食树木叶片和果实，严重时可啃食全树叶片，影响树木生长。主要为害樱花、栾树、紫叶李、法桐、香樟等。

防治方法：幼虫发生初期，喷洒 90% 晶体敌百虫 800—1000 倍液或 20% 杀灭菊酯乳油 3000—4000 倍液或 2.5% 溴氰菊酯乳油 2500—3000 倍液或杀螟杆菌 1000 倍液，均有良好效果；因其成虫具趋光性，也可用黑光灯诱杀成虫。

十、袋蛾类

主要有大袋蛾、小袋蛾、茶袋蛾、桉袋蛾等，其虫体藏于袋囊中，以幼虫和雌成虫啃食叶片及嫩枝，严重时可将全株叶片吃光，高温干旱季节为害更为严重。主要为害桂花、落羽杉、香樟、火棘、法桐、柳树、枫杨、合欢等。

防治方法：人工摘除袋囊，消灭幼虫；也可在幼虫期喷施 90% 敌百虫晶体水溶液或 80% 敌敌畏乳油 1000—1500 倍液或 2.5% 溴氰菊酯乳油 5000—10000 倍液或 50% 辛硫磷乳油、50% 乙酰甲胺磷乳油 1000—1500 倍液，尤以防治敌百虫效果好；还可用黑光灯诱杀成虫。

十一、毒蛾类

常见的有茶毒蛾和舞毒蛾 2 种，以幼虫啃食叶片，严重发生时啃食嫩枝、树皮及花蕾，影响树木生长和开花。

防治方法：幼虫期喷施 20% 除虫脲 2000—3000 倍液或天霸可湿性粉剂 800—1500 倍液或 2.5% 溴氯菊酯、敌敌畏乳油 800 倍液或 50% 锌硫磷乳剂 1000 倍液；也可进行人工捕杀、黑光灯诱杀或结合深挖翻埋枯枝落叶，杀灭虫蛹。

十二、象甲类

亦称象鼻虫，是主要的园林植物钻蛀类害虫。成虫和幼虫取食植物的根、茎、叶、果实和种子。成虫多产卵于植物组织内，幼虫钻蛀为害。常见的有红棕象甲、臭椿沟眶象、沟眶象、长足大竹象等，主要为害棕榈类、竹类等植物。

防治方法：及时清除枯死枝、干，剪除被害枝条，并集中烧毁；或利用其成虫的假死性，人工振落扑杀；成虫外出期喷 20% 菊杀乳油 1500—2000 倍液或 2.5% 溴氰菊酯乳油 2000—2500 倍液或 50% 辛硫磷乳油 1000 倍液效果较好；或在幼虫期向树体内注射 40% 氧化乐果乳油 10 倍液，可杀死幼虫。

十三、叶蝉类

园林中常见的有大青叶蝉、棉叶蝉、小绿叶蝉、二星叶蝉等，以成虫和若虫吸取植物汁液，受害叶片呈现小白斑，枝条枯死，影响生长发育。主要为害樱花、杜鹃、梅花、海棠、梧桐、木芙蓉、杨、柳、扁柏、桧柏、刺槐等树木。

防治方法：清除树木、花卉附近杂草，结合修剪，剪除被害枝条并烧毁；或设置黑光灯诱杀成虫；在成虫、若虫为害期喷施 20% 叶蝉散乳油 1000 倍液或 10% 吡虫啉可湿性粉剂 1500 倍液或 20% 杀灭菊酯乳油、2.5% 功夫乳油 2000 倍液或 40% 乐斯本乳油 2000 倍液。

第三节　园林植物病虫害的特点及防治的原则和方法

园林植物受到病虫害危害，将影响其品质，大大降低其观赏价值和经济效益。因此在园林植物培育过程中，病虫害预防比治疗更重要。

一、耕作防治

冬季深耕可将土壤表层的病原体埋入土层中，将深土层中的病原体及害虫翻到地面，让其暴露于地表后被鸟类等天敌啄食，同时破坏了病虫害的适生环境，可有效地控制病虫害的发生。

二、清园防治

冬季时将园林树木的枯枝落叶和林内杂草清除，改善林内卫生状况，可预防各种病虫害。因许多园林病虫的病原物（菌）或卵都在植物枯枝落叶或杂草中越冬，次年条件适宜时再出来活动。同时结合修剪，剪除带病虫的枝叶，运出林外集中焚烧或喷洒药物处理。

三、树干涂白

树干涂白不仅可防止天牛等蛀干害虫在树干上产卵，提高树木的抗病能力，预防腐烂病和溃疡病，还可延迟发芽，避免枝芽受冻害，又可预防日灼，可达到既防冻又杀虫的双重作用。涂白高度 1—1.2 m。

树干涂白剂的配制方法：水 10 份，生石灰 3 份，食盐 0.5 份，硫黄 0.5 份，白乳胶适量。先用少量水化开石灰，滤去渣滓，制成石灰乳，然后加入乳胶，再加入剩余的水，最后加入硫黄和食盐，搅拌均匀即可。

四、营林技术防治

营林措施是预防病虫害的根本措施，应贯穿于整个营林生产过程。主要措施有：选择抗病虫害能力强的优良树种；营造混交林；及时开展抚育、施肥和修枝等措施，加强对中幼龄林的管理，促进植物健壮生长；保护各种有益昆虫、微生物和鸟类等天敌；发现病虫木，及时清除，从而提高整个园林绿化系统抗病虫害的能力。

五、生物防治

生物防治即利用微生物、益鸟、性外激素等控制病虫害的方法。其防治效果既经济环保，又安全持久，是一种极具发展前途的防治方法。

六、药物防治

药物防治是控制病虫害大面积发生和消灭虫源基地的主要措施，可与其他防治措施配合使用。其优点是收效快，急效性强，适用范围广，不受地区和季节限制，效果好，但易污染环境，伤害天敌，如使用不当，还会造成人畜中毒。

七、植物检疫防治

加强园林植物检疫工作，是防止危险性园林病虫害扩散蔓延的根本保证。国家在港口、机场和车站等进出口门户抓好种子、苗木病虫害进、出口检疫；国内要抓好种苗产地检疫和调运检疫，发现检疫对象，及时对验检物品采取消毒处理、就地烧毁或隔离试种等措施，防止危险性病虫害扩大蔓延。

第九章　各类园林植物的栽培与养护

第一节　行道树

栽植和养护管理的要点是行道树距车行道边缘的距离不应少于 1 m，树距房屋的距离不宜少于 5 m，株间距以 6—12 m 为宜，对于慢生树种可在其间加植树一株，待适当大小时移走。树池通常约为 1.5 m 见方，丛植时可稍大些。植树坑中心与地下管道的水平距离应大于 1.5 m，与地下煤气管道的距离应大于 3 m，树木的枝条与地面上空高压线的距离应在 3 m 以上。

为保证行道树生长茂盛，应认真做好养护管理工作，及时松土、施肥、灌溉。多施氮肥可使叶木类的行道树枝肥叶绿，冠如华盖。经常修剪既能保持行道树应有的冠形，又能使树冠扩张。

常见行道树主要有以下种类：

一、毛白杨 Populus tomentosa 杨柳科，杨属

（一）形态

落叶乔木，高达 40 余 m。树干通直，树冠卵圆形，树皮幼时青白色，皮孔菱形，老时灰褐色纵裂，叶三角状心形，背面密被白毛，边缘具不规则粗锯齿。花期 3 月，果实 4 月成熟，雌雄异株。

（二）分布

北起辽宁、内蒙古，南达江浙，西至甘肃东部，西南至云南等地，黄河中下游为适生区。

（三）习性

喜凉爽湿润气候，耐寒性较差，在早春昼夜温差过大的地区，树皮常发生冻裂，高温多雨地区易患病虫害，生长较差。喜光，喜深厚、肥沃和湿润的土壤，耐水湿，抗烟，抗有毒气体能力强。

（四）繁殖栽培

以扦插、埋条和嫁接法繁殖。扦插繁殖，于11—12月从健壮母树上剪取粗壮充实的1年生枝条，截成长15—20 cm带2—3个饱满芽的插条，枝条生根率由基部向梢部递减，粗条高于细条。短于15 cm的插条成活率较低。剪截好的插条埋于沙中越冬，翌春扦插前用水浸泡3—7 d，有利于提高成活率。扦插的株距为20—30 cm，行距为50—100 cm。扦插后经常用小水灌溉，灌溉后及时松土，待芽萌发至15—20 cm时。此时根系尚未形成，属假活，应加强供水，保持土壤湿润，使根逐渐形成。从芽萌发至根形成这段时期，是决定苗木存亡的关键时期，应精心管理。6—7月是苗木的速生期，每10—15 d施肥一次，并进行灌溉、抹芽、除蘖和中耕除草等工作。蚜虫、透翅蛾危害甚烈，应及时防治。10月上中旬停止水肥，但可适当施些磷钾肥，使苗木及时木质化。1年生插条苗可达3m高左右。

埋条繁殖使用的枝条质量，是繁殖能否成功的关键。一般应剪取幼年母树上的1年生枝条或老树的粗壮根蘖枝，大树冠上的枝条生根困难。埋条通常在11一翌年2月份采条，将粗壮充实、芽饱满的枝条剪去梢部和无芽及有病虫害部分，每根埋条长0.5—1 m，30—50根捆成一捆，水平埋于0.8—1 m深的假植沟内，与湿沙分层摆放贮藏越冬。翌春3月下旬至4月中旬，在整好的苗床上开沟，将枝条首尾相接埋于沟内，覆土1—1.5 cm，埋后立即灌水，灌水后如有枝条外露，应覆土盖好，以后保持床土湿润。此外还有点状埋条，即在开沟埋条后，每隔10—15 cm用湿土堆一碗大的土堆，此法产苗量高，但萌芽出土困难，应及时扒开覆土使侧芽外露。埋条萌芽后，当天气干旱地温过高时，新根易干枯使苗木死亡，应结合中耕进行培土和适时灌溉，达到增湿和降温的目的。

嫁接繁殖是在母条缺少的情况下采用。以1年生小叶杨、加杨或美杨的实生苗、扦插苗做砧木，冬季将砧木截成10—12 cm长，接上12—15 cm长的毛白杨接穗，接穗上带4—5个饱满的芽，用切接或劈接法嫁接，嫁接完毕每40—50根捆成一捆，埋于沙床中越冬和愈合，翌春3月上中旬取出扦插，接口应埋入土中，扦插密度为行距70 cm，株距20 cm。芽接应于9月份进行，嫁接部位距地面3—5 cm，翌年秋季苗高3 m左右。

用上述方法繁殖的1年生苗，秋季落叶后高低不齐，应从距地面3—5 cm处截干，促使翌春抽通直的主干。截干后冬季施基肥，6—7月份施2—3次追肥，并每半月灌水1次，促其旺长7月份后一般苗高可达2 m，此时应控制侧枝生长，适当疏去主干下部的侧枝，使主干快速向上生长。第3年春季移植，株行距为1.2 m×1.5 m，用大田式育苗，移植时栽植不能过深，否则长势差，移植后及时灌水，以后每隔3—5 d再灌水，2—3次即成活。5月上旬及时去蘖，扶主干抑侧枝，并注意树冠的完整，当靠近主干上端的侧枝过强形成竞争枝时，要及时除去。

为了保证树木高、径的旺盛生长，冬季施基肥；夏季施 2—3 次追肥，是有益的也是非常必要的。定植初期根系恢复缓慢，树木生长缓慢，可适当施肥，注意灌溉和病虫害防治。

为保持主干直立挺拔，生长期内随时剪去徒长枝，对旺枝和直立枝进行摘心和剪梢，主干同一高度处有 2 个以上侧枝时应剪去，留 1 枝即可。当主枝下方侧枝过于强壮，与主枝竞争时，不能下疏去，以免削弱树势。应于弱芽处短截，使抽生弱枝，削弱枝势，至秋末落叶后或翌春萌芽前将枝条从基部剪除。当枝下高达到要求后，可任其生长，只修剪去密生枝、枯枝和病虫枝等。主要病虫害有毛白杨锈病、破腹病等及白杨透翅蛾为害，应注意防治。

（五）园林用途

毛白杨干直冠展，树形高大广阔，颇具雄伟气概，除作行道树外，也是良好的庭荫树和四旁绿化树种。在广场、干道两侧规则式列植，则气势严整壮观。

二、垂柳 Salix babylonica 杨柳科，柳属

（一）形态

落叶乔木，高达 18 m。树冠倒广卵形。小枝细长下垂。叶狭披针形至线状披针形，长 8—16 cm，先端渐长法，缘有细锯齿，表面绿色，背面蓝灰绿色。花期 3—4 月，果熟期 4—5 月。

（二）分布

主要分布于长江流域及其以南各省区平原地区，华北、东北亦有栽培。垂直分布在海拔 1300 m 以上，是平原水边常见树种。亚洲、欧洲及美洲许多国家都有悠久的栽培历史。

（三）习性

喜光，喜温暖湿润气候及潮湿深厚之酸性及中性土壤。较耐寒，特耐水湿，但亦能生于土层深厚的干燥地区。萌芽力强，根系发达。生长迅速，15 年生树高达 13 m，胸径 24 cm。寿命较短，30 年后渐趋衰老。

（四）繁殖

栽培繁殖以扦插为主，亦可用种子繁殖。扦插于早春进行，选择生长快、无病虫害、姿态优美的雄株作为采条母株，剪取 2—3 年生粗壮枝条，截成 15—17 cm 长作为插穗。株行距 20 cm × 30 cm，直插，插后充分浇水，并经常保持土壤湿润，成活率极高。

（五）栽植

垂柳发芽早，江南适栽期在冬季，北方宜在早春。株距 4—6 m，用大穴，穴底施基肥后，再铺 20 cm 厚疏松土壤，栽入苗木后分层压实，栽后浇水，成活后每年施以氮为主的肥料 1—2 次，促其尽快成荫。

垂柳主要有光肩天牛危害树干，被害严重时易遭风折枯死。此外，还有星天牛、柳毒蛾、柳叶甲等为害，应注意及时防治。

（六）园林用途

垂柳枝条细长，柔软下垂，随风飘舞，姿态优美潇洒，植于河岸及湖池边最为理想，是著名的庭园观赏树，也是江南水乡地区、平原、河滩地重要的速生用材树种，亦可用作行道树、庭荫树、固岸护堤树及平原造林树种。此外，垂柳对有毒气体抗性较强，并能吸收二氧化硫，故也适用于工厂区绿化。

三、鹅掌楸（马褂木）Liriodendron chinense 木兰科，鹅掌楸属

（一）形态

乔木，高 40 m，树冠圆锥状。1 年生枝灰色或灰褐色。叶马褂形，长 12—15 cm，各边 1 裂，向中腰部缩入，老叶背部有白色乳状突点。花黄绿色，聚合果，花期 5—6 月，果 10 月成熟。

（二）分布

浙江、江苏、湖南、湖北、四川、贵州、广西、云南等省区。

（三）习性

自然分布于长江以南各省山区，大体在海拔 500—1 700 m，与各种阔叶落叶或阔叶常绿树混生。性喜光及温和湿润气候，有一定的耐寒性，可经受 -15 ℃低温而完全不受伤害。喜深厚肥沃、适湿而且排水良好的酸性或微酸性土壤（pH 值 4.5—6.5），在干旱土地上生长不良，亦忌低湿水涝。生长速度快，本树种对空气中的 SO2 气体有中等的抗性。

（四）繁殖

以种子繁殖为主，但发芽率较低，为 10%—20%。以在群植的树上采种者为佳，自然结实能力差。在 10 月份，果实呈褐色时即可采收，先在室内阴干 1 周，然后在阳光下晒裂，清整种子后行干藏，但最好是采后即播。春播于高床上，覆盖稻草防干，约经 20 d 可出土，幼苗期最好适当遮阴。当年苗高可在 30 cm 左右，3 年生苗高 1.5 m。

（五）扦插繁殖

暖地可于落叶后秋播，较寒冷地区可行春季扦插，以1年生枝条做插穗行硬材扦插，成活率可达80%以上。亦可行软材扦插及压条法繁殖。

（六）栽培

本树不耐移植，故移栽后应加强养护。一般不行修剪，如需轻度修剪时，应在晚夏，暖地可在初冬。本树具有一定的萌芽力，可行萌芽更新。

（七）园林用途

树形端正，叶形奇特，是优美的庭荫树和行道树种。花淡黄绿色，美而不艳，最宜植于园林中安静休息区的草坪上。秋叶呈黄色，很美丽，可独栽或群植在江南自然风景区中，可与木荷、山核桃、板栗等行混交林式种植。

四、悬铃木 Platanus orientalis 悬铃木科，悬铃木属

（一）形态

落叶乔木，高达30 m。枝条开展，冠大，遮阴面广，树皮剥落后树干灰绿光滑。叶大，掌状5—7裂。花序头状，黄褐色。多数坚果聚合呈球形，3—6球成一串，果柄长而下垂。花期4—5月；果9—10月成熟。

（二）分布

华东、中南普遍栽培。

（三）习性

性喜光，不耐阴，对土壤适应性强，喜深厚肥沃土壤，根系浅，耐修剪。

（四）繁殖

播种和扦插繁殖均可，以扦插繁殖为主，秋末采1—2年生充实枝条，剪成15—20 cm的插条，沙藏越冬。3月份，当插条下切口已愈合时取出，扦插在疏松的苗床上，成活率可达90%以上。如用1年生播种苗的枝干做插条扦插，更易成活。培育杯状形行道树大苗时，扦插的株行距为30 cm×30 cm，1年生苗高1.5 m左右，第2年养树干，初春截干移植，株行距为60 cm×60 cm，当年高达2—3 m，疏除部分二次枝，第3年留床使其继续上长，冬季定干，在树高2.5—4 m处剪去梢部，将分枝点以下主干上的侧枝除去，第4年初春移植，株行距为1.2 m×1.2 m，萌芽后选留3—5个处于分枝点附近，分布均匀，与主干成45°左右夹角的生长粗壮的枝条做主枝，其余分批剪去，冬季对主枝留80—100 cm短截，剪口芽留在侧面，尽量使其处于同水平面上，第5年春萌发后，选留2个枝条做一级侧枝，其余剪去，冬季将一级侧枝留30—50 cm短截，

翌春萌发后各选留 2 个 3 级侧枝斜向生长，即形成“3 股 6 杈 12 枝”的造型。经 5—6 年培育的大苗，胸径在 5 cm 以上，已初具杯状形冠型，符合行道树标准，可出圃。

播种繁殖于秋季采种沙藏越冬，翌春播前半月捣碎果球，将种子浸水 2—3 h，捞出混沙催芽后播种，播后盖草喷水，约 20d 出土，出苗率 20%—30%，幼苗需遮阴，在良好的肥水管理下，当年生苗高 1 m 左右，按扦插苗培育大苗。

（五）栽培

采用树池栽植，树池 1.5 m 见方，深 70—80 cm，穴底施腐熟基肥，当土壤太差时应换土。一般春季裸根栽植，城市干道株距 8 m，城郊 4 m，栽进后捣实土壤，使土面略低于路面，栽植后立即浇水，立支柱。

杯状形行道树定植后，4—5 年内应继续进行修剪，方法与苗期相同，直至树冠具备 4—5 级侧枝时为止。以后在每年休眠期对 1 年生枝条留 15—20 cm 短截，称小回头，使萌条位置逐年提高，当枝条顶端将触及线路时，应行缩剪降低高度，称大回头，大小回头交替进行，使树冠维持在一定高度。每年 5 月开始进行抹芽除糵，3—4 次，当萌糵长至 15—20 cm 且尚未木质化时进行，抹芽时勿伤树皮。

如果苗木出圃定植时未形成杯状形树冠，栽植后再造型，将定植后的苗木在一定高度截干，待萌发后，于整形带内留 3 枝分布均匀、生长粗壮的枝条做主枝，冬季短截，以后按上述整形修剪方法进行即可。

在干道不是很宽，上方又无线路通过时，可采用开心形树冠，在栽植定干后，选留 4—6 根主枝，每年冬季短截后，选留 1 个略斜且向上方生长的枝条做主枝延长枝，使树冠逐年上升，而冠幅扩张不大，几年后任其生长，即可形成长椭圆形且内膛中空的冠形。修剪时应强枝弱剪，弱枝强剪，使树冠均衡发展。

栽植的行道树，每年需中耕除草，保持树池内土壤疏松，及时灌水与施肥，生长期以氮肥为主，使枝叶生长茂盛。悬铃木虫害较多，主要虫害有星天牛、刺蛾、大袋蛾等，应及时防治。

（六）园林用途

树形雄伟端正，叶大荫浓，树冠广阔，干皮光洁，繁殖容易，具有极强的抗烟、抗尘能力，对城市环境的适应能力极强，有“行道树王”之称。但在实际应用上应注意，由于其幼枝幼苗上具有大量星状毛，如吸入呼吸道会引起肺炎，除做行道树栽植外，还可植为庭荫树、孤植树，效果也很理想。作庭荫树、孤植树栽植时，以自然冠形为宜。

第二节　庭荫树

庭荫树一般以自然式树形为宜，除对过密枝、枯枝和病虫枝修剪外，不作过多修剪。庭荫树以枝叶为主，可多施氮肥，促其枝叶浓密、冠大。同时也应注意松土和灌溉等各项管理工作。

习用的庭荫树主要有以下种类：

一、罗汉松 Podocarpus macrophyllus 罗汉杉科，罗汉松属

（一）形态

常绿乔木，高达 20 m，胸径达 60 cm。树冠广卵形，树皮灰色，浅裂，呈薄鳞片状脱落。枝较短而横斜密生。叶条状披针形，螺旋状互生。雄球花 3—5 簇生叶腋，圆柱形；雌球花单生于叶腋。种子卵形，长约 1 cm，未熟时绿色，熟时紫色，外被白粉，着生于膨大的种托上；种托肉质，椭圆形，初时为深红色，后变紫色。花期 4—5 月，种子 8—11 月成熟。

（二）分布

产于江苏、浙江、福建、安徽、江西、湖南、四川、云南、贵州、广西、广东等省区，在长江以南各省均有栽培。日本亦有分布。

（三）变种、变型

1. 狭叶罗汉松

叶长 5—9 cm，宽 3—6 mm，叶端渐狭成长尖头，叶基楔形。产于四川、贵州、江西等省，广东、江苏有栽培。日本亦有分布

2. 小罗汉松

小乔木或灌木，枝直上着生。叶密生，长 2—7 cm，较窄，两端略钝圆。原产日本，在我国江南各地园林中常有栽培。朝鲜、日本、印度亦多栽培。

3. 短叶罗汉松

叶特短小。江、浙有栽培。

（四）习性

较耐阴，为半阴性树，喜排水良好而湿润的砂质土壤，又耐潮风，在海边也能生长良好。耐寒性较弱，在华北只能盆栽，培养土可用砂和腐质土等量配合。本种抗病虫害能力较强，对多种有毒气体抗性较强。寿命很长。

（五）繁殖

可用播种及扦插法繁殖。种子发芽率 80%-90%。扦插时以在梅雨中施行为好，易生根。斑叶品种如“银斑”罗汉松等，可用切接法繁殖。

（六）栽培

定植时，如是壮龄以上的大树，须在梅雨季带土球移植。罗汉松较耐阴，故下枝繁茂，亦很耐修剪。

（七）园林用途

树形优美，绿色的种子下有比其大 10 倍的红色种托，好似许多披着红色袈裟正在打坐参禅的罗汉，故得名。满树上紫红点点，颇富奇趣。宜孤植作庭荫或对植、散植于厅、堂之前。罗汉松耐修剪及适应海岸环境，故特别适宜于海岸边植作美化及防风高篱工厂绿化等用。短叶小罗汉松因叶小枝密，作盆栽或一般绿篱用，很是美观。

二、榕树（细叶榕）Ficus microcarpa 桑科，榕属

（一）形态

常绿乔木，高 20—30 m。树冠广卵形或球形，枝上具须状气生根，下垂入地即生根，又形成一干，形似支柱。叶椭圆形至倒卵形，先端钝尖，基部楔形，革质互生，全缘或浅波状，表面深绿色。春季开花，7—8 月果实成熟。

（二）分布

分布于我国华南及印度、菲律宾等地。

（三）习性

性喜温暖多雨气候，要求酸性土壤。

（四）繁殖

用播种、扦插和分蘖法繁殖。播种繁殖的苗木，根部易结块，外形奇特，观赏价值高，但因果实内含有抑制发芽物质，如带果肉随采随播，发芽率和成苗率均低。为提高种子发芽率，可用 2 种方法消除抑制剂：一是将成熟果实于播种前捣碎，放入清水中充分漂洗 3—4 次，然后捞出阴干，播于苗床上，发芽率达 94%；二是将果实干燥一段时间，使抑制剂消除。榕树种子很小，发芽时要求较高的湿度，采用保湿浅播，即先将苗床浇透水，然后撒种，播后覆一层薄土，最后罩塑料薄膜保湿，经常用细眼喷壶喷水，25 ℃气温下，约半个月后即发芽。幼苗下胚轴细长、柔软、怕干旱和积水，若管理不当幼苗大部分死亡。在幼苗出土后 1 个月内，第二片真叶出现时，带土移植。浇水时避免水力太大冲击折断幼苗，一次浇水量不能太多，防止过湿引起病害。待长

出5—6片真叶后，才能进入一般管理。幼苗生长较慢，培育大苗需多年。

扦插繁殖，于4月用硬枝插，剪取生长粗壮的一年生枝条，截成10—15 cm，插在疏松土壤中，插后浇水并搭棚遮明，经常保湿，一个月左右即可生根成活。为培育大苗，大枝扦插也易成活。

（五）栽植

最佳栽植时期为冬末春初，一般于2—3月带土球栽植，成活后注意松土、施肥和浇水，并严防摇动。榕树萌芽力很强，当枝叶过密时及时修剪。如任其生长不加破坏，数年即可成荫。

（六）园林用途榕树冠大枝密，为华南地区良好的庭荫树和行道树3在其他地区只能温室盆栽或制作盆景。

三、印度胶榕（印度橡皮树）Ficus elastica 桑科，榕属

（一）形态

常绿乔木，高达45 m，含乳汁，全体无毛，叶厚革质，有光泽，长椭圆形，全缘，中脉显著，羽状侧脉多而细，平行且直伸。托叶大，淡红色，包顶芽。

（二）分布

原产印度、缅甸，中国华南有分布。

（三）习性

喜暖湿气候，不耐寒。

（四）繁殖

扦插、压条均易成活。

（五）园林用途

我国长江流域及北方各大城市多作盆栽观赏，温室越冬。华南暖地可露地栽培，作庭荫树及观赏树。有各种斑叶的观赏品种，颇为美观，更受人们喜爱。

四、玉兰（白玉兰、望春花）Magnolia denudata 木兰科，木兰属

（一）形态

落叶乔木，高达15 m。树冠卵球形或近球形。幼枝及芽均有毛。叶倒卵状长椭圆形，长10—15 cm，先端突尖而短钝，基部广楔形或近圆形，幼时背面有毛。花大，

径 12—15 cm，纯白色，芳香，花萼、花瓣相似，共 9 片。花于 3—4 月，叶前开放，花期 8—10 d；果 9—10 月成熟。

（二）分布

原产中国中部山野中，现国内外庭园常见栽培。

（三）习性

喜光，稍耐明，颇耐寒，北京地区于背风向阳处能露地越冬。喜肥沃适当湿润而排水良好的弱酸性土壤（pH 值 5—6），但亦能生长于碱性（pH 值 7—8）土壤中。根肉质，畏水淹。生长速度较慢。

（四）繁殖

可用播种、扦插、压条及嫁接等法繁殖。

播种法：由于外种皮含油质易霉坏，不宜久藏，故以采后即播为佳，或除去外种皮后行沙藏，于次春播种。幼苗喜略遮阴，在北方于冬季需壅土防寒。

扦插法：可在夏季用软材扦插法，约经 2 个月生根，成活率不高。在国外多用踵状插，并加底温措施以促进生根；用一般的硬材插很难生根。

嫁接法：通常用木兰作砧木。靠接法较切接法的成活率高，但生长势不如切接者旺盛。可在 4—7 月行之，而以 4 月为佳，约经 50 d 可与母株切离，但以时间较长为可靠。在国外也常有用日本辛夷作根砧行嫁接繁殖的。

压条法：母株培养成低矮灌木者可在春季就地压条，经 1—2 年后始可与母株分离。在南方气候潮湿处亦可采用高压法。

（五）栽培

成活的苗木在苗圃培养 4—5 年后即可出圃。玉兰不耐移植，在北方更不宜在晚秋或冬季移植。一般以在春季开花前或花谢而刚展叶时进行为佳，秋季则以仲秋为宜，过迟则根系伤口愈合缓慢。移栽时应带土团，并适当疏芽或剪叶，以免蒸腾过盛，剪叶时应留叶柄以便保护幼芽、对已定植的玉兰，欲使其花大香浓，应当在开花前及花后施以速效液肥，并在秋季落叶后施基肥。因玉兰的愈伤能力差，故一般不行修剪，如必须修剪时，应在花谢而叶芽开始伸展时进行。此外，玉兰尚易于进行促成栽培供观赏。

（六）园林用途

玉兰花大，洁白而芳香，是我国著名的早春花木，最宜列植堂前、点缀中庭。民间传统的宅院配植中讲究“玉棠春富贵”，其意为吉祥如意、富有和权势。所谓玉即玉兰、棠即海棠、春即迎春、富为牡丹、贵乃桂花。玉兰盛开之际有“莹洁清丽，恍疑冰雪”之赞。如配植于纪念性建筑之前则有“玉洁冰清”，象征着品格的高尚和具有崇高理想、脱离世俗之意。如丛植于草坪或针叶树丛之前，则能形成春光明媚的景境，给人以青春、喜悦和充满生气的感染力，此外玉兰亦可用于室内瓶插观赏。

第三节　独赏树

独赏树一般采取单独种植的方式，但有时也用2—3株合栽成一个整体树冠。定植的地点以在大草坪上最佳，或植于花坛的中心、道路弯曲的两端、机关厂矿大门入口处、建筑物两侧或斜植于湖畔侧。在独赏树的周围应有开阔的空间，最佳的位置是以草坪为基底、以天空为背景的地段。

在管理上应注意保持自然树冠的完整。

习用的独赏树主要有以下种类：

一、银杏（白果、公孙树）Ginkgo biloba 银杏科，银杏属

（一）形态

落叶乔木，高40 m以上。枝斜出开展，具长短枝。叶革质扇形，有2叉叶脉，顶端常2裂，有长柄，在长枝上互生，短枝上簇生，雌雄异株。花期4—5月，10月果实成熟，外果皮肉质有恶臭味，种子白色可食。

（二）分布

我国广州以北，沈阳以南均有栽培，以江南最盛。

（三）习性

性喜光，较耐寒，喜湿润、肥沃土壤，在酸性、石灰性（pH值8.0）土壤中均能生长，怕积水。

（四）繁殖

播种和嫁接法繁殖。播种繁殖于9—10月采种，将果实铺在地上，覆稻草，或堆于阴湿处，厚约30 cm，4—5 d后肉质外种皮腐烂，用水淘洗出种子，摊晒2—3 h后，即可冬播或湿沙贮藏。春播在2月下旬至3月上旬进行，行距25—30 cm，点播株距10 cm，播后覆土3—4 cm，稍镇压，发芽率85%以上。每亩播种量20—22 kg。苗期易生茎腐病，喷波尔多液预防。经常松土除草，保持土壤疏松通气，6—7月份追肥2—3次，8月后停止水肥。秋季当年生苗高20—30 cm。翌春移植，株行距40 cm x60 cm，以后每隔2—3年移植一次，当苗高达2—3 m时出圃。

嫁接繁殖结实早，用干径达4—5 cm粗的实生苗做砧木，2—3年生长20—25 cm，

具5—7个短枝的枝条做接穗、用插皮接嫁接，砧木于1.7—2 m处断砧，每砧木上接2—3个接穗，接后用塑料袋于接口下方扎紧，内装湿润土壤，露出接穗6—7 cm，成活率达95%左右。嫁接时期以“清明”前15 d、“清明”后5 d为宜，成活率最高。

银杏根颈部易萌生大量根蘖，取高1 m左右带细根的萌条，移入苗圃可用以繁殖。

（五）栽植

早春萌动前裸根栽植，若根系过长，栽时适当修剪，株距6—8 m。定植后每年春秋各施肥一次。银杏主干发达，应保护好顶芽，不需修剪，任其生长。银杏怕积水，当积水深15 cm，10余d即死亡，雨季应及时排水，以免影响生长。

（六）园林用途

银杏雄伟挺拔，古朴清幽，叶形如扇，秋叶金黄，临风如金蝶飞舞，别具风韵。寿命长、病虫害少，是理想的独赏树、庭荫树和行道树，也是制作盆景的好材料。

二、南洋杉 Araucaria cunninghamii 南洋杉科，南洋杉属

（一）形态

常绿乔木。幼树呈端正尖塔形，老树成平顶状，分枝规则，轮生，水平展开，小枝平伸或下垂。叶二型，侧枝和幼枝上的叶多呈针状，生于老枝上的叶则紧密，卵状或三角状锥形。雌雄异株，球果直立。

（二）分布

原产南美洲、大洋洲、新几内亚等热带、亚热带和温带地区。我国广东、福建、海南岛等地有栽培。

（三）习性

性喜温暖湿润，不耐寒冷干燥，喜在肥沃湿润和排水良好的土壤上生长，生长快，萌蘖力强。

（四）繁殖

播种、扦插和压条法繁殖均可。播种繁殖时，秋季当球果呈褐色时即采收，摊成单层在木板上干燥，经常翻动，几天后球果开裂时取出种子。因种子寿命短，采后1个月内播种，如不及时播，应低温、湿润、密封贮藏。用塑料袋贮藏效果很好，贮藏的种子取出后，生命力仅保持1周，应即播，不需处理。—春季播种后需覆一层锯末，在21—29 ℃湿润条件下，约10 d发芽，发芽后立即遮阴。当75%的苗木高达15—23 cm时，移入营养钵栽植，移时尽量少伤根，继续遮阴，培育2年出圃。出圃前一个月逐渐使苗木接受全光照。成活率50%—60%。

扦插繁殖为我国南洋杉的主要繁殖方法。将幼树截顶后，使其侧芽抽成新梢，将新梢剪下扦插，在 13—16 ℃条件下很快生根。但用侧枝扦插，长成的植株多斜生，选用主干式徒长枝扦插较好。

（五）栽植

春季带土球栽植，栽后应经常保持土壤湿润，成活后适当施肥，并经常保持空气湿润。在较寒冷的地区栽植，冬季应注意防寒。栽后不修剪，保持其端正秀丽的树形。我国中部及北方各城市，多行盆栽观赏。冬季入温室越冬，越冬温度要求在 5℃以上。北方地区气候干燥，夏季应置于荫棚架下，并经常喷水增湿。

（六）园林用途

南洋杉以高大挺直，冠形匀称，端庄秀美，净干少枝而著称于世，与雪松、巨杉、金钱松、日本金松同为世界著名五大观赏树种，孤植、列植、群植均宜。广州庭园中多见种植。

三、金松（伞松、日本金松）Sciadopitys verticillata 松科，金松属

（一）形态

常绿乔木，在原产地高达 40 m，胸径 3 m。枝近轮生，水平开展，树冠无论幼年或老年期均为尖圆塔形。叶有 2 种：一种形小，膜质，散生于嫩枝上，呈鳞片状，称鳞状叶；另一种聚簇枝梢，呈轮生状，称完全叶。雌雄同株，球果卵状长圆形。

（二）分布

原产日本，中国青岛、庐山、南京、上海、杭州、武汉等地有栽培。

（三）习性

阴性树，有一定的抗寒能力，在庐山、青岛及华北等地均可露地过冬。喜生于肥沃深厚土壤上，不适于过湿及石灰质土壤。在阳光过强、土地板结、养分不足处生长极差，叶易发黄。日本金松生长缓慢，但达 10 年生以上可略快，至 40 年生为生长最速期，本树在原产地海拔 600—1 200 m 处有纯林，或与日本花柏、日本扁柏等混生。

（四）繁殖

可用种子、扦插或分株法，但种子发芽率极低。

（五）栽培

日本金松移栽成活较易，病虫害也较少。

（六）园林用途

为世界五大公园树之一，是名贵的观赏树种，又是著名的防火树，日本常于防火道旁列植作为防火带。

四、雪松 Cedrus deodara 松科，雪松属

（一）形态

常绿乔木，高达 50—72 m。树冠塔形，树皮深灰色，大枝不规则轮生，小枝微下垂，具长短枝，针叶长 3—5 cm，幼时有白粉，簇生于短枝端，在长枝上螺旋式排列。雌雄异株，稀同株。种子三角形，花期 10—11 月，球果翌年 9—10 月成熟。

（二）分布

原产喜马拉雅山西部，自阿富汗至印度，现长江流域各大城市均有栽培。

（三）习性

性喜光，稍耐阴，喜温暖、湿润气候，要求在深厚、肥沃和排水良好的土壤上生长，怕积水，耐旱力较强，抗烟尘和二氧化硫等有害气体能力差。

（四）繁殖

用播种和扦插繁殖。雪松雌雄异株，并且花期不遇，自然结实困难，南京、青岛等地多行人工辅助授粉取得种子。春季用干藏的种子播种时，需浸水 1—2 d，高床条播，行距 12—15 cm，株距 4—5 cm，播后覆土盖草，约半月开始发芽，及时遮阴，每 10—15 d 施肥一次，及时中耕除草和浇水，当年秋季苗高约 20 cm，冬季留床，翌春移植，株行距为 15 cm×20 cm，2 年生苗高达 40 cm。培育大苗应再移植一次，培育 7—8 年后可出圃。幼苗期其顶梢柔软下垂，应立一木杆将主梢松松缚住，使主梢向上直立生长，当主梢下端出现强壮侧枝与其竞争时，应及时剪去，防止形成双杆苗。当主梢受损后及时扶立其下方紧靠主梢的侧枝做主枝，使其直立向上生长，以代替主枝。雪松幼苗易患立枯病，发芽后应及时喷药防治。

扦插繁殖于春、夏和秋均可进行，唯母树年龄对插条成活率的高低有决定性的影响。母树年龄越小，插条切口分化根的能力越强，因实生母树和幼龄扦插母树上的 1 年生枝条中，薄壁细胞含量多，激素量也多，抑制生根物质少，故易于生根。一般从 10 年生以内的母树上采条扦插，成活率较高，春插于 2—3 月树木萌发前进行，夏插在 5—6 月新梢较老熟后进行，秋插用当年生枝条于 8—9 月进行。插条长 15 cm 左右，剪去 2 次枝，把插入土壤部分的针叶摘除，插前用 500 xl(T6 的萘乙酸溶液浸插条基部数秒钟，然后扦插，入土深 3—5 cm，扦插后立即喷水并搭荫棚遮阴，每天早晚各喷水一次，但土壤不宜过湿，否则插条腐烂。成活后留床 1 年，翌春移植，经 2—3 次

移植后即可出圃。

培育大苗期间，应经常修剪去过密枝、弱枝、病枯枝和双杈枝，使枝条分布匀称，主干下部枝条保留不剪，使自下而上树形丰满。

（五）栽植

春季萌芽前带土球栽植，栽植地点的土壤必须疏松，湿润不积水。土质过差因行换土栽植。定植后适当疏剪枝条，使主干上侧枝间距拉长，过长枝应短截，成活后任其自然生长。栽后视天气情况酌情浇水，成活后任其自然生长。成活后施些稀肥，每年除施肥、浇水外，经常中耕松土，保持土壤疏松，则生长旺盛。

移植成年大雪松时，除采用大穴、大土球外，应行浅穴堆土栽植，土球高出地面1/5，捣实、浇水后，覆土成馒头形。定植后必须立支架以防被风吹歪。

（六）园林用途

雪松树形优美，高大如塔，是世界著名观赏树种之一，适宜孤植观赏，也可植为行道树、庭荫树。

第四节　花灌木

本类植物在园林中具有巨大作用，应用极广，具有多种用途。有些可作独赏树兼庭荫树，有些可作行道树，有些可作花篱。在配置应用的方式上亦是多种多样的，可以独植、对植、丛植、列植。本种在园林中不但能独立成景，而且可与各种地形及设施物相配合而起到烘托、对比、陪衬等作用，如植于路旁、坡面、道路转角、座椅旁、岩石旁或与建筑相配作基础种植用，或配植湖边、岛边形成水中倒影。花木又可依其特色布置成各种专类花园，也可依花色的不同配置成具有各种色调的景区，还可依开花季节的异同配置成各季花园，同时可集各种香花于一堂布置成各种芳香园。总之，将观花树种称为园林树木中之宠儿并不为过。

本类植物在养护管理上要求精细，花前、花后要勤施肥，多浇水，才能花繁叶茂，姹紫嫣红。而修剪是促进花木类多开花的方法之一。由于各种花木开花时期不同，花朵着生的枝条年龄不同，故修剪时期也有差别。春花植物一般在开花之后的春末夏初进行修剪，因为春花植物的花芽着生在头年生的枝条上，越冬后翌春开花。夏秋花植物则应在落叶后至春季发芽前修剪，因其花芽着生在春季萌发的当年生枝条上，夏秋开花。一年多次抽梢多次开花的植物，则每次花后修剪。只有正确的修剪才能使花木年年繁花不断。如不根据植物开花习性修剪，必然将大量花枝剪掉，造成花量减少。

本类植物种类繁多，习见园林栽培的主要有以下种类：

一、苏铁（凤尾蕉、凤尾松、避火蕉、铁树）Cycas revoluta 苏铁科，苏铁属

（一）形态

常绿棕榈状木本植物，茎高 5 m。叶羽状，长达 0.5—1.5 m，厚革质而坚硬，羽片条形，长达 18 cm，边缘显著反卷。雄球花长圆柱形，小孢子叶木质，密被黄褐色绒毛；雌球花略呈扁球形，大孢子呈宽卵形，密被黄褐色棉毛。种子卵形而微扁，长 2—4 cm。花期 6—8 月，种子 10 月成熟，熟时红色。

（二）分布

原产中国南部，在福建、台湾、广东各省均有分布。

（三）习性

喜暖热湿润气候，不耐寒，在温度低于 0 ℃时即受害。生长速度缓慢，寿命可达 2000 余年。

（四）繁殖栽培

可用播种、分蘖、埋插等法繁殖。播种法为在秋末采种贮藏，于春季稀疏点播。在高温处颇易发芽，培养 2 年后可行移植。分蘖法为自根际割下小蘖芽栽植培养。如蘖芽不易发芽时，可罩以花盆于其上，使其不见阳光，则易发叶。待叶发出后，再去除花盆，置荫棚下，以后逐渐使受充足阳光。埋插法为将苏铁茎干切成厚 10—15 cm 的厚片，埋于砂壤中，待四周发生新芽，即另行分栽，用此法时应注意勿浇大水，否则易腐烂。

因苏铁性喜暖热，如当地冬季气温较低，易导致叶色变黄凋萎，可用稻草将茎叶全体自下向上扎缚，至春暖后，待新叶萌发时乃将枯叶剪除。盆栽时忌用黏质土壤，亦忌浇水过多，否则易烂根。一般不需施肥，但如欲使叶色浓绿而有光泽，则可施用油粕饼。移植以在 5 月以后气温较高时为宜。

（五）园林用途

苏铁体形优美，有反映热带风光的观赏效果，常布置于花坛的中心或盆栽布置大型会场内供装饰用，也可作园景树及桩景等。

二、牡丹（木芍药、洛阳花、富贵花、天香国色）Paeonia suffruticosa 毛茛科，芍药属

（一）形态

落叶灌木。茎高 1—2 m，枝粗壮，叶互生，为重出羽状复叶，小叶形不规则。嫩叶紫色，老叶淡绿色或灰绿色，平滑无毛 3 根肥大肉质。4—5 月开花。花大，直径 10—30 cm，单瓣或重瓣，有紫、红、粉红、黄、白、墨紫、豆绿等色。

（二）品种

牡丹品种甚多，传统习惯按花色分为 8 类，现在多按形态进化规律分为：单瓣类、复瓣类和平瓣类、楼子类。各类又包括多种花型，如莲花型、托桂型、绣球型等。

（三）习性

原产我国西北。性喜温凉，喜干燥，怕水湿，要求阳光充足，但不耐高温，过于炎热则叶早落半休眠，稍耐阴，在花期稍阴可延长花期。耐寒力较强，在冬季极端低温不低于 -18 ℃地区，可安全越冬。而 -20 ℃以下的华北、西北和东北地区，冬季需覆土防寒。根粗长多汁，要求在地势高燥、土层深厚肥沃、排水良好的砂质土壤上生长。

（四）繁殖

牡丹可用分株、播种、嫁接及压条法进行繁殖，以分株法为主。

用播种法于 8—9 月果实成熟时随采随播，也可贮藏至翌春播种。因牡丹种子其胚中含有抑制生根物质，如贮藏后播种发芽困难。当种子变黄即生理成熟时，立即采种和播种最好。在苗床、花盆内播种，覆土宜薄，并注意保湿，夏季烈日应遮阴，秋播者当年发根，翌春出土，发芽率可达 80%—90%。播后 3 年移植再培养 2 年即可开花。

珍贵品种可采用嫁接法繁殖。于 8—9 月间进行。砧木可用芍药或牡丹的实生苗（本砧）芍药作砧木，木质柔软，易于嫁接，成活后初期生长旺盛。牡丹做砧木，木质较硬，难嫁接，成活后初期生长缓慢，但寿命较长，分枝多。可用腹接法或掘接法嫁接。掘接时，将芍药根或牡丹根于国庆前后挖出，放在阴凉处阴干 2—3 d，使其变软。接穗用当年生枝，长 8—10 cm，粗 0.5—1 cm，用利刀削成三角棱形，长 1.5—2 cm，然后将接穗插入砧木裂缝中，用塑料带扎紧，涂以泥浆或接蜡，开沟种植，务使接口与地表齐平，然后封土越冬。翌春发芽生长。

据菏泽地区经验，如白色品种接穗嫁接在白色砧木上，则易活，而其色更洁白；如接于红色砧木上，则白色花瓣基部产生红晕。如红色品种接于红色砧木时，则红色更浓；接在白色砧木上时，则在白色砧木上时，红色变淡。

分株繁殖在 8—10 月进行，一般每隔 4 年分株一次。将植株挖起，因根脆易断，

挖掘时应注意。植株小的将其一分为二，大株可分成3—4株。但枝干数与根部应相称。为了防止切口腐烂，分割后阴干2—3 d再栽，或用1%硫酸铜溶液进行消毒。

一般老根切开易腐烂，细根是新生的，带一点老根切开较宜。

（五）栽植

牡丹系深根性花卉，应选土层深厚处栽植，如在土层厚度不适宜或排水不甚理想处，应筑台栽植。深度应保持原深度，过深则不开花，栽后浇水使根系与土壤紧密结合。

牡丹的栽植与分株同时进行，不可过早，以免导致秋季发新梢，遭受冻害。栽植不宜过密，以叶接而枝不相接为宜，使通风透光好而又不磨损花芽。

牡丹施肥一般每年2—3次。第一次在清明前后，其时正是牡丹发叶不久，花蕾发育增大期，以促使枝叶花蕾生长发育良好。第1次在开花后，对枝叶生长和花芽分化有利。第三次在冬季土壤冻结之前进行。肥料以腐熟的有机肥为宜，如施入粪尿，土壤则疏松。用沟施、环施。北方干燥，雨季之前可结合施肥浇水2—3次。雨季要注意及时排水，保证排水流畅。此外，要及时进行松土除草，保证土壤疏松通气。

整形修剪是牡丹栽培中的重要措施，对保持株形、开花数量及质量至关重要。牡丹在春季抽梢的顶部开花，花后应剪去残花，不使其结籽，减少养料消耗。植株基部易发生萌蘖使枝条过密，春季应及时除蘖，每株留5—8个主枝。过少花稀，过多则养分不足，影响花朵的形与色。枝条应分布均匀使株形饱满，主枝间高度不宜相差过多，过高者短剪，用侧芽代替。梢部枝条一般不充实，有“长一尺退七寸”之说，冬季常枯梢。应在7月份之前花芽未分化时，适当短剪，使枝条生长粗壮充实，集中养料供花芽分化，又可获得低矮的株形，翌春花大花多，疏剪或短剪也可于落叶后进行。

牡丹枝条很脆，花朵太大，初开时易被折断枝干或被风吹折，可用细杆立于植株旁来固定花枝，为了美观，支杆可漆成绿色。

盆栽牡丹，一定要选用深盆，并填入疏松培养土，多施肥水，满足根系伸长和生长的需要，才能开花。

（六）病虫害

根颈部易腐烂，叶片易患黑斑病、叶斑病与花叶病，可于发芽后每2周喷等量波尔多液进行预防。如已发病，可喷施1000倍的代森锌，并将受害部位剪除烧掉。牡丹虫害以介壳虫为主，可用500倍的氟乙酰胺防治。

如欲春节室内观花，可在11月挖苗上盆并移入温室进行加温处理。适宜促成栽培的品种有胡红、赵粉、墨魁等。

（七）园林用途

牡丹为我国特产的名贵花卉，一向被誉为“花王”，也是世界著名的花卉，各国均有栽培，在园林中占有重要地位。常以多种布局植于庭园中，并为之砌台、配湖石，无论群植、丛植、孤植，或搜集著名品种开辟专类花园均甚适宜。

三、南天竹 Nandina domestica 小檗科，南天竹属

（一）形态

常绿灌木，高达 2 m。干直立，丛生而少分枝。2—3 回羽状复叶，互生，中轴有关节，小叶椭圆状披针形，长 3—10 cm，先端渐尖，基部楔形，全缘，两面无毛。花小而白色，成顶生圆锥花序，花期 5—7 月。浆果球形，鲜红色，果 9—10 月成熟。

（二）分布

原产中国及日本。江苏、浙江、安徽、江西、湖北、四川、陕西、河北、山东等省均有分布。现国内外庭园广泛栽培。

（三）习性

喜半阴，但在强光下亦能生长，唯叶色常发红。喜温暖气候及肥沃、湿润而排水良好的土壤，较耐寒性，对水分要求不严。生长较慢。

（四）繁殖栽培

可用播种、扦插、分株等法。播种于秋季果熟后采下即播，或层积沙藏至次春 3 月播种，播后一般要 3 个月才能出苗，幼苗需设棚遮阴。幼苗生长缓慢，第一年高 3—6 cm，3—4 年后高约 50 cm，始能开花结果。扦插用 1—2 年生枝顶部，长 15—20 cm，于 3 月上旬或 7—8 月雨季进行均可。分株多于春季 3 月芽萌动时结合移栽或换盆时进行，秋季也可。

（五）园林用途

南天竹茎干丛生，枝叶扶疏，秋冬叶色变红，更有累累红果，经久不落，实为赏叶观果佳品。长江流域及其以南地区可露地栽培，宜丛植于庭院房前、草地边缘或园路转角处。北方寒地多盆栽观赏。又可剪取枝叶和果序瓶插，供室内装饰用。

四、腊梅（黄梅、香梅）Chimonanthus praecox 腊梅科，腊梅属

（一）形态

落叶灌木，高 2—4m。树皮黄褐色，气孔明显，叶对生，长椭圆形，全缘，表面绿色而粗糙。花单生于枝条两侧，12—3 月开放，蜡黄色，浓香。7—8 月果实成熟。

（二）品种

常见栽培的品种有素心腊梅、罄口腊梅、红心腊梅等。

（三）分布

原产我国中部地区，四川、湖北及陕西均有分布。

（四）习性

喜阳光，略耐阴，有一定的耐寒能力，但怕风，在北京以南地区可露地越冬。耐旱力强，素有“旱不死的腊梅”之说，怕水湿，要求土壤深厚肥沃，在黏土和碱土上生长不良。发枝力强，根茎处易萌蘖，很耐修剪，有“腊梅不缺枝”的谚语。长枝着花少，50 cm 以下枝条着花较多，尤以 5—10 cm 的短枝上花最多。寿命长，可达百年以上。

（五）繁殖

以嫁接为主，播种也可，但苗木易退化。嫁接繁殖用 4—5 年生的实生苗或分株的“狗蝇腊梅”经培养 2—3 年后做砧木，用切接法或靠接法，以切接法为宜，苗木长势旺。嫁接的最佳时期是当接穗上芽萌动如麦粒大小时为宜，成活率最高。因腊梅嫁接的适宜时期仅 1 周左右，为延长嫁接时期，于春季萌芽前将母树枝条上的芽抹去，1 周后又长出新芽，用新芽嫁接的成活率常比老芽高。切接时削接穗不宜过深，微露木质部即可。嫁接后埋土，深度应超过接穗顶部。当年苗高达 70—100 cm，秋季或翌春留适当高度将主干上部剪去，使发侧枝。

播种繁殖，后代分离较大，但也可获得较好的品种，如南京中山植物园、花神庙等地的品种，用素心腊梅的种子播种，可从实生苗中获得部分素心腊梅。故播种繁殖除用作砧木外，还可用来选择优良品种。一般春播，将干藏的种子播前用温水浸种 12 h，可促进发芽，生长良好的实生苗 3—4 年可以开花。

分株繁殖多在 3—4 月份，将株丛较大的腊梅的四周土扒开，用利锹切下一部分移栽，留下 2—3 条粗大健壮枝条。分株苗经 2—3 年培养可出圃，狗蝇腊梅可再行分株，提供砧木。

（六）栽培

地栽。选择土层深厚肥沃、排水良好而又背风处栽植，通常于冬、春进行。苗木一定要带土球，栽植成活以后管理比较简单，过分干旱时适当浇水。雨季要做好排水工作，防止过分水湿而烂根。每年冬春开花前，如树上叶片尚未凋落，应进行摘叶，减少养料的消耗。开花之后、发叶之前进行重剪，将头年生枝留 20—30 短剪，并结合施以重肥。以有机肥为主，这样可促使春季多抽枝条，生长粗壮充实，利于花芽分化，冬季开花多。如果要培养高大的腊梅树，在修剪初期应注意保留顶芽，当主枝长到需要的高度，才适当剪去主枝顶部，以促进分枝，让它自然生长形成树冠，之后再修剪和整形。

为了冬季室内观花，可在 12 月间把腊梅从地里挖出，带土团栽入盆中。入盆前为保证成活，把土团沾上泥浆后再栽入盆内。不用上基肥，也不用追肥，干时稍浇水。等花谢之后，脱盆栽回地里，以便恢复树势。

盆栽。北方寒冷地区腊梅多做盆栽观赏，应经常浇水，保持土壤有一定的湿度，但不宜过湿。春季发芽后稍施一些肥水，供枝叶生长。6—7 月份花芽开始分化时多浇一些肥水，以腐熟饼肥水为好。8—9 月花芽已经形成并开始孕蕾，肥水应逐渐减少。盆栽腊梅应当较重修剪，花后对头年生枝条重短剪，可以萌发多量新枝且多开花，并经常剪去密枝、枯枝及徒长枝，以保持树形，花后摘去残花，不使其结果，可节省养料。并注意老枝的更新复壮，用根际萌蘖枝代替老枝或将老枝回缩，发新枝复壮，每 2—3 年换盆 1 次，于春季发芽前开花后进行。结合换盆将老根、枯根剪去，以利发生新根。如株丛过大，可行分株。生长期将盆放在阳光充足处，冬季越冬在 0 ℃左右为宜。欲在元旦、春节开花，可将盆花提前 25 d 置于 20 的温暖处催花，春节开花香满室，花后放在低温处使其休眠。

腊梅枝条长而柔软，可通过铅丝、绳索等绑扎造型，造型时间以 3—4 月为宜。此时芽刚刚萌动，如过早会影响发芽，过迟芽已过大，操作时腊梅易被碰掉，如疙瘩式梅式、扇形式和独身式等。

（七）园林用途

腊梅是我国园林重点花卉之一，在冰天雪地开放，色香俱佳，为冬季最好的观花树种之。露地栽植，为冬季清冷的庭园增添生气，深受群众喜爱。

五、八仙花（绣球花）Hydrangea macrophylla 虎耳草科，八仙花属

（一）形态

灌木，高达 3—4m。小枝粗壮，无毛，皮孔明显。叶对生，大而有光泽，倒卵形至椭圆形，长 7—15(20)cm，缘有粗锯齿。顶生伞房花近球形，径可达 20 cm，几乎全部为不育花，萼片 4，卵圆形，全缘，粉红色、蓝色或白色，极美丽。花期 6—7 月。

（二）分布

产于中国及日本。中国湖北、四川、浙江、江西、广东、云南等省区都有分布。各地庭园常见栽培。

（三）习性

喜阴，喜温暖气候，耐寒性不强，华北地区只能盆栽，于温室越冬。喜湿润、富含腐殖质而排水良好之酸性土壤。土壤酸碱度对花色影响很大，性颇健壮，少病虫害。

（四）繁殖

栽培可用扦插、压条、分株等法繁殖。扦插于初夏用嫩枝插很易生根。压条春季或夏季均可进行。八仙花为肉质根，盆栽时不宜浇水过多，以防烂根。雨季时要防盆内积水，冬季只维持土壤有三成湿即可。由于每年开花都有新枝顶端般在花后进行短剪，以促生新枝，待新枝长出 8—10 cm 时，行第二次短剪，使侧芽充实，以利于次年长出花枝。八仙花之花色因土壤酸碱度的变化而变化，一般在 pH 值 4—6 时为蓝色，pH 值在 7 以上时则为红色。如培养得当，花期可由七八月直至下霜时节。

（五）园林用途

本种花球大而美丽，且有许多园艺品种，耐阴性较强，是极好的观赏花木。在暖地可配植于林下、路缘、棚架边及建筑物之北面。盆栽八仙花则常作室内布置用，是窗台绿化和家庭养花的好材料。

六、太平花凉山梅花 Philadelphus pekinensis 虎耳草科，山梅花属

（一）形态

落叶丛生灌木，高达 2 m。树皮栗褐色，薄片状剥落。小枝光滑无毛，常带紫褐色。叶卵状椭圆形，长 3—6 cm，基部广楔形或近圆形，通常两面无毛，有时背面脉腋有簇毛，叶柄带紫色。花 5—9 朵成总状花序，花乳黄色，径 2—3 cm，微有香气，萼外面无毛，里面沿边有短毛。蒴果陀螺形。花期 6 月，9—10 月果熟。

（二）分布

产于中国华北部及西部，北京山地有野生；朝鲜亦有分布。各地庭园常有栽培。

（三）习性

喜光，耐寒，多生于肥沃、湿润之山谷或溪沟两侧排水良好处，亦能生长在向阳的干瘠土地上，不耐积水。

（四）繁殖

栽培可用播种、分株、压条，扦插等法繁殖。扦插可用硬材或软材，而以 5 月下旬至 6 月上旬用软材插最易生根，需在保持相当湿度的荫棚下、冷床或扦插箱内进行。硬材插以及压条、分株都在春季芽萌动前进行。播种法于 10 月采果，日晒开裂后，筛

出种子密封贮藏，至翌年 3 月播种。因种子细小，一般采用盆播或箱播，覆土以不见种子为度，务须保持湿润并需遮阴，灌水最好用盆浸法，数日即可发芽。苗高 10 cm 左右即可分苗，移入荫棚下苗床培育。实生苗 3—4 年生即可开花，营养繁殖苗可提早开花。太平花宜栽植于向阳而排水良好之处。春季发芽前施以适量腐熟堆肥可促使开花茂盛。花谢后如不留种，应及时将花序剪除，以节省养料。修剪时应注意保留新枝，仅剪除枯枝、病枝和过密枝。

（五）园林用途

本种枝叶茂密，花乳黄而有清香，多朵聚集，花期较久，颇为美丽。宜丛植于草地、林缘、园路拐角和建筑物前，亦可作自然式花篱或大型花坛中心的栽植材料。在古典园林中于假山石旁点缀，尤为得体。

七、月季（长春花、月月花）Rosa chinensis 蔷薇科，蔷薇属

（一）形态

常绿或半常绿灌木。枝上有倒钩皮刺，叶柄及叶轴上亦常散生皮刺。奇数羽状复叶，小叶 3—7 枚，边缘有锯齿，表面暗绿色，无毛。叶脉上具小刺。花期很长，几乎四季开放。花色有大红、粉红、白、绿、黄、橙、紫等，单生或簇生于枝顶。

（二）分布

全国各地普遍栽培。

（三）品种

月季品种繁多，全世界已约有 1 万种以上，其花色几乎包括整个光谱颜色。有直立型、蔓生型和微型，有四季健花种和一、二季开花种。

目前，园林上广为栽培的现代月季为杂交香水月季，品种逾千种。

（四）习性

喜光耐寒，对土壤要求不严，在微酸、微碱性土壤上均能正常生长，但在土层深厚肥沃，排水良好处生长最好，萌芽力强，耐修剪。

（五）繁殖

用播种、扦插、嫁接等法繁殖。

播种繁殖时，秋播或春播均可，因实生苗退化，一般多用育种培育砧木。

扦插繁殖在有喷雾设施时一年四季都可进行。一般在 5—9 月用半木质化枝条扦插，生根时间短。秋、冬季用木质化枝条在保护地扦插，但生根时期较长。在第一次开花后，即 5—6 月，剪取当年生嫩枝，每枝插条上留 1—2 片半叶，扦插在疏松的基质上，如砂、

珍珠岩、蛭石等，行距 10 cm，株距 3—5 cm，用塑料棚密封扦插，棚上适当遮阴，保持插床湿度，每天喷水一次，隔天浇水一次，20 余天即开始生根，50 d 后可移栽。夏季在有喷雾苗床上扦插，更易成活。秋、冬季结合修剪用木质化枝扦插，用塑料棚或温室保温，翌春生根。如少量扦插，可用水插。水插是将带 2 片半叶的嫩枝插条插入有水的瓶内，基部入水 1 cm。将瓶放在阳光下，每周换水一次，20 余天生根，但根脆嫩，易折断，栽时须小心。根据试验，月季品种不同，生根难易程度差别较大，如黄色月季，插条皮部不易形成不定根，只能由愈合组织分化生根，生根时间长而困难，这类品种应以嫁接繁殖为主。

嫁接成活率较高，苗木生长快，如冬季嫁接，5—6 月即开花，一般用枝接或芽接。芽接在 5 月中旬—10 月中旬砧木树皮易剥离时，用“T”字形芽接法嫁接。嫁接部位尽量降低，在根茎处最好，成活后栽植，将接口埋于土内。枝接可在露地或室内进行，露地枝接在 2 月份芽萌动前进行。江南一带和河南于冬季在室内枝接或根接，接穗带 2—3 个芽，种条缺乏时带 1 个芽也行。用切接或避接法将接穗接在砧木根茎上或根段上，然后将苗埋在砂床内假植，接口应埋入砂土内。假植期间保持床土湿润，促使接口愈合，翌春芽将萌动时栽植。冬季嫁接，可利用冬季剪下的枝条，此时枝条粗壮充实，含营养物质多，嫁接后易于成活，翌春时长势好。常州一带花农，春季扦插以野蔷薇作砧木，于 12 月在苗床上嫁接，然后用土将接口埋上，再用塑料棚保温防寒，翌春 1-2 月嫁接苗成活后去掉塑料棚。由于砧木未经挖掘，根系未受伤，没有缓苗期，翌春生长很快，5 月份即进入花期。

（六）栽植

在休眠期栽植，可用裸根苗或沾泥浆苗，但根系应较完整，侧根不得短于 20 cm，在向阳、排水良好、肥沃的土壤上挖穴，用厩肥等有机肥做基肥，再覆土 5—10 cm 盖住基肥，以免灼根。栽植时将地上枝条适当强剪，修去长根、裂根。栽后将土踏紧实，保证根系舒展，与土壤结合紧密。其他季节栽植均要带土球，但夏季不宜移植，定植后的管理主要是施肥水和修剪。

施肥对月季的生长、开花影响很大，月季枝条生长很旺，一年内可多次抽梢，即春梢、夏梢与秋梢，每次抽梢后都可在枝顶形成花芽开花。由于抽枝多，开花次数和开花量多，需要消耗大量的养料，因此及时补充肥料是月季生长、开花的重要措施。除冬季施一次基肥外，在 5—6 月份第一次盛花期后，用含氮磷钾的腐熟豆饼水追肥，保证满足夏、秋梢的生长及夏、秋季开花的需要。如条件许可，夏花后再施一次肥料，这样国庆节开花既大又美。但秋季施肥不能过迟，防止秋梢生长过旺，既影响开花，又不能及时木质化，不利越冬。如早春施肥，当月季新梢叶发紫时，表明根系已大量生长，而且幼嫩，不能施浓肥，以防烧伤根系。

（七）修剪

修剪是促使月季不断开花的措施之一，修剪方法如下：

1. 休眠期修剪

在月季落叶后萌芽前进行，北方2—3月在需堆土防寒的地区宜早剪。江南1—2月，对当年生枝条进行短剪或回缩强枝，枝上留芽10个左右，修剪量不能超过年生长量，修剪过强，枝条损失过多，叶片面积数量减少大，光合作用削弱，降低体内碳水化合物的水平，春季发枝少，树冠不能迅速形成；修剪过弱，枝条年年向上生长，开花部位逐年上升，影响观赏和管理。同时把交叉枝、病虫枝、并生枝、弱枝及内膛过密枝剪去。北方寒冷地区，月季易受冻害，可行强剪，将当年生枝条长度的4/5剪去，保留3—4个主枝，其余枝条从基部剪除。必要时进行埋土防寒。

作母本的植株，为了年年采集大量的穗条，冬季也应行重剪，春季才能长出量多质好的枝条供繁殖使用。

当月季树龄偏大，生长衰弱时，可行更新修剪，将多年生枝条回缩，由根茎萌蘖强壮的徒长枝代替，回缩更新的效果与水肥管理关系密切。

2. 生长期修剪

月季花朵开在枝条顶部，每抽新梢一次，可于枝顶重开花，利用这个特性，一年内可多次修剪促其多次开花，不是为满足留种或育种工作需要，花后不使结实，故应立即在新梢饱满芽位短剪。修剪通常在花梗下方第2—3芽处。剪口芽很快萌发抽梢，形成花蕾开花，花谢后再剪，如此重复。每年可开花3—4次。从剪梢到开花需40 d左右6生产上常用修剪法控制花期，如欲国庆节参加评展，应于7月中旬剪梢，配合肥水管理，届时肥葩怒放。

杂交香水月季，当花蕾过多时会影响花色与花朵大小，应及时摘去过多的侧蕾，保留顶部一个蕾，对健花品种可适当多留，易萌蘖的品种应及时除蘖。如黄和平易从根部萌发粗壮徒长枝，不开花且消耗大量营养物质，对植株生长极为不利，发现病虫枝、枯枝、伤残枝后即可剪去。

3. 树状月季的修剪

月季属于灌木或藤本植物，树状月季是通过整形修剪或者高枝嫁接而形成的。将月季整形修剪成独干式树形，称为月季树或树状月季，开花时，圆球形的树冠上，花团锦簇，美不胜收，别具一格。月季树需要经过几年的修剪培养才能成形，具体方法如下：

选择枝条粗壮、生长势强，植株直立高大的品种，如壮花月季，选留一粗壮的从基部萌发的强枝作主枝，其余枝条全部剪去，使营养物质全部集中供应给留下的枝条使其进行加长和增粗生长，待枝条长至1—1.5 cm时短截，于靠近顶端留3—5个侧芽，使其萌发成侧枝，第二年春季将侧枝留 30 cm 短剪，每枝各留 3 个侧芽，其余芽抹掉，这样就可长出 9 根侧枝，形成“3 股 9 顶”的头状树形。以后反复对侧枝摘心和疏剪，多年之后，树膛内部枝条不断增加，使树形饱满美观。

如果要将树整修成下垂如伞的树状月季，应选择粗壮的藤本月季，按上法培养主干，但要用木杆支撑主干，不使倾斜，当主干达到规定的高度时，剪去枝顶，保留 5 个侧芽并使其萌发成侧枝，然后任其生长，使抽生出众多很长的下垂枝，这些枝条若不垂至地面一般不短截，以使下垂的枝条上挂满花朵。

为了在一棵树状月季上开出各种颜色的花朵，需借助嫁接来完成。一般在早春萌芽前或夏末秋初，用高枝切接或芽接的方法，将不同花色品种的月季接穗，接在同一株树状月季上即可。这种十样锦的月季树具有很高的观赏价值。

（八）盆栽

盆栽用土宜疏松肥沃，肥水管理比地栽要勤，每半月施肥一次，以鱼腥水催花效果最好。丰花品种花蕾过多时应剥蕾，每枝顶留 1 个花蕾开花大，花后及时对枝条进行短剪，留饱满芽作剪口芽，才能多抽壮梢多开花。盆花冬季修剪比地栽为重，一般将当年生枝留 2 个芽短剪，并疏去病虫枝、弱枝、交叉枝等。越冬盆花应放在 0 ℃左右处，防止温度过高而提早萌芽，影响植株长势和第二年开花。

（九）催花

要求月季冬季不休眠继续开花，应在气温降低前移入 10 t 以上温室，可照常开花不断。要求国庆节开花，应于开花前 40 d 对夏梢短剪，剪口芽应饱满，并加强肥水管理，使很快抽出新枝孕蕾开花。

（十）园林用途

月季花色艳丽，花期长，是布置园林的好材料。宜作花坛、花境及基础栽植用，在草坪、园路角隅、庭院、假山等处配植也很合适。

八、玫瑰花（刺玫花）Rosa rugosa 蔷薇科，蔷薇属

（一）形态

落叶直立丛生灌木。枝上多刺和刚毛，奇数羽状复叶，小叶 5—9 枚。小叶表面皱折，灰绿色，背面有刺毛，叶缘有钝齿。花单生或数朵簇生于枝顶，紫红色或白色，花径 7—9 cm，花期 5—6 月。果实红色，球形或扁球形。

（二）分布

原产我国华北、西北，现各地均有栽培。

（三）品种

变种有白玫瑰、重瓣白玫瑰、重瓣紫玫瑰、重瓣红玫瑰。

（四）生态习性

喜光，在阴地生长不良，耐寒、耐旱，稍耐涝，萌蘖力很强，根系浅，对土壤要求不严，但在肥沃、排水良好的土壤上生长良好。

（五）繁殖

以分株、扦插、压条、播种法繁殖。

分株法，是主要的繁殖方法，春、秋两季都可进行。秋季分株在落叶后，11—12 月。春季在芽刚萌动之时。将母株周围的萌蘖枝分开栽植。玫瑰有越分越旺的特点，一般 4—5 年可分一次。

扦插时，于落叶后或发芽前用头年生枝扦插，也可在 7—8 月用嫩枝扦插。插条长 15—20 cm，入土 1/3，不必遮阴。要保持插床不干不湿。以疏松的砂或其他疏松材料做扦插基质较好。扦插后个多月长根，先在芽节处生根，之后在愈合组织处生根。用根扦插更易成活，结合起苗时，选择粗 0.5 cm 以上的根，剪成根段，插入土中即可。

此外，也可用播种法、埋条法和压条法繁殖。单瓣品种一般用播种法，种子成熟后秋播或贮藏至翌春播、秋播的第 2 年春季发芽，8 月有的就开花了。埋条法在山东使用较多，在休眠期将新枝或老枝齐地面剪下，首尾相接埋于苗床沟内，上面覆土厚 10 cm 以上，再盖草保温保湿。沟底事先放过磷酸钙做基肥，能促进生根。

栽植、定植前须整地，施基肥。穴深 18—20 cm，穴直径略大，穴距 50—70 cm。每穴洞穴周共栽 4 株，以后发出的根蘖就能布满全穴。栽后覆土，不浇水，再将上面枝条齐地面剪去，以利成活。当年可长至 50—70 cm 高，并能开花，第二年盛花。栽培中需注意老枝更新，一般栽植 6—7 年后需剪除老枝，利用萌蘖枝更新，或者全部挖起，再行分株栽植。若花前花后各施肥一次，则花更繁茂。

（六）园林用途

玫瑰色艳花香，适应性强，最宜作花篱、花镜、花坛及在坡地栽植材料。

九、贴梗海棠（铁角海棠、贴梗木瓜、皱皮木瓜）Chaenomeles speciosa 蔷薇科，木瓜属

（一）形态

落叶灌木，高达 2 m。枝开展，无毛，有刺。叶卵形至椭圆形，长 3—8 cm，表面无毛，有光泽，背面无毛或脉上稍有毛；托叶大，肾形或半圆形，缘有尖锐重锯齿。花 3—5 朵

簇生于 2 年生老枝上，朱红、粉红或白色，径 3—5 cm，花期 3—4 月，先叶开放；果熟期 9—10 月。

（二）分布

产于我国陕西、甘肃、四川、贵州、云南、广东等省区，缅甸也有分布。

（三）习性

喜光，有一定耐寒能力，对土壤要求不严，但喜排水良好的肥厚土壤，不宜在低洼积水处栽植。

（四）繁殖栽培

主要用分株、扦插和压条法繁殖；播种也可，但很少采用。分株在秋季或早春将母株掘起分割，每株 2—3 个枝干，栽后 3 年又可再行分株。一般在秋季分株后假植，以促使伤口愈合，翌年春天定植 3 硬枝扦插与分株时间相同，在生长季中进行嫩枝扦插，较易生根。压条也在春、秋两季进行，约一个多月即可生根，至秋后或翌春可分割移栽。管理比较简单，可在 9—10 月间掘取合适植株上盆，入冬后移入温室，温度不要过高，经常在枝上喷水，这样在元旦前后即可开花。催花后等天气转暖再回栽露地，经一二年充分恢复后可再行催花。

（五）园林用途

本种早春叶前开花，簇生枝间，鲜艳美丽，且有重瓣及半重瓣品种，秋天又有黄色、芳香硕果，是一种很好的观花、观果灌木。宜于草坪、庭院或花坛内丛植、孤植，又可作为绿篱及基础种植材料，同时还是盆栽和切花的好材料。

十、梅花（春梅）Prumus mume 蔷薇科，梅属

（一）形态

落叶小乔木或灌木。树干褐紫色至灰褐色，新梢鲜绿色或稍带红色，无毛。叶互生，广卵形至卵形，先端渐尖，基部阔楔形或圆形，叶缘有锯齿，叶面有绒毛，背面粗糙。花单生或 2—3 朵簇生，于早春 2—3 月先叶开放，有红、粉、白、绿白等色，具香气，盛开季节，香逸数里，落英缤纷，宛如积雪，故有“香雪海”之称。果实球形，被黄、青色毛，味酸，可供食用。梅树寿命长，越长越显得苍劲古朴，故有“老梅花，少牡丹”之说。

（二）品种

梅花因栽培历史久远，故品种类型甚多，且分类方法也有多种。除俊渝教授按枝条生长的直立、下垂或扭曲等姿态将其分为直枝梅类、垂枝梅类、游龙梅类和杏梅类等。

每类又有单瓣、重瓣、半重瓣等多个品种，按枝条新生木质部和花色可分为红梅和绿梅2类。凡木质部或花朵为红色者，称为红梅；花朵绿白色者称为绿梅。其中每一类又包括众多的品种。

（三）分布

原产我国西南，以四川、湖南、湖北最多。

（四）习性

性喜温暖，不惧寒冷，要求阳光充足。抗性较强，喜疏松肥沃深厚的砂质壤土，黏重湿冷土壤不宜。

黄河以南各省可露地栽植越冬，黄河以北地区越冬困难，应选择避风向阳干燥处栽植，但北方多行盆栽观赏。梅花对气温很敏感，故全国各地花期差异较大。

（五）繁殖

多用嫁接法，其次为扦插法、压条法，最少用的是播种法。

嫁接繁殖，春季2—3月份用切接或掘接。秋季用芽接均易成活。砧木用1—2年生的山桃、毛桃、杏或实生梅。以杏和实生梅作砧木，嫁接苗虽早期生长缓慢，但寿命长，而且病虫害较少。用山桃、毛桃做砧木，初期生长快，开花早，但植株易罹病虫害，寿命短。接穗于落叶后剪取，在0—5℃低温下贮藏，春季嫁接时随用随取，利于成活。苏州、扬州一带为制作老梅桩，采用靠接繁殖，具体做法是将品种梅接在果梅老根上，于6—8月份进行。

播种繁殖的实生苗3—4年开花，但易退化，一般只在作砧木或培育新品种时采用。5月梅子成熟变黄，将果实采下搓去果肉，放通风处阴干，用湿沙贮藏。一般秋播。行距25—30 cm，株距5—10 cm。播种后覆土2—3 cm，并盖草保湿防寒，翌春发芽，管理1—2年，茎粗1—2 cm，可作砧木使用。

扦插繁殖梅花，宜用嫩枝喷雾扦插法，大部分品种成活率可达60%左右，但有一些品种不易成活。据武汉植物园经验，梅花扦插成活率除与品种有关外，还与树龄大小、枝条着生位置及健壮程度有关。绿萼、宫粉等成活率较高。梅花扦插适期，以11月份较好。扦插条用1年生枝条，从大树树冠外围采取。幼树上枝条只要粗壮、充实、无病虫害都可使用。将枝条剪成10—15 cm，用萘乙酸1000—2000 mg/kg浸几秒钟，扦插在疏松的土壤内，只露1个顶芽即可，插后喷水一次，以后经常保持土壤湿润。因梅花怕湿，不宜用水灌床后扦插，扦插后也不宜大水灌溉，否则因床土过湿，引起霉烂。—为了保湿保温，用塑料棚密封扦插。梅花扦插后，当年愈合，翌春生根。

压条于2—3月进行，选生长粗壮的1—3年生长枝，在母株旁挖一沟，将枝条弯曲处的下方用刀将树皮浅刻2—3条伤口，然后埋土，用带杈的枝条插在埋条处，以固定压条，防止弹起。生根后切离母体栽植。当需繁殖大苗时，采用高压，于梅雨季节在母树上选粗壮枝条，在压条部刻伤或环割，用塑料布包疏松土壤，套在压条部位，两头扎紧，保持湿度，生根后剪下栽植。

（六）栽植

地栽应选向阳、土层深厚肥沃，表土疏松、心土略黏重处栽植，此地处植株生长较好。春季用1—2年生小苗裸根栽植易于成活；3年以上的梅花大苗，必须带土球栽植。穴底先施基肥，栽后浇一次透水，使根系与土壤紧密结合。梅花可孤植、对植或群植，也可散生于松林、竹丛之间。梅花喜肥，每年冬季在树冠投影圈内挖沟施肥，花后再追施一次以氮为主的肥料，促使枝条生长充实粗壮6月份开始植株转入生殖生长阶段。6—8月是梅花花芽分化时期，树体营养状况对花芽分化影响甚大，此时应施以磷钾为主的追肥，保证花芽分化顺利进行6梅花忌水湿，夏季多雨时应注意排水，如土壤过湿根系易腐烂。整形修剪是促进梅花多开花和保持树形的重要措施。由于梅花是在春季抽的当年生枝条上形成花芽，翌春开花，因此每年花后一周内，对枝条进行轻短剪，促发较多的侧枝使第二年多开花。梅花的树形以疏为美，不过分强调分枝的方向与距离，应修剪成自然开心形，枝条分布均匀，略显稀疏为好。冬季将病虫枝、枯枝、弱枝、徒长枝、交叉枝和密生枝疏剪去，使树冠通风透光。梅花修剪宜轻，过重会导致徒长，影响第二年开花。

梅花应年年修剪，若多年不修剪，则会使梅株满树梅钉（刺状枝），长势衰弱、早衰，开花很少或者不开花。

老枝或老树应在适当部位回缩，刺激休眠芽萌发，进行更新和复壮。但重剪之后，必须结合及时的肥水管理和精心养护，才能使其尽快恢复长势，继续开花。

垂枝梅类修剪时，剪口芽应选留外芽或侧芽，切不可留向内生长的内芽，否则长出的枝条向里拱垂，会搅乱树形。对于枝条扭曲的龙游梅类，发现有直立性的枝条应当剪去。

（七）盆栽

在休眠期将露地栽植的1年生梅苗上盆栽植，盆土应选用肥沃、疏松的土壤，盆底施基肥。根据经验，梅苗上盆后，不宜用清水浇灌，要用腐熟并过滤过的浓粪水灌满盆口，使粪水湿透盆土，这样能促使梅株生长良好。花盆应放在通风向阳处培养，盆间距离以树冠互不遮阴为度，既通风透光，又利于操作。盆梅浇水是关键，既不能太湿，又不宜过干。夏季往往因浇水不当造成生长期落叶。梅花怕涝，下大雨时应侧盆倒水，雨过天晴，应及时扶正。入秋后，浇水量减少，隔天一次。为了促进梅花6—8月份及时进行花芽分化，通常采用“扣水”的办法，控制植株营养生长，促进花芽分化。当6月初枝条抽长20 cm左右时不进行正常浇水，当枝条上叶片出现萎蔫下垂时，再浇水恢复，如此反复几次，通过减少浇水量结合摘心、捻梢等措施使枝条的生长受到抑制或停止生长，这样营养物质可集中供应花芽分化，花芽分化量多质好。盆栽梅花施肥很重要，既不能过而引起徒长，又要保证生长开花需要。除基肥外，在6月前施1—2次追肥，保证满足枝叶生长所需的养料。6月初控制氮肥，施1—2次磷钾肥，对花芽分化、保持花色和开花有利。盛夏应停止施肥。从花蕾逐渐膨大至开花，这一时期内适当施肥和适当浇水，保证水分的供应。盛花期少浇水，略偏干，可延长花期。

梅花苗上盆后，为了整形，应根据需要，在枝干适当部位剪去梢顶，使抽出较多的侧枝，当新梢长出4—5片叶子时，在2—3片叶处摘心，促使形成更多的开花小枝，以提高着花量和观赏效果。花谢之后，对枝条短剪，依枝势可轻可重，一般将开花枝留2—3个芽短剪。对枯枝、病虫枝、密生枝必须疏去，保持树形疏和透。盆梅一般3年左右换盆一次。如果作桩景栽植，还应辅以剪扎，用铅丝缠绕造型。

盆梅多行室内观赏，为提早于春节开放，可在花蕾形成后，在室内加温培养，开花后出房放在向阳处生长。

梅花易患白粉病和煤烟病，应及早防治，以免引起植株提早落叶。虫害常见的有蚜虫、红蜘蛛、卷叶蛾等。在防治害虫时，不能使用乐果喷杀，乐果易引起梅花生理落叶，使树势衰弱。另外，梅花在排水不良处，易发生根腐病，轻者将植株挖出暴晒，重新栽植，重者则挖出后将根部患处刮除，暴晒1—2 h后，再用2%硫酸铜溶液浸后栽回。

（八）园林用途

梅花是我国十大名花之首，它以清香宜人，凛寒而放，浓而不艳，历来受群众喜爱。在配植上，梅花最宜植于庭院、草坪、低山丘陵，可孤植、丛植及群植。传统的用法常是以松、竹、梅为“岁寒三友”配植成景色的。

十一、东京樱花（日本樱花、江户樱花）Prunus yedoensis 蔷薇科，梅属

（一）形态

落叶乔木，高可达16 m。树皮暗褐色，平滑；小枝幼时有毛。叶卵状椭圆至倒卵形，叶缘有细尖重锯齿。花白色至粉红色，径2—3 cm，微香。花期4月，叶前或与叶同时开放。

（二）分布

原产日本，中国多有栽培，尤以华北及长江流域各城市为多。

（三）习性

性喜光，较耐寒，生长快但树龄较短，盛花期在20—30龄，至50—60龄则进入衰老期。

（四）繁殖

用嫁接法，砧木可选用樱桃、山樱桃及桃、杏等实生苗。

（五）栽培

樱花的适应性较强，苗木移植易成活，裸根或带土球均可，管理较简单。

（六）园林用途

著名观花树种，花期早，花时满树灿烂，甚为壮观。宜于山坡、庭园、建筑物前及路旁种植。并可以用常绿树作背景，对比鲜明。

十二、榆叶梅 Prumus triloba 蔷薇科，蔷薇属

（一）形态

落叶灌木或小乔木。叶片倒卵形，先端渐尖有3裂，叶椽有粗重锯齿，表面粗糙有毛。花期4月。花腋生，先叶开放，粉红色，花柄短。

（二）品种

变种很多，常见的有单瓣、重瓣和鸾枝（小枝及花全紫红色）。

（三）分布

原产我国，分布在黑龙江、河北、山东、浙江、江苏等地。

（四）习性

耐寒，喜光，不耐阴，耐旱，怕水湿，能在碱性土上生长s在向阳、疏松肥沃土壤上生长良好。

（五）繁殖

可用播种和嫁接法繁殖。

播种繁殖于6月种子成熟时采收，贮藏至秋播或春播。播种苗易退化，只在培育新品种时采用。

嫁接的砧木用榆叶梅实生苗或山桃、毛桃。以秋季芽接为主，也可春季枝接，易于成活。如欲培养成高干榆叶梅，可选用有主干的桃砧，在离地2 m处断砧行高接。一般培养成低干的自然开心形树形。

（六）栽植

早春带土球栽植。榆叶梅生长旺盛，枝条密集，栽培中应注意修剪，每年抽枝一次，为促使开花旺盛，于开花后将枝条适当短剪，并对密枝、弱枝、病虫枝等疏剪，保持树冠匀称，翌年开花多。对砧木萌蘖枝及时剪除，以免搅乱树形，消耗养料。干旱时浇水，有条件时在花前、花后各施肥一次，使枝条生长健壮及多孕花。西北地区宜在背风向阳处栽植。榆叶梅也可盆栽。

（七）催花

为使榆叶梅提早开花，应选生长健壮无病害植株，于 11 月下旬带土球挖起上盆，放室外经低温，需观花前 30—40 d 移入 10—15 ℃室内放向阳处，每天向枝条喷水，并保持盆土湿润。花蕾长至 3—6 mm 时，室内加温至 18—22 ℃待花蕾露色时，移入 3—5 ℃低温室内备用。

（八）园林用途

北方园林中最宜大量应用，以反映春光明媚、花团锦簇的欣欣向荣景象。在园林或庭院中最好以苍松翠柏作背景丛植或与连翘配植。

十三、紫荆（满条红）Cercis chinensis 科，紫荆属

（一）形态

落叶灌木成小乔木，高达 15 m，胸径 50 cm。树皮暗褐色，但在栽培情况下多呈灌木状。叶近圆形，长 6—14 cm，叶端急尖，叶基心形，全缘，两面无毛。花紫红色，4—10 朵簇生于老枝上。荚果长 5—14 cm，沿腹缝线有窄翅。花期 4 月，叶前开放；果 10 月成熟。

（二）分布

湖北西部、辽宁南部、河北、陕西、河南、甘肃、广东、云南、四川等省。

（三）习性

性喜光，有一定耐寒性，好生于向阳肥沃、排水良好土壤，不耐淹。萌蘖性强，耐修剪。

（四）繁殖

用播种、分株、扦插、压条等法，而以播种为主。播前将种子进行 80 d 左右的层积处理，春播后出芽很快。亦可在播前用温水浸种 1 昼夜，播后约 1 个月可出芽。在华北一年生幼苗应覆土防寒过冬，第 2 年冬仍需适当保护。实生苗一般 3 年后可以开花。

（五）栽培移栽

一般在春季芽未萌动前或秋季落叶后，需适当带土球，以保证成活。

（六）园林用途

早春叶前开花，枝、干都布满紫花，宜丛植于庭院、建筑物前及草坪边缘。因开花时叶尚未发出，故宜与常绿之松柏配植为前景或植于浅色的物体前面，如白粉墙之前或岩石旁。

十四、山麻杆（桂圆树、百年红）Alchornea davidii 大戟科，山麻杆属

（一）形态

落叶灌木，高 2—3 cm。幼枝细短，密被茸毛，当年生枝绿色，老枝棕色。叶互生，阔卵形至扁圆形，长 7—13 cm，宽 9—17 cm，叶缘具粗锯齿，基出三脉，春季发叶后幼叶红色或紫色，逐渐变为绿色。花小，紫色，单性。

（二）分布

原产我国河南、陕西、江苏、浙江及其以南地区。

（三）习性

为暖温带树种，有一定的耐寒性，喜光也耐阴，对土壤要求不严，在湿润肥沃的土壤上生长最好，分蘖能力很强。

（四）繁殖

用分株、扦插和分根法繁殖，分株宜在秋季落叶后和春季发芽前，将根部扒开，切取根蘖枝栽植。春季用头年生木质化枝条扦插，成活率达 80% 左右。分根繁殖于秋季结合起苗时进行，选粗壮根段埋入疏松土壤中即能成活。

（五）栽植

选水滨路旁或山麓栽植，秋季落叶后至春季发芽前定植。春季发芽前追肥一次，供给枝条萌发和新叶生长所需养料，一般不需要修剪，当过密时适当疏枝。

（六）园林用途

山麻杆嫩叶鲜红，艳丽无比，是优良的观叶植物。可丛植于庭前、路边、草坪或山石旁，均为适宜。

十五、木芙蓉（芙蓉花）Hibiscus mutabilis 锦葵科，木槿属

（一）形态

落叶灌木或小乔木，高 2—5 m，茎具星状毛及短柔毛。叶广卵形，宽 7—15 cm，掌状 3—5（7）裂，基部心形，缘有浅钝齿，两面均有星状毛，花大，径约 8 cm，单生枝端叶腋；花冠通常为淡红色。后变深红色。花期 9—10 月，果 10—11 月成熟。

（二）品种

木芙蓉除最常见的单瓣桃红色花外，还有大红重瓣、白重瓣、半白半桃红重瓣以及清晨开白花，中午转桃红，傍晚变深红的“醉芙蓉”等品种。

（三）分布

原产中国，黄河流域至华南均有栽培，尤以四川成都一带为盛，故成都有“蓉城”之称。

（四）习性

喜光，稍耐阴；喜肥沃、湿润而排水良好之中性或微酸性沙质壤土；喜温暖气候，不耐寒。生长较快，萌蘖性强。对二氧化硫抗性特强，对氯气、氯化氢也有一定抗性。

（五）繁殖

常用扦插和压条法繁殖，分株、播种也可进行。长江流域及其以北地区在秋季落叶后，结合修剪选取粗壮当年生枝条，剪成长 15 cm 左右的扦条，分级捆扎沙藏越冬，第二年春季取出扦插，株行距为 8 cm × 25 cm，插前应先打孔，以免伤条。当年苗高可达 1 m 以上，秋季把扦插苗挖起假植越冬，翌春即可用于绿化栽植，秋季便可开花。压条多于初秋进行，约 1 个月后即可与母株切离。分株在春季进行，先在基部以上 10 cm 处截干，然后分株栽植。

（六）栽培

木芙蓉栽培养护简易，移植栽种成活率高。因性畏寒，在长江流域及其以北地区应选择背风向阳处栽植，每年入冬前将地上部分全部剪去，并适当壅土防寒，春暖后扒开壅土，即会自根部抽发新枝，这样能使秋季开花整齐。在华南暖地则可作小乔木栽培。

（七）园林用途

木芙蓉秋季开花，花大而美丽，其花色、花型随品种不同有丰富变化，是一种很好的观花树种。由于性喜近水，种在池旁水畔最为适宜。植于庭院、坡地、路边、林缘及建筑前或栽作花篱，都很合适。在寒冷的北方也可盆栽观赏。

十六、紫薇（痒痒树、百日红）Lagerstroemia indica 千屈菜科，紫薇属

（一）形态

落叶灌木或小乔木。树皮薄片状剥落后，干灰绿色或灰褐色，光滑。小枝四棱，并有窄翅。叶互生或对生，椭圆形无柄，表面光滑。圆锥花序顶生。花瓣 6 枚，边缘皱缩，基部有爪，玫瑰红色。花期 6—9 月，蒴果椭圆状球形，9 月开始陆续成熟。

（二）品种

紫薇品种很多，有红薇、翠薇和银薇。

（三）分布

产于长江流域，现各地多有栽培 s

（四）习性

喜光、较耐寒、耐旱、怕水湿，在石灰土上生长较好，在湿润肥沃的土壤上生长茂盛萌发力强，寿命较长。

（五）繁殖

用扦插、播种和压条法均可，春季用硬枝扦插或夏季用嫩枝扦插都易成活。播种繁殖时，以春播为宜，幼苗初期应适当遮阴，部分生长健壮者当年即能开花。播种苗第二年开花时，应按花色分别集中栽植在一起。华北地区播种苗当年越冬时应覆土埋干进行保护。

（六）修剪

紫薇在园林中栽培，以高干圆头形树冠为主，几个势力大致均等的主枝向四周展开。整形工作一般在苗圃内完成。繁殖出的 1 年生苗，于冬季将主枝顶梢短截，将位于主干下部的侧枝疏除，只留 3—4 个位于主干上部的侧枝，翌春发芽后，选留 1 枝位于剪口下方的粗壮枝作主干延长枝，其余侧枝短截。冬季 2 年生苗高度已达 2 m 以上，可根据需要定干，一般 1.7—2 m，将主干枝梢剪去，并适当疏去主干下部的侧枝，春季萌发后，选留 3—4 个近顶端的壮枝作主枝，其余逐渐疏去。冬季将已 3 年生苗的主枝短截，春季萌发出数个侧枝，秋季落叶后，每主枝留 2 个侧枝重短截，其余侧枝从基部截去，至此即完成树冠造型，苗木可出圃。

（七）栽植

选排水良好处栽植，黏土上生长较差，干旱季节适当灌水。每年冬季或春季萌动前，施腐熟有机肥，夏季开花旺。紫薇很耐修剪，除剪成高干乔木和低干圆头树形外，还

可将枝条编扎造型修剪，多在幼年期进行，花后应将枝条短剪，促使饱满的剪口芽萌发再次开花，每短截一次，可延长花期 20 d 左右。冬季至春季萌芽前，对当年生枝条留 5—6 cm，其余部分全部剪去，为保持树形优美，各枝条长短交错，不可齐平。适当保留部分低矮枝条分布在四周，使花朵在树冠上能均匀开放，形成花球。老树可利用基部萌蘖枝更新复壮，还可通过修剪促成紫薇在国庆节开花。

（八）园林用途

紫薇树姿优美，树干光滑洁净，花色艳丽，开花时正当夏秋少花季节，花期极长，由 6 月可开至 9 月，故有“百日红”之称。此花最宜种在庭院及建筑前，也宜栽在池畔、路边及草坪上、

十七、石榴（安石榴、海榴）Punica granatum 石榴科，石榴属

（一）形态

落叶灌木或小乔木，高 5—7 m。树冠常不整齐；小枝有角棱，无毛，端常成刺状。叶倒卵状长椭圆形，长 2—8 cm，无毛而有光泽，在长枝上对生，在短枝上簇生。花朱红色，径约 3 cm；花萼钟形，紫红色，质厚。浆果近球形，径 6—8 cm，古铜黄色或古铜红色，具宿存花萼；种子多数，有肉质外种皮。花期 5—6 月，果 9—10 月成熟。

（二）分布

原产伊朗和阿富汗；汉代张骞通西域时引入我国，黄河流域及其以南地区均有栽培，已有 2000 余年的栽培历史。

（三）习性

喜光，喜温暖气候，有一定耐寒能力，在北京地区可于背风向阳处露地栽植，但经 -20 ℃左右之低温则枝干冻死；喜肥沃温润而排水良好之石灰质土壤，但可适应于 pH 值 4.5—8.2，有一定的耐旱能力，在平地和山坡均可生长。生长速度中等，寿命较长，可达 200 年以上。石榴在气候温暖的江南一带，一年有 2—3 次生长，春梢开花结实率最高；夏梢和秋梢在营养条件较好时也可着花，从而使石榴之花期大为延长。但由于生长季的限制，夏梢和秋梢花朵的结实率极低，因此在花谢后应及时摘除，以节约养分。生长停止早而发育壮实的春梢及夏梢常形成结果母枝，一般均不太长，次年由其顶芽或近顶端的腋芽抽生新梢（即结果枝），在新梢上着生 1—5 朵花，其中顶生的花最易结果，因此修剪时切不可短截结果母枝。

（四）繁殖

栽培可用播种、扦插、压条、分株等法繁殖。

播种法：将果实贮藏至次年 3—4 月时再取出播种；也可将吃时吐出的种子洗净后

阴干，用沙层积贮藏到春天播种。

扦插法：用本法很易成活。在早春发芽前约 1 个月时可用硬木插法；可在夏季剪截 20—30 cm 长的半成熟枝行扦插；可在秋季 8—9 月时将当年生枝条带一部分老枝剪下插于室内。

压条法：在培养桩景时可用粗枝压条法进行繁殖，亦易生根。

分株法：传统上多用此法，即选优良品种植株的根蘖苗进行分栽。

实生苗需 5—10 年才能开花结实，用扦插繁殖者约经 4 年即可开花结实，用压条法及分株法繁殖的 3 年即可开花结实。

石榴为喜肥树种，为使花、果丰盛，应在秋末冬初施基肥，夏季 6—7 月施追肥，如要专门培养硕大果实，可适当疏果。石榴多采用开心的自然杯状整枝，即在幼树定植后，留约 1 m 高剪去主干，留 3—4 新梢作主枝，其余新梢均剪除，两主枝间高低距离约 20 cm 即可。对当年生长过旺的新梢应行摘心使之生长充实，至冬季将各主枝剪去全长的 1/3—1/2。次年在各主枝先端留延长枝，并在主枝下部留 1—2 新梢作副主枝，其余的则作侧枝处理，对过密的枝条应行疏剪。此外应随时注意将干、根上的萌蘖剪除。如此 2—3 年即形成树冠骨架并开始开花结果。以后即可任其自然生长，不必施行精细的修剪，仅注意使树冠逐年适当扩大，除去萌蘖、徒长枝、过密枝及衰老、枯枝。石榴的隐芽萌发力极强，经重剪很易受刺激发成长枝，故衰老枝干的更新较为容易。石榴具对生芽，故为避免发枝过密时，可将成对的枝剪去一方而保留另一方，用此法来调整和控制树形，效果很好。石榴树如管理良好可连续结果达七八十年。

（五）园林用途

石榴树姿优美，叶碧绿而有光泽，花色艳丽如火而花期极长，又正值花少的夏季，所以更加引人注目，最宜成丛配植于茶室、露天舞池、剧场及游廊外或民族形式建筑所形成的庭院中。又可大量配植于自然风景区，在秋季则果实变红黄色，点点朱金悬于碧枝之间，衬着青山绿水，真是一片大好景色。石榴又宜盆栽观赏，亦宜做成各种桩景或瓶养插花供观赏。

十八、八角金盘 Fatsia japonica 五加科，八角金盘属

（一）形态

常绿灌木。茎高 4—5 m，常成丛生状。叶掌状 7—9 裂，径 20—40 cm，基部心形或截形，裂片卵状长椭圆形，缘有齿；表面有光泽；叶柄长 10—30 cm。基部膨大，花小，白色。夏秋间开花，翌年 5 月果熟。

（二）分布

原产日本，中国南方庭园中有栽培。

（三）习性

性喜阴，喜温暖湿润气候，不耐干旱，耐寒性不强，长江以南城市可露地栽培，北方常在温室盆栽供观赏。

（四）繁殖

常用扦插法繁殖，扦插时间为2—3月或梅雨季均可，要注意遮阴和保持土壤湿润，成活率较高。

（五）栽培移栽

须带土球，时间以春季为宜。

（六）园林用途

本种叶大光亮而常绿，是良好的观叶树种，对有害气体具有较强抗性，是江南暖地公园、庭院、街道及工厂绿地的合适种植材料。北方常盆栽，供室内绿化观赏。

十九、四照花 Dendrobenthamia japonica 山茱萸科，四照花属

（一）形态

落叶灌木至小乔木，高可达9m。小枝细、绿色，后变褐色，光滑。单叶对生，卵状椭圆形或卵形，长6—12 cm，叶端渐尖，叶基圆形或广楔形。头状花序近球形；基部有4枚白色花瓣状总苞片，椭圆状卵形，长5—6 cm。花期5—6月；果9—10月成熟。

（二）分布

产于长江流域及河南、山西、陕西、甘肃。

（三）习性

性喜光，稍耐明，喜温暖湿润气候，有一定耐寒力，常生于海拔800—1 600 m的林中及山谷溪流旁。在北京小气候良好处可露地过冬，并能正常开花，喜湿润而排水良好的沙质土壤。

（四）繁殖

常用分蘖及扦插法繁殖；也可用种子繁殖，但因为大多种子是硬粒种子，播后2年始能发芽，故应进行种子处理。处理的要点是将种子浸泡后碾除油皮，再加沙碾去蜡皮，然后沙藏。在播前20余日再用温水浸泡催芽。

（五）园林用途

本种树形整齐，初夏开花，白色总苞覆盖满树，光彩耀目，将叶变红色或红褐色，是一种美丽的庭园观花树种。配植时可以常绿树为背景而丛植于草坪、路边、林缘、池畔，能使人产生明丽清新之感。

二十、杜鹃（映山红、照山红、野山红）Rhododendron simsii 杜鹃科，杜鹃属

（一）形态

常绿或落叶灌木，高 2 m。多分枝，枝细而直，有亮棕色或褐色扁平糙伏毛 9 叶纸质，叶两面具灰白色毛。花 2—6 朵簇生枝端，有白、粉红、鲜红、深红和单瓣、重瓣等各种品种。花期 4—6 月；果 10 月成熟。

（二）分布

广布于长江流域及珠江流域各省，东至台湾，西至四川、云南。

（三）变种

①白花杜鹃 var，vittatum 花白色或浅粉红色。

②紫斑杜鹃 var，mesembrinum 花较小，白色而有紫色斑点。

③彩纹杜鹃 var，vittatum 花有白色或紫色条纹。

（四）习性

我国的各种杜鹃按其分布及生态习性大体分为下述几类：

北方耐寒类：主要分布于东北、西北及华北北部。多生于山林中或山脊上。冬季有的为雪所覆盖，有的则挺立于寒风中，均极耐寒，有的在早春冰雪未尽时即可见花。其中落叶类有大字杜鹃（R，schlippenbachii）、迎红杜鹃（R，mucronulatum）；半常绿的有兴安杜鹃（R，dauricum）；常绿的有照山白（R，micrathum）、小叶杜鹃（R，parvifolium）、头花杜鹃（R，captatum）及牛皮茶（R，chrysanthum）等。

温暖地带低山丘陵、中山地区类：主要分布于中纬度的温暖地带，耐热性较强，亦较耐旱，多生于丘陵、山坡疏林中，如杜鹃、满山红、羊踯躅、白杜鹃、马银花。

亚热带山地、高原杜鹃类：主要分布于我国西南部较低纬度地区。

（五）繁殖栽培

杜鹃类可用播种、扦插、压条及嫁接等法繁殖。

播种法：杜鹃杂交容易，为提高结实率可行人工辅助授粉。常绿杜鹃类最好随采随播，落叶杜鹃可将种子贮存至翌年再行春播。杜鹃属的种子均很细小，但保存能力

相当强。由于种子细小，故多用盆播。在浅盆内先填入 1/3 碎瓦片和木炭屑以利排水，然后放入一，层碎苔藓或落叶以免细土下漏，再放入经过蒸汽消毒的泥炭土或养兰花用的山泥，或用筛过的细腐叶土混加细砂土，略加压平后即可播种。播前，用盆浸法浸湿盆土，播种时宁稀勿密，播后略筛一层细砂，或不覆土而盖上一层玻璃并覆以报纸，避免日光直射。保持 10—20 经 2—3 周即可发芽。此后逐渐去掉报纸及玻璃，但仍勿使日光直射，并注意适当通风，待长出三片叶时，可移入小盆培养，当年苗可高达 3 cm 左右。在此期间万勿施肥，否则易枯死。次年苗高 6—10 cm，第 3 年高 20 cm 左右，第 4 年即可开花。

播种后可不必再覆盖苔藓，但如在气候干燥处则盖上玻璃以保持较高温度为好，但应注意每天进行通风。在幼苗期应注意喷雾工作，每日喷 1—2 次雾。移幼苗时需注意勿使叶片与土面接触，勿沾上泥点，否则易致腐烂。

扦插法：用此法繁殖能早日获得大苗，但优良品种成活率较低。如用去年的枝则难于生根。插穗以选节间短者为好，基部用刀削平滑，长 3—5 cm。插时仅留顶端 3—5 叶，并视情况将叶片再剪去一半。插后保持 25—30 ℃的室温，注意遮阴，1 个月后即可生根。第 2 年上盆，第 3 年开花。此外，亦可于春季行软材扦插，1—2 个月后可生根。

嫁接法：由于杜鹃枝条脆硬，故多用靠接。落叶性杜鹃可在 3—4 月进行，常绿性杜鹃可在落花后进行。嫁接后 1 年即可分离。砧木选用易于插活且枝条粗壮的品种，如毛白杜鹃等较好。

压条法：适宜于扦插不易成活的种类。杜鹃枝脆，故常用壅土压法，入土部分应行刻伤，一般约半年可生根。

分株法：丛生的大株可行分株。

杜鹃是典型的酸性土植物，故无论露地种植或盆栽均应特别注意土质，最忌碱性及黏质土，土壤 pH 值以 4.5—6.5 为佳，但亦视种类而有变化。盆栽时，可用腐殖质土、苔屑、山泥以 2：1：7 的比例混合应用。盆栽管理上需注意排水、浇水、喷雾等工作，施肥时应注意宜淡不宜浓，因为杜鹃根极纤细，施浓肥易烂根。开花后的生长发枝期要求氮肥适当增多。在夏季酷暑期应适当遮阴，暴雨前应放倒盆或雨后立即将盆中积水倾出。

杜鹃类的催花要求因种类而不同，以杜鹃而言，用 40—50 d 的短日照处理会很好地促进花芽形成，此期间的适温则因品种而异。在入秋后，植株的芽已进入休眠期，休眠期的长短和深度则依品种而有不同。为了打破芽的休眠，必需经受一个低温期，这个低温的范围大抵为 5—10 ℃有些品种在 15 ℃左右下也能打破休眠。此后，在 6—20 ℃的温度下即可促进成花，在 25 ℃时开花速度虽可加快但不如在 20 以下时的花色鲜艳和花朵丰硕。

（六）园林用途

杜鹃是我国的传统名花，杜鹃类最宜成丛配植于林下、溪旁、池畔、岩边、缓坡、陡壁形成自然美，又宜在庭院或与园林建筑相配植，如洞门前、阶石旁、粉墙前。又如设计成杜鹃专类园一定会形成令人流连忘返的景境。

第五节　藤本类

本类包括各种缠绕性、吸附性、攀缘性、钩搭性等茎枝细长难以自行直立的木本植物。本类树木在园林中有多方面的用途。可用于各种形式的棚架，供休息或装饰用，可用于建筑及设施的垂直绿化，可攀附灯竿、廊柱，亦可使之攀缘于施行过防腐措施的高大枯树上形成独赏树的效果，又可悬垂于屋顶、阳台，还可覆盖地面作地被植物用。在具体应用时，应根据绿化的要求，具体考虑植物的习性及种类进行选择。

本类植物在养护管理上除水肥管理外，对棚架植物主要是如何诱引枝条使之能均匀分布。

一、叶子花（三角花、毛宝巾、九重葛）Bougainvillea spectabilis 紫茉莉科，叶子花属

（一）形态

常绿攀缘灌木。茎具刺，密布绒毛。叶互生，全缘，纸质，长卵圆形，花生于枝顶，位于 3 枚大而红的苞片内。

（二）分布

原产巴西，我国各地有引种。

（三）习性

性喜温暖湿润，喜光不耐阴，不耐寒，在排水良好的砂壤土上生长良好。

（四）繁殖

以扦插繁殖为主。扦插应在春季 1—3 月在温室内进行，6—8 月在苗圃内，用当年生或 1—2 年生枝条截成 15—20 cm 长、带 3—4 个芽的插条，扦插需经常喷水保湿，在 21—27 ℃气温下，1 个月左右即可生根。压条也可取得少量大苗。

（五）栽植

南方地栽应在阳光充足，距建筑物 1 m 处挖穴，穴深 40 cm，宽 60 cm，施基肥后

栽植，浇透水，适当遮阴，成活后立支架，让其攀缘而上，栽植生长快，2 年即可满架。生长期追肥 2—3 次，追肥后及时浇水，三角花需水量多，如夏季供水不足，易引起落叶，花后需水量稍减。花后将密枝、枯枝及顶梢剪除，使多发壮枝开花。衰老植株可重剪更新。

长江流域及以北地区多盆栽，修成圆球形，冬季入温室越冬。

（六）园林用途

三角花枝叶繁茂，花大美丽，是优良的垂直绿化植物，广东一带常作坡地、棚架、绿廊、拱门、绿篱使用，效果很好。

二、北五味子木兰科，北五味子属

（一）形态

落叶藤本，长 8 m。叶互生呈倒卵形或椭圆形，边缘有细齿，雌雄异株或同株。花期 5—6 月，花乳白色或略带粉红色，成穗状下垂，芳香;浆果球形鲜红色，4 月成熟。

（二）分布

分布于辽宁、吉林、河北、江西、江苏、四川等省。

（三）习性

喜温凉湿润的气候，喜光稍耐阴，耐寒性强，耐瘠薄，在深厚、疏松的土壤上生长良好。

（四）繁殖

用播种和压条法繁殖。播种繁殖于秋季采收成熟的浆果，浸水搓去果肉后，秋播或春播，春播的种子应催芽，用温水浸 2 d 后与湿沙层积，放在 20—30 ℃室温下，待种子有半数萌动时播种，播后覆土 1.5—2 cm，并覆盖，约半月后发芽，立即搭棚遮阴。苗期注意水肥。冬季幼苗怕冷，用树叶覆盖防寒或挖起假植。翌春移植，待主蔓长至 1—2 m 时出圃。

（五）栽植

春季裸根栽植，初期用绳将主蔓固定于支架上，任其向上攀缘，适当疏剪主蔓下部的侧枝，秋冬季调整枝条使分布均匀，将过密和部位不适宜的枝条疏去。每年休眠期施些混合肥料，保证满足生长和开花结果的营养需要，秋季则红果累累。

（六）园林用途

果实成串，鲜红而美丽，是优良的垂直绿化植物。

三、紫藤（藤萝）Wisteria Sinensis 豆科，紫藤属

（一）形态

大型木质藤本，枝粗壮具极强的攀缘能力。奇数羽状复叶互生，总状花序下垂，花蓝紫色、白色、芳香。花期 4—5 月，荚果 9—10 月成熟。

（二）分布

除东北地区外，各地均有栽培。

（三）习性

性喜光略耐阴，稍耐寒，对土壤适应力强，耐干旱，怕积水，耐修剪。

（四）繁殖

播种、扦插繁殖均可。播种繁殖于春季 3—4 月进行，因种皮厚发芽困难，播种前应用 80—90 ℃热水浸种，边倒边搅，待水自然冷却后，捞出种子堆放 24 h，待种子膨大后播种。床播或大田式播种均可，播后 20 d 左右发芽，喜旱，浇水量不宜过大，6—7 月施肥，当年苗高 30—40 cm，翌春移栽，培育 3—4 年出圃。

春季用硬枝扦插或根插均可，成活容易。嫁接繁殖主要用于培养大花、白花品种或培养一树多花。

（五）栽植

春季萌芽前裸根栽植，如成年大树桩应带土球或重剪后栽，均易成活。作棚架栽培时，定植后选 1—2 个主蔓缠于植株旁的支柱上，将基部萌蘖枝除去，使养料集中供给主蔓生长，主蔓上部应留少数侧枝，冬季对主、侧枝短截，使翌春抽出强壮的延长枝和大量侧枝，使尽快覆盖棚面。紫藤枝条顶端易干枯，庇荫处枝条易枯死，注意调整枝条数量与位置，不使枝条过多和重叠。

紫藤衰老时，可行更新修剪，冬季留 3—4 个粗壮、分布均匀的骨干枝，回缩修剪，其余疏剪，翌春可萌发出粗壮的新枝。

在草坪、池畔、厅堂门口两侧呈灌木状栽植的紫藤，不应接触其他物体，使直立生长，可修剪成单杆、双杆式。

紫藤应栽在光照充足处，否则难开花，每年于休眠期施肥，春季花多，花后适当疏枝，并及时除蘖。

（六）园林用途

紫藤枝叶茂密，庇荫效果强，春天先叶后花，穗大而美，有芳香，是优良的棚架、门廊、枯树及山面绿化材料。

四、爬山虎（爬墙虎、地锦）ParthenociupWaia 葡萄科，爬山虎属

（一）形态

落叶木质大藤本。茎长达 30 m 以上，茎卷须短而多，常分枝，枝端有吸盘，单叶，在短枝上对生，长枝上互生，宽卵形，常 3 裂，叶缘疏生锯齿，叶柄长 8—20 cm，幼苗或下部枝上的叶较小，常分裂成 3 小叶。花小，常集生成聚伞花序，位于短枝上的两叶之间；花期 6—7 月。浆果，小球形，蓝色；果熟期 9 月。

（二）分布

广泛分布于我国东北及以南各地。国外见于日本和朝鲜。

（三）习性

常攀缘于北向墙壁及岩石上。耐阴，耐干旱瘠薄，适应性强。

（四）繁殖

用扦插、压条繁殖，也可用种子繁殖。扦插和压条繁殖生根容易，其繁殖技术与葡萄大致相似。通常选取秋冬季剪取的木化枝经砂藏处理后做插条，于翌年春季露地扦插。插条可具 2—3 个芽或为单牙插穗。扦插前可适当剥去部分外皮，扦插后则注意勤浇水，温度过高时需适当遮阴。

压条繁殖春、夏、秋季均可进行，但以雨季为最好。一般易生根。

种子繁殖时多行春播，播前种子需经砂藏处理 3—4 个月，播后保持土壤湿润。种子发芽率一般为 88%—96%，发芽力可保持 1 年。

（五）栽培

爬山虎一般不必搭设棚架，只要将其主茎导向墙壁或其他支持物即可自行攀缘。定植权期需适当浇水及防护，避免意外损伤。成活后则不必费心管理。

（六）园林用途

爬山虎叶大而密，叶形美丽，可以大面积地在墙面上攀缘生长，是一种优良的墙面攀缘绿化和建筑物美化装饰植物，尤其适宜于高层建筑物。用它覆盖墙面，可以增强墙面的保温隔湿能力，并能大大减少噪声的干扰。

本属其他攀缘植物：东南爬山虎 Parthenocissus austro-orientalis，异叶爬山虎 Parthenocissus 二叶爬山虎 Parthenocissus Himalayana 和粉叶爬山虎 Parthenocissus Thomsonii 等皆为落叶木质大藤本，其性状、习性和用途皆与爬山虎大致相同。这些种主要分布于我国江南各地，如湖北、四川、云南、贵州、广东、广西、浙江和福建等地，皆宜用于高大建筑物的攀缘绿化。

五、常春藤 Hedera nepalensis var.sinnesis 五加科，常春藤属

（一）形态

常绿木质藤本。茎借气生根攀缘。叶互生、革质，长柄，营养枝上叶呈三角形或3裂，开花枝上叶卵状鞭形，全缘。花期1月，花绿白色、芳香，翌年4—5月果实成熟，黄色或红色。

（二）分布

原产我国，华东、华南、西南及甘肃、陕西等省均有栽培。

（三）习性

性喜温暖、湿润，极耐阴，不耐寒，要求深厚、湿润和肥沃的土壤。

（四）繁殖

播种、扦插、压条等繁殖均可。播种繁殖可秋播或春播，春播的种子要催芽处理，才能使发芽迅速整齐。

扦插繁殖易于成活，春季或雨季均可，6—7月用嫩枝扦插，半月即可生根。若用已能结果的枝条扦插，成活的苗木往往失去攀缘特性，因此应用营养枝扦插。压条繁殖于雨季进行，将半木质化枝条适当刻伤，压入土中，易成活。

（五）栽植

在建筑物的阴面或半阴面栽植。春季带土球穴植，栽后对主蔓适当短截或摘心，使萌发大量侧枝，尽快爬满墙面。生长期对密生枝疏剪，保持均匀的覆盖度，并适当施肥和浇水，同时应控制枝条长度，不使翻越屋檐，以免穿入屋瓦，造成掀瓦漏雨。

（六）园林用途

在庭园中可用以攀缘假山、岩石，或在建筑阴面作垂直绿化材料。

六、凌霄 Campsis grandiflora 紫葳科，凌霄属

（一）形态

落叶性藤本，长9m，借气生根攀缘。羽状复叶对生，小叶7—9，长卵形至卵状披针形，缘有粗齿，两面无毛。花冠唇状漏斗形，红色或橘红色，花萼绿色，5裂至中部，有5条纵棱，顶生聚伞花序或圆锥花序。7—8月开花，蒴果细长。

（二）分布

我国华北、华中、华南、华东和陕西等地。

（三）习性

喜光而稍耐阴，幼苗宜稍庇荫；喜温暖湿润，耐寒性较差，北京幼苗越冬需加保护；耐旱忌积水；喜微酸性、中性土壤。萌蘖力、萌芽力均强。

（四）繁殖栽培

播种、扦插、埋根、压条、分蘖繁殖均可。通常以扦插和埋根育苗。扦插用春季3月下旬至4月上旬的硬枝插或6—7月的软枝插，都易成活；埋根于落叶期进行，选根并截成长3—5 cm，用直埋法即可。

（五）园林用途

凌霄干枝虬曲多姿，夏季开红花，鲜艳夺目，花期甚长，为庭园中棚架、花门之良好绿化材料。它用以攀缘墙垣、枯树、石壁，点缀于假山间隙，繁花艳彩，更觉动人。经修剪、整枝等栽培措施，可成灌木状栽培观赏。管理粗放，适应性强，是理想的城市垂直绿化材料。

七、金银木（金银忍冬）Loniccra maackii 忍冬科，忍冬属

（一）形态

藻叶灌木，高达5 m。小枝髓黑褐色，后变中空，幼时具微毛。叶卵状椭圆形至卵状披针形，长5—8 cm，端渐尖，基宽楔形或圆形至卵状披针形，长5—8 cm，端渐尖，基宽楔形或圆形，全缘，两面疏生柔毛。花成对腋生，总花梗短于叶柄，苞片线形。相邻两花的萼筒分离。花冠唇形，花先白后黄，芳香，唇瓣长为花冠筒2—3倍。雄蕊与花柱均短于花冠。浆果红色，合生。花期5月，果9月成熟。

（二）分布

产东北、华北、华东、华中及西北东部、西南北部。朝鲜、日本、俄罗斯也有分布。

（三）习性

性强健，耐寒，耐旱，喜光，耐半阴，喜湿润肥沃及深厚的土壤。

（四）繁殖

栽培播种、扦插繁殖。管理粗放，病虫害少。

（五）园林用途

金银花植株轻，藤蔓缭绕，冬叶微红，花先白后黄，散发清香，是色香俱备的藤本植物。金银花可缠绕篱垣、花架、花廊等作垂直绿化材料或附在山石上、植于沟边、于山坡、用作地被，也富有自然情趣。花期长，花芳香，又值盛夏开放，是于庭园布置夏景的极好材料；植株体轻，因此它也是美化屋顶花园的好材料。

第六节　绿篱

各种绿篱有不同的适用条件，但是总的要求是该种树木应有较强的萌芽更新能力和较强的耐阴能力，以生长较缓慢、叶片较小的树种为宜。

栽培养护要点为保持篱面完整且勿使下枝空秃，应注意修剪时期与树种生长发育的关系。

绿雕塑又称为造型树，在园林中产生具有特殊情趣的景物效果。从其成形的手法上可分为剪景与扎景两大类。

养护管理要点是适当控制水肥，避免大水大肥，注意保持体形完美。

一、针叶树类

（一）侧柏（扁柏、香柏）Platycladus orientalis 柏科，侧柏属

1. 形态

常绿乔木。树皮薄红褐色，叶鳞片状，花期 3—4 月，果 10—11 月成熟。

2. 分布

我国南北各地均有分布，黄河流域为适生地。

3. 习性

耐干旱和湿润，耐严寒和暴热，喜光稍耐阴，对土壤要求不严，在酸性、中性、碱性土壤上均能生长，瘠地、山岩石道处也可生长。耐修剪。

4. 繁殖

播种繁殖。春播前将干藏的种子用 30—40 ℃温水浸种 12 h 后催芽，每日淋清水一次，待种子有 30% 萌动时播种，半月发芽，先针叶后鳞叶。出土后适当控制床土湿度，以促苗木老熟，增加抗立枯病能力。苗高 5—6 cm 时间苗和定苗，生长期施肥和浇水，及时中耕除草，促进苗木旺盛生长，1 年生苗高达 20—25 cm，留床 1 年，北方小苗应埋土越冬，2 年生苗达 60—80 cm 高，第 3 年春移植，在高 40—50 cm 处截干，促发侧枝，扩大冠丛，再培养 1—2 年，高达 1.5—2 m 时即可出圃。

5. 栽植

选择排水良好、无积水处栽植，低洼积水处极易烂根。春、秋季都可种植，北方寒冷地区以春季栽植为宜。2—3 年生大苗应带土球，单行式或双行式栽植，株距 40—50 cm，用沟植法或穴植法时均需拉绳子定位，保证绿篱通直。栽植后踏实并及时浇水，成活后加强肥水养护 1 年，翌春按统一高度将苗木顶梢截去 1/3 左右，侧壁剪平，促

其大量萌发侧枝，充实篱体和填补空缺，以后逐年对绿篱顶面轻短截，使绿篱高度逐年上升，待达到规定高度后，每年通过修剪压低篱面，以维持在一定的高度内 9 侧柏内膛枝因光照不足，极易枯枝，为防止篱体出现空缺和秃裸，应每年修剪 1—2 次，刺激其不断的萌发新梢，一般为配合节日，在 4 月和 9 月的中旬进行。西北和东北一带气候寒冷，主长期短，1 年修剪一次即可。用偷剪方法使 1 cm 以上的粗剪口掩盖于两侧枝叶之下。春季气候干燥的地区，如华北等地，应于春季萌发后及时浇水。侧柏易受红蜘蛛、侧柏毒蛾、双条天牛为害。病害主要有侧柏叶锈病等，需及时防治。

6. 园林用途

侧柏可植为绿篱，也可孤植或列植为园路的行道树。我国目前各地遗留有许多高大的千年古柏，十分壮观。

（二）圆柏（桧柏、刺柏）Sabina chinensis(Linn)Ant. 柏科，圆柏属

1. 形态高大乔木

树冠尖塔形或圆锥形。树皮灰褐色，有浅纵条剥落或扭曲。具二型叶，老枝着鳞叶、互生，刺叶常 3 枚轮生，叶上表面微凹，有两条白色气孔线。雌雄异株，花期 4 月，球果次年成熟。

2. 分布

原产我国，各地均有栽培。

3. 习性

性喜光，极耐阴，对寒、热适应性强，对土壤适应性强，在酸性、中性和碱性土上均能生长。对氯气和氟化氢抗性较强，耐修剪，因枝条细软而易造型。

4. 繁殖

以播种繁殖为主，扦插、嫁接也可。种子有深休眠习性，秋季成熟的种子翌春播种发芽极少，故播前种子应层积催芽。秋季采回的种子，于 12 月至翌年 1 月用温水浸种 1—2 h 后，与湿沙层积催芽，每半月翻一次，并保持沙子的湿度，3—4 个月后种子开始裂嘴即播种，播后 20 余天即可发芽。幼苗生长缓慢，为防止立枯病，幼苗期应减少灌水和施肥，待苗木近木质化时再加强肥水管理，当年生苗高可达 10 cm 以上，翌春移植。3 年生苗高达 60 cm 以上，可出圃作绿篱使用。

扦插繁殖用硬枝或嫩枝做插条，扦插后罩塑料棚，上面遮阴，经常喷水，1—2 个月可生根 b 有的地方用长 30 cm 的大枝带泥团扦插，成活后能快速成苗 D 优良品种也可用侧柏作砧木进行嫁接育苗。

5. 栽植

在向阳处或建筑物北侧均可栽植，春季带土球栽植时要求土球不散，否则成活困难，作绿篱栽时，可单行，株距 30—40 cm，成活后注意浇水，任其生长，翌春于一

定高度定干，将顶梢截去。每年于春季或节日前修剪 1—2 次，即可保持篱体的紧密与整齐。

6. 园林用途

圆柏在庭园中用途极广。性耐修剪又有很强的耐阴性，故作绿篱用时比用侧柏优良。其枝条细软，还可绑扎成各种仿生造型和牌楼、亭台等。

第七节　地被植物

地被植物是指园林中栽植的低矮植物，用来覆盖地面，以形成立体的绿化景观，并起到不见黄土的效果。地被植物高在 40 cm 左右，低矮而贴近地面，并易于蔓延且耐践踏。

一、铺地柏（爬地柏、矮桧、匍地柏、偃柏）Sabina procumbents var.procumbents 柏科，圆柏属

（一）形态

匍匐小灌木，高达 75 cm。冠幅逾 2 m，贴近地面伏生，叶全为刺叶，3 叶交叉轮生；球果球形，内含 2—3 个种子。

（二）分布

原产于日本，我国各地园林中常见栽培，亦为常见桩景材料之一。

（三）习性

阳性树，能在干燥的砂地上生长良好，喜石灰质的肥沃土壤，忌低湿地点。

（四）繁殖

用扦插法易繁殖。

（五）园林用途

在园林中可配植于岩石园或草坪角隅，又为缓土坡的良好地被植物，各地亦经常盆栽观赏。日本庭园中在水面上的传统配植技法“流枝”即用本种造成。有银枝、金枝及多枝等变种。

二、平枝栒子（铺地蜈蚣）Cotoneaster horizontalis 蔷薇科，栒子属

（一）形态

落叶或半常绿灌木，高约 0.5 cm。枝条水平开展，叶长 0.5—1.5 cm，表面亮，暗绿色。5—6 月开花，花小，果近球形，鲜红色，9—10 月成熟。

（二）分布

原产于我国，陕西、四川、甘肃、湖南、湖北、贵州、云南等省有分布。

（三）习性

性喜光也稍耐阴，喜湿润空气和半阴环境，耐寒，耐瘠薄的土壤。

（四）繁殖

播种、扦插和压条繁殖均可。种子随采随播，也可贮藏至翌春播种。种子有双休眠习性，既具有坚硬的种皮，胚轴和子叶又需后熟过程，故播前需进行低温层催芽，但种子发芽率不高。扦插繁殖春、夏均可进行，夏季用嫩枝扦插成活率很高。

（五）栽植

选择地势较高又耐阴的地点栽植，怕积水，雨季应注意排水，生长期追肥 1—2 次，一般不修剪，任其生长。

（六）园林用途

铺地蜈蚣枝叶稠密，浓而发亮，秋季红果硕硕，是优良的地被植物，也可植于假山、园路之侧或作盆景、盆栽材料。

第八节　观赏竹类

一、观赏竹类的栽培技术

竹类是园林绿化中常见的观赏植物，因其四季常青、枝叶茂密、姿态优美、树干形状多样、观赏价值高等优点，在园林绿化中占有重要的地位。竹类植物的内部构造与一般树木不同，竹类植物的茎只有不规则排列的散生维管束，没有一般植物的周缘形成层，其直径大小在笋期就已确定下来，以后就没有直径的增粗生长，不具备植物的基本特征，其生长发育规律与一般植物的生长规律不同，所以竹类植物有其特殊的

栽培技术。

（一）竹类植物的生物学特性

竹类植物是多年生常绿单子叶植物，属禾本科、竹亚科，有乔木、灌木、藤本，也有极少数秆形矮小，质地柔软而呈现草本状。竹类植物一个有性时代只开一次花，有的几年，有的几十年甚至几百年，因不同的竹种而异。竹子有地下茎，它既是营养贮藏输导器官。又是强大的分生繁殖器官。竹子的繁殖和生长是靠地下茎来完成的，在土壤中地下茎系统是很复杂的，竹子的生长是通过竹连鞭、鞭生笋（丛生竹无竹鞭，笋是由秆基上的芽萌发而成）、笋长竹、竹养鞭，循环往复，构成一个物质和能量流动的有机体。

1. 竹类地下茎类型

根据竹子地下茎分生繁殖特点和形态特征可把竹子分成 4 大类型。

单轴散生型:有真正的竹鞭，鞭细长而横走地下 b 竹鞭有节，节上生根，称为鞭根。每节着生一芽，交互排列，有的芽可以抽成新鞭，在土壤中蔓延生长，有的芽可以发育成笋，出土长成新竹，在地上稀疏散生，逐步发展成竹林 a

合轴丛生型：没有真正的竹鞭，秆基有大型芽直接萌发成笋，出土长成新竹，形成密集丛生的竹丛，秆基则堆集成群。

合轴散生型：秆基上的芽在地下生长一段长度后出土成竹，在地上散生，实际上是杆柄在地下延伸，形成假鞭（即节上无芽、无根），如箭竹等。

复轴混生型：有真正的竹鞭，兼有丛生和散生 2 种类型，且兼有单轴型和合轴型地下茎繁殖特点。即有在地下横向生长的竹鞭，竹鞭节上可发笋出土成稀疏的散生竹，又可以从秆基上的芽眼萌发成笋，出土成丛生的新竹。

2. 竹子对环境条件的要求

竹类一般都喜欢温暖、湿润的气候和水肥充足、土层深厚疏松的土壤条件。

但不同竹种对温度、湿度和肥料的要求又有所不同。一般来说对水肥的要求丛生竹高于混生竹，混生竹又高于散生竹；对低湿的抗性相反，散生竹大于混生竹，混生竹又大于丛生竹。因而在自然条件下丛生竹多分布于南亚热带和热带江河两岸和溪流两旁，而散生竹分布于长江与黄河流域平原、丘陵、山坡和较高海拔的地方。

竹类喜光，也有一定耐阴性，一般生长密集，甚至可以在疏林下生长。

（二）栽植技术

1. 散生竹

栽植散生竹具有横向生长的地下竹鞭，散生竹栽植成功的关键是保证母竹与竹鞭的密切联系，所带的竹鞭应具有旺盛的孕笋和发鞭能力，散生竹种类较多，在园林绿化中比较常用的有毛竹、刚竹、紫竹、罗汉竹等，其栽培方法大同小异，栽植方法一般采用母竹栽植。现以毛竹为例，简述其技术要点。

（1）栽植点选择

毛竹生长快，地下竹鞭发达，对土壤条件要求高，一般要求土层深厚肥沃、疏松湿润、排水良好并呈微酸性的沙质壤土、壤土，一般土层厚度应在 80 cm 以上，pH5—7。而过于干旱、瘠薄的土壤，含盐量 0.1% 以上的盐渍土和 pH8 以上的钙质土以及低洼土积水或地下水位过高的地方，都不宜栽植毛竹。

（2）母竹准备

①母竹选择

母竹选择能直接影响所移母竹栽植的成败。因为新造竹林的繁殖能力高低主要取决于母竹竹鞭抽鞭及发笋能力。母竹栽植的成活率，与母竹的年龄和发育状况等有密切关系。母竹应选择 1—2 年生，胸径 3—6 cm、秆直、枝叶繁茂，叶色深绿，竹节正常（平均节间长 18—20 cm），生长健壮，分枝较低（枝下节数 4—12 节），无病虫害的母竹。母竹年龄过大，所连竹鞭衰老，发笋能力差，成林也慢，而不满 1 年生的嫩竹则易折断。用 1—2 年生竹所连的竹鞭为壮龄鞭，鞭色金黄，芽肥大、多，组织充实，内含物丰富，恢复再生能力强，发笋、成竹量多。除母竹年龄外，也要考虑母竹粗细及树冠形状，竹秆过大或过小，均不宜栽植。过小虽宜挖掘、栽植简便，成活率高，但竹秆内营养物质少，抽鞭发笋能力弱；过大则挖掘、搬运、栽植困难，易损伤芽，工作量大，而且蒸腾量大，失水多，栽后易被风吹动，影响栽植成活率，另外，选大龄竹，在竹林边缘或稀疏竹林中选择母竹都有利于提高栽植成活率。因为大年竹竹叶繁茂，光合作用产物多，养分充裕，抽鞭发笋能力强，当年可出笋。而选择竹林边缘或稀疏竹林上的竹子光合作用强，易挖掘也不易伤鞭根，且竹秆发育好，多发新鞭、壮鞭，抗风、抗旱能力强，适应性强。

②母竹挖掘、包装、运输

挖掘。这是决定栽植是否成功的关键。挖掘前应判断竹鞭的走向，一般说竹秆基部弯曲方向与竹鞭走向垂直，大多数竹子最下一盘轮枝方向与竹鞭走向大致平行。判断竹鞭走向后即可去掉母竹顶梢，一般留枝 4—5 盘，用锋利的刀将竹秆顶端切去，切口倾斜并用黄心土堵塞或薄膜包扎。细心挖掘母竹，先在母竹周围 60—100 cm，用山锄轻轻挖开土层，找到竹鞭，再沿竹鞭两侧开沟，按来鞭（侧芽鞭向母竹）留 20—30 cm 长，去鞭（侧芽背向母竹）留 40—50 cm 长。要求鞭色鲜黄，含饱满鞭芽 4 个以上，截断竹鞭，要求切口光滑、不撕裂，有时切口可涂墨汁或用黄心土塞住或火烧（以减少水分蒸发和霉菌感染）。挖掘母竹时应多带鞭根、鞭芽、宿土。不摇动竹秆、不伤母竹，当天挖，当天栽，最迟不超过 2 d 栽植。

包装。短距离运输可不必包扎，但应注意不伤到鞭芽及“螺丝钉”，防止宿土掉落。长距离运输应进行适当的包扎，包扎的方法是在鞭的近圆柱形的土柱上下各垫一根竹竿，用草绳一圈 - 圈地横向绕紧，边绕边捶，使绳土密接，并在鞭竹连接即“螺丝钉”着生外侧交叉捆几道，完成“土球”包扎。

运输。母竹挖出后应立即运输到目的地，抬运或挑运时，可用草绳或麻布包扎宿土，保证竹秆直立，切不可掮竹。长距离运输应用稻草或蒲包、麻袋等将竹鞭和宿土包住，再用草绳扎紧，运输途中要注意防止风吹日晒，对母竹经常喷水，以减少水分蒸发，并尽量缩短运输时间。运到目的地后，马上栽植或假植。

（3）母竹栽植

①栽植时期

就毛竹本身的特性而言，各个季节栽植均可成活。但毛竹适宜的栽植季节般在休眠期进行，即每年 11 月至翌年 3 月，一般以 1—2 月份的阴天、小雨天为好，因此时气温较低，湿度大，毛竹处于休眠状态，竹秆大部分养分贮藏在地下部分，鞭根养分多、竹液流动小，笋芽活动微弱，此时栽植对母竹或竹苗损伤少，栽植成活率高。而在生长季节栽植，母竹造林的鞭根损伤会引起大量伤流，损失体内养分，且使微生物大量繁殖，使母竹和原有竹林受到病菌感染。同时生长季节（特别是 4 月）气温高，母竹水分丧失量大，栽后成活率较低，不宜大面积栽竹。

②栽植技术

在已经整好地的栽植穴里，先把表土垫于穴底 10—15 cm，拣尽石块、草根，解去捆扎母竹的稻草等，将母竹轻放穴中，顺应竹兜形状，使鞭根舒展，来鞭靠穴，去鞭留空，竹兜与底土密接，后分层填土踏实（不要太用力）。栽植毛竹要掌握“深挖穴、浅栽竹、土培厚”要领，因为栽植过深，底层的土温低，通气不良，不利于鞭根的生长和笋芽的发育，易腐烂，笋出土阻力大。但太浅则栽植不牢固，易被风吹倒，鞭根易露出土面，水分不易保证。一般填土厚度比原土痕深 3—5 cm，最后培成馒头形，再盖稻草。

（4）栽后管理

母竹栽植的管理与一般新栽树木相同，但要注意发现露根、露鞭或竹兜松动要及时培土填盖；松土除草不伤竹根、竹鞭和笋芽。最初 2—3 年，除病虫危害和过于瘦弱的笋子除去外，其余一律养竹。孕笋期间，即 9 月以后应停止松土除草。

小型散生竹种，如紫竹、刚竹、罗汉竹等对土壤的要求不甚严格，可以单株或 2 株一丛移栽。挖母竹时来鞭留 20 cm，去鞭留 30 cm，带 10—15 kg 的土球，留枝 4—5 盘去梢。植穴长宽各 50—60 cm，深 30—40 cm，将母竹植入穴内，完成移植工作。小型竹种若成片栽植，其密度可每亩 30—50 穴。

2. 丛生竹栽植

丛生竹分布范围主要集中在我国南方几个省份，其耐寒性比散生竹和混生竹差。目前在园林绿化中比较常见的丛生竹，如孝顺竹、佛肚竹、青皮竹、黄金间碧玉竹、条竹等，现以孝顺竹为例介绍其技术要点。

（1）栽植地选择

喜温暖湿润的气候条件，在南方的暖地竹种中，孝顺竹较耐寒，喜光，要求疏松湿润，水肥条件好，排水良好的酸性腐殖土及沙壤土，在黏重瘠薄的土壤中生长不良。

（2）母竹选择

选择生长健壮、大小适中、无病虫害、秆茎芽眼肥大、须根发达的1—2年生母竹，留枝2—3盘。

（3）挖掘与包装

挖掘时，要连兜带土3—5株成丛挖起，先在离母竹25—30 m处扒开土壤，由远至近，逐渐深挖掘，防止损伤秆基芽眼，尽量少伤或不伤竹根。在靠近老竹一侧，找出母竹秆柄与老竹秆基的连接点，用利器将其切断，将母竹带土挖起。切断母竹与老竹的连接点时，切忌使母竹兜破裂，否则易导致腐烂，不易成活。有时为了保证母竹，可连老竹一并挖起，即挖“母子竹”。母竹挖起后，保留1.5—2.0cm长的竹秆，用利器从节间中部成马耳形截去竹梢，适当疏除过密枝和截短过长的枝，以便减少母竹蒸腾失水，便于搬运和栽植。运到目的地后应及时种植，否则应放在阴凉避风处浇水保湿，远距离运输应妥善包装，包装可用麻布把地下茎成丛包扎。

（4）栽植

由于孝顺竹地下茎节间短缩，向外延伸慢，栽植密度比散生竹要大，截前穴底先填细土，施腐熟的有机肥，与表土拌匀，轻轻将母竹放下，分层盖土压衬，使根系与土壤密接，浇定根水，覆土比母竹原着土略深2—3 cm。除母竹外，也可移蔸栽植，削去竹秆，只栽竹篼。

3. 混生竹的栽植

混生竹的种类很多，大都生长矮小，经济价值不大，但其中某些竹种，如方竹、菲白竹等则具有较高的观赏价值。混生竹即有横地走下茎（鞭），又有秆基芽眼，都能出笋长竹，其生长繁殖特性位于散生竹与丛生竹之间，移栽方法可二者兼而有之。

二、我国园林中常见的观赏竹类

（一）地下茎单轴型、散生竹

1. 龟甲竹，刚竹属

龟甲竹又名龙鳞竹，是毛竹的一个栽培变种。竹秆粗5—8 cm，秆下部或中部下节间连续缩短呈不规则的肿胀，节环交错斜列，斜面凸龟甲状，面貌古怪，形态别致，观赏价值高。分布于各毛竹产区，长江流域各城市公园中均有栽植，北方的一些城市公园亦有引种。

2. 斑竹，刚竹属

斑竹又名湘妃竹。为桂竹的变型，其与桂竹的区别在于斑竹的绿秆上布有大小不等的紫褐斑块与小点，分枝也有紫褐斑点，故名斑竹。

分布长江流域各省，以湖南洞庭湖君山的斑竹最为著名。国内各大城市园林中多有栽植。

3. 金镶玉竹，刚竹属

为黄槽竹的变型。秆高 6 m，径 2—4 cm，竹秆金黄色，分枝一侧，节间纵沟槽绿色，叶绿色，有时带有黄色条纹。出笋时，笋壳淡黄色或淡紫色，疏生细小斑点与绿色细线条，是一种极为优美的观赏竹。分布江苏、北京及浙江的杭州等地。

栽植与养护：以上 3 竹均可采用移植绿化，从秋后至初春都可进行。选 2—3 年生分枝较低、生长良好、无病虫害的母竹，连兜挖掘，留来鞭去鞭各长 20—30 cm，带土 10—15 kg，留枝 4—5 盘，削去顶梢，就近栽植，无须包扎。远途运输，应连根带土包牢扎紧，以防失水干燥。

4. 紫竹（黑竹、乌竹），刚竹属

形态：秆高 3—10 m，径 2—4 cm，新秤有细毛茸，绿色，老秆则变为棕紫色以至紫黑色。箨鞘淡玫瑰紫色，背部密生，无斑点；箨耳镰形、紫色；箨舌长而隆起；箨叶三角状披针形，绿色至淡绿色。叶片 2—3 枚生于小枝顶端，叶鞘初被粗毛，叶片披针形，长 4—10 cm，质地较薄。笋期 4—5 月。

分布：原产中国，分布于华北经长江流域以至西南等省区。

习性：紫竹耐寒性较强，耐 -18 ℃；低温，在北京紫竹院公园小气候条件下能露地栽植。

栽植与养护：紫竹移植竹鞭较易成活，母竹选 2—3 年的为好，以 2—3 月栽种最易成活。紫竹易发笋，过密应随时删除老竹。作为盆景用竹，须抑制其成长，使之秆节缩短，故当竹笋拔节长至 10—12 片笋箨时剥去基部 2 片，以后随生长状况陆续向上层层剥除，至分枝以下一节为度。

园林用途：紫竹秆紫黑，叶翠绿，颇具特色，常植于庭园观赏，与黄槽竹、金镶玉竹、斑竹等秆具色彩的竹种同栽于园中，增添色彩变化。

（二）地下茎合轴型、丛生竹（含合轴散生竹）

1. 佛肚竹（佛竹、密节竹），刺竹属

形态：乔木型或灌木型，高与粗因栽培条件不同而有变化。杆无毛，幼杆深绿色，稍被白粉，老时变榄黄色。秆有 2 种：正常杆高，节间长，圆筒形；畸形秆矮而粗，节间短，下部节间膨大呈瓶状。箨鞘毛，初时深绿色，老后变成橘红色；箨耳发达，圆形或倒卵形至镰刀形；箨舌极短；箨叶卵状披针形，于秤基部的直立，上部的稍外反，脱落性。每小枝具叶 7—13 枚，叶片卵状披针形至长圆状披针形，长 12—21 cm，背面被柔毛。

分布：为中国广东特产，南方公园中有栽植或作盆栽观赏。

栽植与养护：用移植母竹或竹兜栽植，露地栽植应保持土壤湿润并注意排水防涝和松土培土，施以有机肥，以促进生长。佛肚竹盆栽时须用大盆，还需调制微酸性土壤。北方在无雨季节应经常喷水来提高空气湿度。夏季应注意适当庇荫，冬季入室越冬并加强光照，来年春天再移至室外。

2. 孝顺竹（凤凰竹），莿竹属

形态：秆高 2—7 m，径 1—3 cm，绿色，老时变黄色。箨鞘硬脆，厚纸质，无毛；箨耳缺或不明显；箨舌甚不显著；箨叶直立，三角形或长三角形。每小枝有叶 5—9 枚，排成 2 列状。叶鞘无毛；叶耳不显；叶舌截平。叶片线状披针形或披针形，长 4—14 cm，质薄，表面深绿色，背面粉白色。笋期 6—9 月。

分布：原产中国、东南亚及日本；我国华南、西南直至长江流域各地都有分布。

习性：孝顺竹性喜温暖湿润气候及排水良好、湿润的土壤，是丛生竹类中分布最广、适应性最强的竹种之可以引种北移。

栽植与养护：种植最宜在 3 月间，选择生长健壮、大小适中、秆茎芽眼肥大、须根发达的 1—2 年生的母竹，挖掘时要连兜带土 3—5 株成丛挖起，母竹留枝 2—3 盘，其余截去，及时种植，否则应放在阴凉避风处浇水保湿。由于孝顺竹地下茎节间短缩，向外延伸慢，栽植密度应比散生竹要大。也可移植，即削去竹秆，只栽竹兜。

园林用途：本种植丛秀美，多栽培于庭园供观赏或种植宅旁作缘篱用，也常在湖边、河岸栽植。

3. 凤尾竹，萌竹属

形态：为孝顺竹变种，植株低矮，秆高仅 1—2 m，径 4—8 mm。叶片小，长仅 2—7 cm，宽不逾 8 mm，小叶线状披针形至披针形，且叶片数目甚多，排列成羽毛状。枝顶端弯曲。是著名观赏竹，常见于寺庙庭园间。

分布：长江流域以南各地，在较寒冷地区宜盆栽，冬季入室。

栽植与养护：多用分株法，栽培管理较粗放。

4. 花孝顺竹，莿竹属

花孝顺竹又名小琴丝竹。为孝顺竹变种，其区别在于秆与枝金黄色，间有粗细不等的绿色纵条纹。初夏出笋不久，竹箨脱落，秆呈鲜黄色，在阳光照耀下呈鲜红色。为著名观赏竹。分布范围与孝顺竹同。

5. 挂绿竹，莿竹属

挂绿竹又名黄金间碧玉竹。秆高 8—10 m，径 7—10 cm，节间长可达 45 cm，初绿色至黄色，具绿色纵条纹，箨环通常具棕褐色刺毛 s 箨鞘初黄色间有绿色纵条纹，密被棕褐色刺毛，先端凹陷。箨耳椭圆形，上举，具硬毛。箨舌短，先端齿状。箨片开展或反转，两面均被毛，笋期夏秋季。此竹秆色艳丽，是著名观赏竹。分布华南、西南各省区，浙江已引种栽培。

6. 大肚竹，苦竹属

为挂绿竹的变型，其区别在于竹纵矮化，杆部节间缩短膨胀。此竹为著名观赏竹。分布亚洲热带、亚热带等地区，欧洲、美洲。广东、广西、福建、台湾亦有分布，浙江南部也有栽培。北方各大城市园林中常作盆栽，冬寒时入室管理。

（三）地下茎复轴型、混生竹（含地下茎单轴或复轴型）

1. 菲白竹，苦竹属

矛干高 10—30 cm，小型竹。分枝稀，叶披针形，每小枝上着叶 5—8 枚，叶长 6—15 cm，宽 1—2 cm。绿叶上相嵌数条白色条纹，非常美观，特别是春末夏初发叶时呈黄白颜色，看起来更显艳丽。

2. 白条，苦竹属

白条赤竹又名白条椎谷。秆高 0.5—1.5 m，径 0.3—0.5 cm。叶片长 10—15 cm，宽 2—3.5 cm，每叶片具 3—7 条白色或浅黄色条纹。是赤竹属中最美丽的竹种。原产日本，南京林业大学竹类植物园有引种。

第九节　棕榈科观赏植物

一、棕榈（棕树），棕榈属

（一）形态

常绿乔木，高达 15 m。茎圆柱形，不分枝，具纤维网状叶鞘。叶簇生茎顶，掌状深裂至中部以下。裂片条形，多数，硬直，但先端常下垂，叶柄两侧具细齿。雌雄异株，圆锥状肉穗花序腋生，鲜黄色。核果肾形，黑褐色略被白粉。花期 4—5 月，果期 10—11 月。

（二）分布

产于我国秦岭、长江流域以南至华南沿海。以湖南、湖北、陕西、四川、贵州、云南等地栽培最多。

（三）习性

喜光，稍耐阴。喜温暖湿润的气候，较耐寒。喜肥沃、湿润、排水良好的土壤。

浅根性，易被风吹倒。耐烟尘，抗二氧化硫等有毒气体。

（四）繁殖

栽培播种繁殖，于10—11月果实充分成熟时，以随采随播最好。也可采后置于通风处阴干，播前用60—70温水浸一昼夜催芽。或行砂藏，至翌年3—4月份播种，发芽率80%—90%。播种苗3年后换床移栽，用于绿化的至少要7年以上。

起苗时多留须根，小苗可以裸根，大苗需带土球，栽植不宜过深，否则易引起烂心料。大苗移植时应剪除叶片1/2—2/3，以减少水分蒸发，保证成活。

（五）园林用途

树干挺拔，叶姿优雅，适于对植、列植于庭前、路边、入口处，孤植、群植于林缘、草地边角、窗前。翠影婆娑，颇具南国风光特色。

二、筋头竹（棕竹），棕竹属

（一）形态

丛生灌木。茎高2 m左右，直径2—3 cm。叶片掌状，5—10深裂；裂片条状披针形，长达30 cm，宽2—5 cm，端阔，有不规则齿缺，边缘和主脉上有褐色小锐齿，横脉多而明显；叶柄长8—30 cm，初被秕糠状毛，稍扁平。花单性异株。肉穗花序多分枝，长达10—30 cm，浆果近圆形，花期4—5月。

（二）分布

产于中国东南部及西南部，广东较多；日本也有。

（三）习性

生长强壮，适应性强。喜温暖湿润的环境，耐阴，不耐寒，野生于林下、林缘、溪边等阴湿处。宜湿润而排水良好的微酸性土。

（四）繁殖栽培

由于很难收到种子，所以主要用分株繁殖。早春新枝抽生前将原株丛分成数丛后把水浇透后置于遮阴处，有利于恢复。

（五）园林用途

棕竹秀丽青翠，叶形优美，株丛饱满，亦可令其拔高，剥去叶鞘纤维，杆如细竹，为优良的富含热带风光的观赏植物，在植物造景时可作下木。常植于建筑的庭院及小天井中，栽于建筑角隅可缓和建筑生硬的线条。

三、鱼尾葵（长穗鱼尾葵、单干鱼尾葵），鱼尾葵属

（一）形态

高达 20 m，干单生，具环纹。叶二回羽状全裂，聚生干端，小叶鱼尾状半菱形，上边缘具不规则的缺刻。圆锥状肉穗花序，单性同株，花黄色。浆果淡红色。花期 7 月。

（二）分布

产亚洲热带，我国华南有分布。北方温室盆栽。

（三）习性

耐阴。喜温暖湿润的气候及酸性土壤。

（四）繁殖栽培

可播种、分株繁殖，以播种繁殖较多。由于实生幼苗生长缓慢，经 2—3 年培育的幼苗才能上盆。

（五）园林用途

树形优美，叶形奇特，花鲜黄色，果实如圆珠成串。常作行道树，可片植成林或在草坪上散植、丛植，在庭院、广场孤植。也可盆栽作室内装饰。

四、酒瓶椰子，酒瓶椰子属

乔木，高 2—4 m。干平滑，酒瓶状，中部以下膨大，直径达 30 cm，近顶部渐狭成长颈状，叶聚生于干顶。裂片 30—50 对，线形，长 30—46 cm，宽 1.5—2.3 cm，先端渐尖，基部稍扩大，两列，整齐。雌雄同株，肉穗花序。花通常 6—8 朵聚生于弯曲的花序分枝上，果核椭圆形或倒卵状椭圆。花期 7—8 月；果 1 年后成熟。

（一）分布

原产马斯卡林群岛，现各热带地区均有栽培。

（二）园林用途

树形奇特，是一种别具风格的观赏植物。

五、王棕（大王椰子），王棕属

（一）形态

乔木，高达 20 m。茎幼时基部明显膨大，老时中部膨大，叶聚生于干顶，羽状全裂，长 3—4 m，尾部常下弯或下垂；裂片线状披针形，长 60—90 cm，有时达 1 m，宽 2—

3 cm，有时达 4 cm，顶端渐尖，短 2 裂。雌雄同株，肉穗花序分枝多而较短。种子 1 颗，卵形，一侧压扁 s：花期为秋末冬初。

（二）分布

原产古巴，现广植于各热带地区。云南、广西、福建和台湾有栽培。

（三）繁殖

播种繁殖 3 耐粗放管理。

（四）园林用途

树干挺拔高大，中部膨大呈纺锤形，作风景树或行道树，可孤植、丛植和片植，别有一派热带风光。

参考文献

[1] 徐梅，杨嘉玲 . 园林绿化工程预算课程设计指南 [M]. 成都：西南交通大学出版社，2018.10.

[2] 万少侠，刘小平 . 优良园林绿化树种与繁育技术 [M]. 郑州：黄河水利出版社，2018.06.

[3] 闵林海 . 园林绿化工程施工技术 [M]. 天津：天津科学技术出版社，2018.09.

[4] 苏乐，耿华，蒋亭 . 市政水利工程经济与园林绿化管理 [M]. 北京：北京工业大学出版社，2018.12.

[5] 高木杰 . 园林绿化苗木繁育与栽培 [M]. 长春：吉林人民出版社，2018.05.

[6] 王希群，巩智民，郭保香 . 城市园林绿化苗圃规划设计 [M]. 北京：中国林业出版社，2018.11.

[7] 于凌霄，贾素苹 . 大兴区常用园林绿化植物图谱 [M]. 北京：中国标准出版社，2018.01.

[8] 张国栋 . 园林绿化工程建设工程造价岗位培训训练题库 [M]. 北京：中国建筑工业出版社，2018.01.

[9] 魏青瑞，孙海宁，高建 . 园林园艺绿化与生态环境保护 [M]. 长春：吉林文史出版社，2018.11.

[10] 冯雯，姜河，孙斐 . 园林绿化施工与环境规划 [M]. 哈尔滨：哈尔滨工业大学出版社，2018.11.

[11] 孔滨，柴东霞，倪国庆 . 现代公路项目管理与园林绿化 [M]. 长春：吉林文史出版社，2018.11.

[12] 王国夫 . 园林花卉学 [M]. 杭州：浙江大学出版社，2018.12.

[13] 娄娟，娄飞 . 风景园林专业综合实训指导 [M]. 上海：上海交通大学出版社，2018.08.

[14] 白颖，胡晓宇，袁新生 . 环境绿化设计 [M]. 武汉：华中科技大学出版社，2018.05.

[15] 吕敏，丁怡，尹博岩 . 园林工程与景观设计 [M]. 天津：天津科学技术出版社，2018.01.

[16] 于宝民 . 园林植物栽培 [M]. 北京 / 西安：世界图书出版公司，2018.06.

[17] 曾明颖，王仁睿，王早 . 园林植物与造景 [M]. 重庆：重庆大学出版社，2018.09.

[18] 谢佐桂，徐艳，谭一凡 . 园林绿化灌木应用技术指引 [M]. 广州：广东科技出版社，2019.03.

[19] 蔡曾煜，刘婷 . 园科园林绿化丛书苏州花木考 [M]. 苏州：苏州大学出版社，2019.08.

[20] 弓清秀 . 园林绿化职业技能培训习题集 [M]. 北京：中国建筑工业出版社，2019.11.

[21] 王冰，张婉 . 园林绿化养护管理 [M]. 开封：河南大学出版社，2019.08.

[22] 唐岱，熊运海 . 园林植物造景 [M]. 北京：中国农业大学出版社，2019.01.

[23] 袁惠燕，王波，刘婷 . 园林植物栽培养护 [M]. 苏州：苏州大学出版社，2019.11.

[24] 谢风，黄宝华 . 园林植物配置与造景 [M]. 天津：天津科学技术出版社，2019.04.

[25] 雷一东 . 园林植物应用与管理技术 [M]. 北京：金盾出版社，2019.01.

[26] 李艳萍 . 园林典型要素工程造价编制方法 [M]. 北京：中国农业大学出版社，2019.01.

[27] 柳青 . 园林绿化工程造价员工作笔记 [M]. 北京：机械工业出版社，2017.05.

[28] 袁惠燕，谢兰曼，应喆 . 园林绿化工程工程量清单计价与实例 [M]. 苏州：苏州大学出版社，2017.01.

[29] 吴锐，王俊松 . 园林绿化工程预算 [M]. 北京：人民交通出版社，2017.03.

[30] 李宝昌，柯碧英，张涵 . 园林绿化工程 [M]. 北京：中国农业出版社，2017.02.

[31] 陈艳丽 . 城市园林绿化工程施工技术 [M]. 北京：中国电力出版社，2017.03.

[32] 肖艳 . 园林绿化湿地水生植物 [M]. 广州：广东科技出版社，2017.07.

[33] 靳建芹，赵海祥 . 园林绿化工程与施工养护 [M]. 咸阳：西北农林科技大学出版社，2017.01.

[34] 谢佐桂，谭一凡 . 园林绿化树种选择技术指引 [M]. 广州：广东科技出版社，2017.04.

[35] 霍书新 . 园林绿化观赏苗木繁育与栽培 [M]. 北京：化学工业出版社，2017.01.